Bodo Janssen · Anselm Grün
Stark in stürmischen Zeiten

Bodo Janssen
Anselm Grün

Stark in stürmischen Zeiten

Die Kunst, sich selbst und
andere zu führen

Unter Mitarbeit von Regina Carstensen

Bibliografische Information der Deutschen Bibliothek

Die Deutsche Bibliothek verzeichnet diese Publikation in der
Deutschen Nationalbibliografie; detaillierte bibliografische Daten sind
im Internet unter http://dnb.de abrufbar.

Penguin Random House Verlagsgruppe FSC® N001967

5. Auflage
© 2017 Ariston Verlag in der Penguin Random House Verlagsgruppe GmbH,
Neumarkter Straße 28, 81673 München
Alle Rechte vorbehalten

Beratung: Stefan Linde
Redaktion: Evelyn Boos-Körner
Zeichnungen: Barbara Schneider
Umschlaggestaltung: Hauptmann & Kompanie, Zürich
unter Verwendung eines Fotos von Gele Schwab
Satz: Satzwerk Huber, Germering
Druck und Bindung: GGP Media GmbH, Pößneck
Printed in Germany

ISBN: 978-3-424-20175-8

Willst du deinen Ruf mehren,
so mehre den Ruf anderer,
willst du deine Verdienste vergrößern,
so vergrößere die der anderen,
willst du Vorteile haben,
so vergrößere die der anderen,
auf diese Weise wird das Mitgefühl kultiviert.
                                        Zhang Sanfeng

Inhalt

Der Wandel geht weiter

Auf den ersten Blick sind wir ein ungewöhnliches Autoren-Duo: Der eine ist Pater, der andere Unternehmer. Unter normalen Umständen haben beide nicht viel miteinander zu tun, doch es gibt Ausnahmen. Dann, wenn ein Unternehmer in Zeiten der Krise nach Lösungen sucht, die nicht dem üblichen Muster folgen, schon gar nicht den typischen Ratschlägen und Konzepten, die Manager in einem der unzähligen Führungsseminare vermittelt bekommen.

Im Jahr 2010 war es der Unternehmer von uns beiden, der auf der Suche nach Wegen aus seiner Krise in ein Kloster ging. Er hatte nach dem frühen Tod seines Vaters das Familienunternehmen Upstalsboom in zweiter Generation übernommen. Bei dem Versuch, es aus einer wirtschaftlichen Krise zu führen, wandte er die neuesten Erkenntnisse, Strategien, Methoden und Instrumente im Business-Bereich an – und landete damit auf dem Bauch. Den Mitarbeitern war das zu technisch, zu wenig menschlich. Er musste menschlicher werden, auch sich selbst gegenüber. Das war die eindeutige Direktive, die eine Mitarbeiterbefragung im Jahr 2010 ergab, bei der die Mitarbeiter offen wissen ließen, dass sie sich einen anderen Chef wünschten. Es galt also, eine schwierige Situation zu bewältigen, die unter anderem durch das Ego des Unternehmers entstanden war. Daher ging der Unternehmer ins Kloster, ins Stadtkloster der Benediktiner in Würzburg, und begegnete dort einem Pater. Einem Pater, von dem er zuvor schon viel gelesen und gehört hatte; einem Pater, der als Cellerar, als wirtschaftlicher Leiter des Klosters, nicht nur für die Gemeinschaft in seinem Kloster da war, sondern für viele

Menschen, die auf der Suche nach Lösungen und Antworten für ein gelingendes Leben oder Wegen aus der Krise waren. Und so wurde Pater Anselm Grün auch für mich, Bodo Janssen, im Rahmen seiner Seminare zu einem wichtigen Inspirator. Mit seiner so leicht verständlichen und vor allem zeitgemäßen Übersetzung biblischer Geschichten, Bilder und Gleichnisse, seinen Fragen und Übungen hielt er mir einen Schlüssel hin, den ich nur zu nehmen brauchte. Einen Schlüssel für eine Tür, die mich auf einen Weg führte, auf einen Weg zu meinem Selbst. Dieser Weg, der sich mir damals erschloss, ist heute, sieben Jahre später, als Upstalsboom-Weg in Wirtschaft und Wissenschaft bekannt.

Ich schrieb über diese Krise ein Buch, *Die stille Revolution*, und die Rückmeldungen über meinen Weg und der damit einhergehenden Entwicklung des Unternehmens Upstalsboom, das in der Hotellerie und der Vermietung von Ferienwohnungen tätig ist, zeigten uns, dass offensichtlich in vielen Menschen eine große Sehnsucht besteht, die Freiheit zu haben, das zu leben, was ihnen als Mensch wirklich wichtig ist, dass sie aber auch mit ihren Gedanken in den Verwicklungen ihres Lebens, ihrer Arbeit oder Führung gefangen waren. Immer wieder hörte ich: »Ist das, was Sie geschafft haben, überall umsetzbar? Ich möchte das nämlich auch versuchen. Aber wie gehe ich vor, wenn alle um mich herum – und ganz besonders mein Chef – das nicht verstehen und mich daran hindern?«

Emotionalität und Ermutigung durch den von Upstalsboom beschrittenen Weg waren und sind offensichtlich vorhanden. Doch ihnen fehlt die Klarheit, wie sie dieser Sehnsucht erfolgreich begegnen können. Das, was sie wollen, ist also vielen klar, unklar ist, wie sie das erreichen.

Die Sache mit dem Wie ist tatsächlich nicht so ganz einfach, wie die Upstalsboomer selbst erfahren durften. Immer mehr Mitarbeiter folgten mir ins Kloster und auf dem hier eingeschlagenen Weg. Hier erhielten sie wertvolle Hinweise, die sie innerhalb der Gemeinschaft »Hotel« praktisch anwenden konnten.

Zusammen führten wir uns vor Augen, dass das, was wir im Kloster gehört und dann in gemeinsam entworfenen Curricula vertieft und aufgenommen haben, ganz gut zum Unternehmen und den sich darin bewegenden Menschen passen könnte.

Und es passte. Nach und nach wurden bei Upstalsboom die Auswirkungen spürbar. Die Mitarbeiter wurden seltener krank und waren auch nicht mehr so schnell geneigt, sich wieder einen anderen Arbeitgeber zu suchen. Die Anzahl der Bewerbungen stieg in früher unvorstellbare Dimensionen, zudem entwickelte sich die Mitarbeiterzufriedenheit rasant nach oben. Die offensichtlich bessere Stimmung steckte dann die Gäste an, denn deren Zufriedenheit wuchs ebenfalls. Zu guter Letzt blieben davon die wirtschaftlichen Faktoren nicht unberührt. Die Umsätze verdoppelten sich innerhalb von nur drei Jahren, und auch die Bekanntheit vervielfachte sich innerhalb kurzer Zeit.

In Anbetracht unserer Vorgehensweise ernteten wir des Öfteren ungläubiges Staunen, weil die Entwicklung jenseits bekannter Wirtschaftstheorien und betriebswirtschaftlicher Erkenntnisse erfolgte. Der beschrittene Pfad ist vielmehr ein durchaus spiritueller und vor allem auf den Erfolg des Menschen ausgerichteter Weg. Götz Werner, Gründer der dm-Drogeriekette, sagte einmal: »Kümmere dich um die Menschen, dann kümmern sich die Ergebnisse um sich selbst.« Und mit diesem Satz beschreibt er, wohl aus eigener Erfahrung, was auch wir immer häufiger erleben durften.

Spiritualität hat für mich in Bezug auf den Menschen zwei konkrete Bedeutungen. Erstens bedeutet Spiritualität für mich die Art und Weise, wie ich das, was mir als Mensch wirklich wichtig ist, im Alltag leben kann. Zweitens bedeutet Spiritualität für mich auch, den menschlichen Geist wieder mehr wertzuschätzen und ihn dadurch in Bewegung zu bringen.

Durch die Wertschätzung des Geistes entsteht Begeisterung und letztlich Beteiligung. Das, was wir allerdings in vielen Unternehmen erleben, ist genau das Gegenteil. Denn dort existieren häufig Formen der Entgeisterung und Betroffenheit. Aus diesem Grund bedarf es unserer Wahrnehmung nach eines grundlegenden Umdenkens bei Unternehmern, Shareholdern, Vorständen und Führungskräften, aber auch Mitarbeitern.

Eine große Mehrheit von Arbeitenden glaubt, dass die Wirtschaft einen Neuanfang braucht, was die Aufmerksamkeit für Menschen und Ziele angeht, das betrifft aber auch die Produkte sowie die Gewinne. Manche Firmen haben ihren Erfolg ganz sicher auf den grundlegenden Einstellungen eines ehrbaren Kaufmanns und auf starken Visionen aufgebaut, aber viele vor allem auch auf Kosten anderer, insbesondere anderer Menschen und der Umwelt. Es gibt deutliche Anzeichen dafür, dass die einstigen Regeln und Definitionen von Arbeit, Zielsetzungen und Unternehmensführung in absehbarer Zeit nicht mehr gelten. Auf einmal scheinen sie in einer immer weiter steigenden Anzahl von Betrieben außer Kraft gesetzt zu sein. Führungskräfte sind ratlos. Sie verstehen oftmals nicht, welche Wünsche, Bedürfnisse und Ansprüche plötzlich auftauchen und wie sie mit ihnen umgehen sollen.

Führung ist eine sehr anspruchsvolle Dienstleistung, eben weil Führungskräfte es mit Menschen zu tun haben, die nicht nur sehr unterschiedlich sind, sondern diese Einzigartigkeit auch in ihre Arbeit einfließen lassen wollen. Auch aus diesem Grund wird es für Führungskräfte immer schwieriger, diese Individuen mit von außen auferlegten Normen zu steuern. Viele Menschen wollen einfach nicht mehr genormt und damit normal sein. Sie wollen ein bisschen mehr von dem einbringen, was ihnen bislang verwehrt war: ihre Persönlichkeit! Und das empfinden viele Führungskräfte als verrückt – eben von der Norm ver-rückt. Die Frage, die sich ihnen daraus stellt, ist: Wie führe ich »ver-rückte«, eigentlich natürliche Menschen?

Um eine Antwort auf diese vielleicht ungewöhnlich erscheinende Frage zu finden, ist es wichtig, zunächst einen Zugang zu sich selbst zu finden. Über den Weg zu sich selbst ist es möglich, aus der Norm auszubrechen und einen Transfer in das operative Geschehen eines Unternehmens zu leisten. Und genau das soll dieses Buch ermöglichen: Ausgehend von einem spirituellen Ansatz, ergänzt mit in unserer Unternehmenspraxis umgesetzten Erkenntnissen aus der Philosophie, Psychologie und Neurobiologie, macht es bereits erfolgreich umgesetzte Angebote für die Praxis.

Aus diesem Grund führte ich mit Peter Anselm Gespräche und bat ihn seine Gedanken dazu aufzuschreiben, immer im Hinblick darauf, wie man es schaffen kann, stark in – besonders für Menschen und Unternehmen – stürmischen Zeiten zu sein. Wir erleben täglich, dass alles um uns herum unberechenbarer wird. Begriffe wie Tradition, Kontinuität oder Nachhaltigkeit gelangen in der täglichen Unruhe häufig außer Reichweite. Kein Mensch und keine Firma sind vor einem plötzlich auftretenden Sturm gefeit. Die Sicherheit, Stärke, aber vor allem auch Ruhe und Kraft, die wir uns wünschen, werden wir weder in der Zukunft noch in der ständig komplexer und verrückter werdenden Welt finden, sondern in uns!

In unserem Buch zeigen wir, dass es auch für Unternehmen und den Menschen in diesen Unternehmen möglich ist, die über eintausendfünfhundert Jahre alte Regel des heiligen Benedikt und die daraus über Jahrhunderte in der klösterlichen Gemeinschaft gemachten Erfahrungen wirksam zu verbinden und umzusetzen. Unsere Leser erfahren, wie die Upstalsboomer die klösterlichen Erfahrungen, die Gedanken von Pater Anselm aufgenommen und auf ihr Unternehmen übertragen haben. Es geht darum, im Unternehmen Selbstbewusstsein entstehen zu lassen, Haltung zu entwickeln, Verbundenheit zu stärken und Verantwortung zu übernehmen, um bei der Arbeit mehr Freude und Freiheit zu erfahren. Es geht um ein gelingendes Miteinander, also um gelingende Beziehungen, und nicht um ein Gegeneinander. Es geht um Sinnorientierung beim Einzelnen und innerhalb einer Gemeinschaft, aber auch darum, andere führen zu können, damit sie ihre Persönlichkeit in die Organisation einbringen können. Denn ohne Führung gibt es keine gelingende Gemeinschaft.

Führen kann man nur, wenn man der eigenen Seele begegnet

von Pater Anselm Grün

Es freut mich, dass Bodo Janssen durch die Kurse in unserem Haus Benedikt in Würzburg und dann auch später in der Abtei Münsterschwarzach eine innere Wandlung erfahren hat. Ich habe bei meinen Kursen nicht den Anspruch, den Teilnehmern eine völlig neue Sicht zu vermitteln. Ich möchte sie einfach in die Weisheit einführen, die ich in der Regel des heiligen Benedikt entdeckt habe. Und ich verstehe meine Aufgabe darin, die Menschen in Berührung zu bringen mit der Weisheit ihrer eigenen Seele. Denn tief in der eigenen Seele weiß jeder Mensch, was eigentlich gut ist für ihn. Und in der Tiefe der Seele weiß er auch, wie Führung eigentlich geht und was notwendig ist, um andere führen zu können.

So möchte ich einige Gedanken aus der Regel Benedikts darlegen, die mir im Dialog mit den Teilnehmern der Seminare wichtig geworden sind. Dabei haben mir die Teilnehmer oft die Augen geöffnet, um den alten Text der Regel mit neuen Augen zu lesen und zu verstehen. Ich fühle mich nicht als spirituelle Kompetenz. Ich bin wie alle Führungskräfte auf dem Weg. Und auf diesem Weg zu einer menschlichen Führung möchte ich nicht belehren, sondern meine Erfahrung austauschen mit denen, die wie ich auf dem Weg sind.

In meinen Seminaren erlebe ich immer wieder, dass viele Führungskräfte sich selbst nicht gut kennen. Sie haben nur Instrumente des Führens kennengelernt. Aber sich selbst und ihrer eigenen Seele sind sie kaum begegnet. Doch es ist ein Grundgesetz des menschlichen Lebens: Was ich bei mir selbst nicht wahrnehme oder kenne, das projiziere ich auf andere. All das, was mir in meiner Seele unbekannt ist, verdunkelt meinen Blick auf die anderen. Ich ärgere mich über den, der nur um seine eigenen Bedürfnisse kreist. Doch wenn ich in mich hineinschaue, werde ich erkennen, dass der andere mich an meine eigene Wahrheit erinnert. In mir ist die gleiche Tendenz, meine Bedürfnisse durchzusetzen.

Für Benedikt ist es wichtig, dass wir uns selbst ehrlich kennenlernen. Dann können wir auch klarer die Mitarbeiter wahrnehmen und sehen. Viele meinen, sie seien ganz nüchtern und würden die anderen Mitarbeiter und die Probleme der Firma ganz sachlich sehen. Doch in Wirklichkeit mischen sie ihre eigenen verdrängten Leidenschaften und Bedürfnisse in ihre Sichtweise. Sie meinen zum Beispiel, dass sie nach außen hin ganz ruhig und ausgeglichen wirken. Sie merken gar nicht, wie sie die anderen durch eine ganz bestimmte Brille sehen. Es ist die Brille, die ihr eigenes Handeln bestimmt, die Brille all der in sich selbst verinnerlichten Vorurteile, letztlich ist es die Brille der eigenen Lebensgeschichte. Sie spielt eine enorme Rolle bei dem, was wir tun oder nicht tun. Und weil das so ist, ist das auch der Grund, warum es so wichtig ist, sich selbst kennenzulernen. Nur dann gelange ich zu einer wirklichen Ruhe, und was Führungskräfte betrifft und für sie von enormer Bedeutung ist, ein Ruhigsein inmitten von stürmischen Wellen.

Nur aus der Ruhe heraus ist es möglich zu führen. Wer hektisch ist, der kann nicht führen, der ist dazu nicht in der Lage. Wir haben in unserer deutschen Sprache das Wort »hetzen«, es stammt von dem Alt- und Mittelhochdeutschen ab und bedeutet eigentlich hassen, auch jemanden dazu veranlassen, dass er gehasst, dass er verfolgt wird; mithin feindselige Stimmungen und Emotionen gegen jemanden oder etwas zu erzeugen. Und wer sich selbst hasst oder gar Handlungen gehässiger und verunglimpfender Art ausübt, der kann andere nicht führen, der kann in anderen nichts erwecken, was dazu beiträgt, den Sturm zu umschiffen oder in den Wellen den Kopf oben zu halten.

Die große Frage ist natürlich, wie ich diese Ruhe finde. Meine Antwort darauf: Die Ruhe finde ich nur, wenn ich die ganze eigene Wahrheit zulasse. Jesus sagt:»Die Wahrheit wird euch frei machen.« Ich kenne viele Menschen, die möchten zwar Ruhe haben, wünschen sich anscheinend nichts sehnlicher, aber sobald nichts los ist, geraten sie in Panik. Angst steigt in ihnen hoch, verdrängte Gefühle kommen ans Tageslicht, womöglich auch die Erkenntnis, dass irgendetwas im eigenen Leben ganz und gar nicht stimmt. Es ist die Ahnung, das Wissen,»ich lebe an mir vorbei«.

Doch wenn wir das Gefühl nicht hochkommen lassen, dass wir vielleicht an uns vorbeileben, dann wird auch unser Führen an den Menschen vorbeigehen. Ich kann nur zur Ruhe kommen, wenn ich mir erlaube, dass alles in mir hochkommen kann und dass ich das, was in mir auftaucht, nicht bewerte. Es darf sein. Aber nur, wenn ich meine eigene Wahrheit nicht bewerte, kann ich innerlich ruhig werden. Für mich ist der Glaube an Gott, der mich bedingungslos annimmt, eine Hilfe, zur Ruhe zu kommen. Denn ich weiß: Ganz gleich, was da in mir an Schutt hochkommt, ich bin ganz und gar angenommen.

Um zu dieser Ruhe zu gelangen, mache ich Folgendes: Ich setze mich ruhig hin und beobachte, welche Gedanken, Gefühle und Bedürfnisse in mir hochkommen. Ich schaue diese Gefühle an, ohne sie zu bewerten. Und ich sage mir vor:»Das alles bin ich.« Aber dann halte ich alles, was in mir hochkommt, Gott hin. Ich stelle mir vor, dass Gottes Liebe in diese Gedanken und Emotionen einströmt und sie verwandelt. Dann verliert sich alle Panik. Ich habe keine Angst mehr vor irgendetwas, was in mir auftauchen könnte. Ich weiß, dass Gottes Licht alles Dunkle und Chaotische in mir durchdringen und verwandeln kann.

Eine andere Aufgabe hat die Ruhe. Sie reinigt all das Trübe, das in uns ist: unsere Vorurteile, die unser Denken trüben, unseren Ärger, unseren Neid, unsere Eifersucht, die uns die anderen Menschen nicht klar sehen lassen. Die Ruhe hat die Fähigkeit, das Trübe in uns zu reinigen. Der Wein muss ja auch stehen, bevor man ihn trinken kann. Und die Führungskraft braucht ein Stück Ruhe, Stille, um zu sich selbst zu finden.

Als Mitglied einer klösterlichen Gemeinschaft ist es natürlich einfacher, Ruhe zu finden, als für eine Führungskraft, allein schon durch die regelmäßigen Gebete. Eine Führungskraft, die ständig im Flieger sitzt und verschiedene Kontinente und Länder bereist, hat es da wesentlich schwerer. Aber auch nur bedingt. Ich kann mich entscheiden. Ich kann mich zum Beispiel dafür entscheiden, ob ich mich dem Bordprogramm überlasse und die gezeigten Filme anschaue, oder ob ich bei mir bin. Mit anderen Worten: Ich kann auch mitten im Alltag immer wieder Stille finden. Oder ich nehme mir bewusst Zeit, eine Auszeit, in der ich nichts tue. Im Kloster haben wir dafür den Begriff der Wüstentage, sie beinhalten eine Zeit, in der ich mich besinnen und wieder zu mir selbst kommen kann. In der Wüste, so die Bibel, sind Gottesbegegnungen möglich geworden, Propheten haben sich in der Wüste auf ihre Aufgaben vorbereitet, nicht anders hat es Jesus praktiziert. Manchmal reicht dafür ein einziger Wüstentag.

Doch auch im Alltag kann man sich wie im Kloster bestimmte kleine Rituale schaffen. Rituale ermöglichen mir eine heilige Zeit. Heilig ist das, was der Welt entzogen ist, worüber die Welt keine Macht hat. Eine heilige Zeit ist die, die mir gehört. Die Griechen haben dazu gesagt: »Das Heilige vermag zu heilen.« Eine heilige Zeit ist somit auch eine heilsame Zeit. Und wenn ich jeden Morgen ein paar Minuten für diese heilige Zeit erübrige, fängt das Heilen an. Ich könnte dabei eine Gebärde machen, ein Gebet sprechen. Ich könnte auch einfach nur bei mir sein und in mich hinein spüren und mich zum Beispiel fragen, mit welchen Gefühlen ich jetzt gleich in die Arbeit gehe. Oder: Mit welchem

Ziel gehe ich in die Arbeit? Was möchte ich bewegen? Dazu reicht es, einfach kurz innezuhalten, nicht sofort wie ein Motor anzuspringen. Es geht nicht darum, sich zu fragen: Was soll ich tun? Sondern: Was kann ich tun? Diese kleinen Rituale dauern vielleicht drei, vier Minuten, die kann sich jeder einrichten. Das ist keine Frage von Zeit, sondern eine des Wollens.

Wie entsteht aber wiederum dieses Wollen? Viele Menschen haben das Gefühl, dass sie aus dem Hamsterrad, in dem sie sich befinden und gefangen fühlen, raus wollen, sie wollen aus dem System, in dem sie sich befinden, ausbrechen. Sie wissen, dass das, was sie tun, für sie und auch zum Teil für andere nicht mehr in Ordnung ist. Doch wie kann ich Menschen dafür gewinnen, wie kann ich sie ermutigen, in dieses Wollen zu kommen? Dieses Sich-Zeit-nehmen-Wollen? Und es dann tatsächlich auch zu tun? Was kann ihnen vor Augen geführt werden, dass sie sich selbst bewegen? Natürlich kann ich immer nur Wegbereiter oder Wegbegleiter sein, den Weg muss jeder selbst gehen. Das ist im Kloster nicht anders als etwa in einer Therapie. Also: Wie können Menschen sich in Bewegung versetzen, um etwa mit diesen kleinen Ritualen zu beginnen? Das eine ist ja das Wissen, und das andere ist das Tun. Wir wissen so viel, wir wissen unglaublich viel, aber wir tun doch im Verhältnis zu dem, was wir wissen, sehr wenig. Wie lernen wir es, etwas zu tun?

Bewegen kann ich in meiner Eigenschaft als Pater oder als Seminarleiter nicht, indem ich Druck ausübe, nicht, indem ich sage: »Du sollst, du musst ...« Im Grunde kann ich nur dafür werben: »Tut es dir eigentlich gut, so wie du morgens den Tag beginnst und dich in die Arbeit stürzt? Bist du damit zufrieden? Was könnte dir helfen?« Viele haben durch diese Fragen durchaus Wege für sich selbst gefunden und Rituale entwickelt, die sie von Mal zu Mal bewusster ausüben. Es sind Rituale, die es ermöglichen, den Tag so zu beginnen, dass ich mit einem guten Gefühl in meine Arbeit gehe. Als Führungskraft muss ich mich ja innerlich immer wieder auf die Mitarbeiter einstellen. Im Umgang mit ihnen wachsen ja auch Ressentiments, und wenn ich die nicht beachte, dann sammelt sich da etwas an, das an Bitterkeit grenzen kann. Ist das passiert, reizen mich die Mitarbeiter und nerven mich. Also muss ich mich auch immer wieder innerlich reinigen, sodass ich mit einem guten Gefühl den Mitarbeitern gegenübertrete und mich mit ihnen auseinandersetze. Und das tut mir auch selbst gut. Keinem tut es gut, gereizt in die Firma zu gehen.

Wir leben ja das, was wir erlebt haben. Wir alle werden als Subjekte geboren, und nicht wenige von uns werden dann durch die Vorstellungen anderer Menschen nahezu zu Objekten. Was nichts anderes besagt, als dass wir uns immer mehr von uns selbst entfernen. Jeder unterliegt dieser operativen Schwerkraft des Alltags, denn es ist normal geworden, der Norm zu entsprechen. Rituale sind eine Möglichkeit, jemandem einen Impuls zu geben, dass er innehält und anfängt zu reflektieren, in dieses Wollen zu kommen. Eine solche Reflexion, die auch das Ruhig-Werden begünstigt, kann sehr produktiv sein.

Wie gesagt, ich habe in meinen Kursen so viele Manager gesehen, die durchs Leben hetzen. Viele sind durch ihre Hetze in eine Krise geraten. Das hat sie dann ermutigt, innezuhalten, haltzumachen und im eigenen Innern nachzusehen, was da eigentlich los ist. Dann entsteht die Einsicht, dass etwas getan werden muss. So geht es nicht weiter. Schön wäre es natürlich, wenn diese Einsicht ohne vorangegangene Krise erfolgt. Das erfordert, ja, das braucht sicher ein Stück Begleitung. Oder man steigt aus. Doch mache ich einen entsprechenden Kurs mit, entsteht das Gefühl, dass man mit seinem Problem nicht allein dasteht, dass auch andere auf dem Weg sind, weil sie dieselbe Einsicht gewonnen haben.

Vielen, denen ich rate, jeden Tag ein Ritual zu machen, schauen mich anfangs an, als wäre ich so ein sonderbares Exemplar, das hier in der klösterlichen Landschaft herumläuft. Wenn die Personen aber merken, dass andere meinen Rat nicht für merkwürdig halten, kann das eine Hilfe sein. Es kann dann einfacher sein, mit diesen Menschen folgende Fragen zu besprechen: »Wie läuft dein Tag ab? Wie zufrieden bist du? Was für Vorstellungen hast du von dir selbst?« Nie dränge ich einem Kursteilnehmer etwas auf. Aber ich fordere ihn auf, selbst etwas zu suchen, was ihm guttut. Und dann fordere ich ihn auf, dass er es einfach mal probieren sollte. Ich sage: »Das ist ein Übungsweg, den muss man gehen. Da kann man nicht Zuschauer bleiben.«

Die Verhaltenspsychologie hat herausgefunden: Ob ich einen Vorsatz ausführe oder nicht, ist nicht eine Sache der Willensstärke, sondern eine Sache der Klugheit. Also: Wie möchte ich klug meinen Tag beginnen, damit ich das Gefühl habe, dass er mir guttun wird? Und guttun bedeutet hier, dass dieser Tag auch mein Tag wird. Rituale geben dem Menschen nämlich das Gefühl, selbst zu leben, anstatt gelebt zu werden. Letzteres wäre fatal. Viele Führungskräfte haben aber die Empfindung, sie werden gelebt, sie werden bestimmt von den Erwartungen, sie beugen sich dem an sie herangetragenen Druck. Niemand kann das auf Dauer unter Guttun verbuchen, im Gegenteil. Wenn man diese bitteren Erfahrungen verdrängt, suchen sie sich irgendwie einen anderen Weg.

Ein Beispiel: Ein Mitarbeiter von Daimler, der den innerbetrieblichen Fuhrpark betreute, meinte einmal zu mir: »Daimler baut ja ganz gute Autos, aber diese innerbetrieblichen Wagen, die für die Manager gedacht sind, die werden in kurzer Zeit völlig zuschanden gefahren, die Reifen, die Kupplung, die Bremsen, alles ist dann hin.« Ich wollte wissen, warum das so ist. Der Mann erklärte: »Die ganzen Aggressionen, die sich in ihnen aufstauen, weil diese Manager so unter Druck stehen, weil sie so viel tun müssen und sonst keinen Raum haben, um wieder zu sich zu kommen, die werden dann am Auto ausgelassen.«

Das, was nicht angeschaut wird, sucht sich ein Ventil. Und deswegen kann niemand ruhig sein, wenn ich selbst nicht weiß, wer ich bin und warum ich in dieser oder jene Weise handele. Wenn ich nicht weiß, wer ich bin, wenn ich nicht Objekt bin, sondern ich selbst. Und angesichts dieser Tatsache braucht es das Innehalten und natürlich eine Begleitung, dass das Selbst keine Angst bekommt, wenn es als Selbst angeschaut wird. Manche bekommen dann nämlich Angst. Manager sind gewohnt, etwas zu tun, denken vielleicht auch darüber nach, dass das, was sie in Gang gesetzt haben, ganz wunderbar wird. Aber ungeschützt sich still zu verhalten, einfach nur zu sein und das hochkommen zu lassen, was hochkommt, das kann unheimlich sein. Wobei das die grundlegende Bedingung ist, dass ich Ruhe finde und dann sage: »Wer bin ich eigentlich? Spiele ich überhaupt eine Rolle in dem, was ich gerade Leben nenne?« Die Frage »Wer bin ich?« kann oft nicht beantwortet werden. Die meisten haben eher eine vage Ahnung davon. Da heißt es dann: »Ich möchte authentisch sein. Ich möchte ich selbst sein. Ich möchte, dass es stimmig ist für mich.« Diese Formulierungen höre ich sehr häufig.

An diesem Punkt ist Demut gefordert. Denn Demut ist der Mut, in die Tiefen seiner selbst hinabzusteigen und seinem Schatten ins Gesicht zu sehen. Seinem Schatten ins Gesicht zu sehen, das ist das eine, das andere ist dann, ihn anzunehmen und darüber hinaus sogar über ihn zu sprechen. Und nicht nur im Privaten, sondern auch in der Firma, in dem Unternehmen, der Organisation, in der ich arbeite. Es ist erforderlich, dass ich mich öffne. Denn nur dann kann ich ich selbst sein.

Um sich selbst zu erkennen und das, was erkannt wird, auch wirklich anzunehmen, ist es notwendig, den Schatten zu erklären. Die meisten wollen ihn aber unter Verschluss halten, weil sie der Meinung sind, dass es dann unangenehm werden könnte. Unangenehm wird es, so halte ich dagegen, wenn der Schatten verdrängt wird. Man kann ihn nicht unter Verschluss halten, er wird sich immer in den eigenen Handlungen auswirken. C. G. Jung, der Schweizer Psychiater, sagte dazu, dass jeder Mensch immer beide Pole hat, Verstand und Gefühl, Liebe und Aggression, Glaube und Unglaube. Wenn wir einen Pol verdrängen und uns beispielsweise nur freundlich und liebevoll darstellen, nur so sein wollen, merken wir gar nicht, wie dennoch die Aggression in uns da ist – unbewusst.

Gerade bei Führungskräften findet sich eine sogenannte passive Aggression. Diese Menschen sind nach außen hin ganz freundlich, aber wenn man länger mit ihnen spricht, wird man selbst ganz aggressiv. Die eigene Reaktion deckt im Gesprächspartner seine verdrängte passive Aggression auf. Mit dieser passiven Aggression verdunkeln sie die Atmosphäre um sich herum. Sie bemühen sich, freundlich zu sein, aber ihre Wirkung nach außen ist gerade das Gegenteil. Die anderen Menschen verschließen sich ihnen gegenüber, weil sie diese passive Aggression wahrnehmen.

Nach der Klärung, dass ich den Schatten in mir nicht verdrängen kann, geht es in einem zweiten Schritt ums »Erlauben«. Der Schatten ist nichts Schlimmes, sage ich dann, er ist auch eine Chance. Es geht darum, den Schatten nicht zu bewerten. Er ist einfach da. Und wenn er angeschaut und angenommen wird, dann kann von ihm eine positive Energie ausgehen, dann bereichert er mein Denken und Handeln.

Das zu wissen ist sehr wichtig, denn viele haben Furcht davor, der Wahrheit ins Auge zu sehen. Das ist verständlich, denn die Wahrheit ist gerade am Anfang nicht besonders angenehm. Sie stellt mein Selbstbild infrage. Aber dann, wenn ich es mir selbst erkläre, spüre ich, wie befreiend es ist, wenn ich vor nichts mehr davonlaufen muss. Eine Frau, eine Managerin, sagte mir einmal: »Ich kann nicht in die Stille gehen, da geht ein Vulkan in mir hoch. Da bin ich ja ständig in der Angst vor dem Vulkan. Da ist es dann doch besser, vor mir selbst davonzulaufen.« Meine Antwort: »Ja, vielleicht geht ein Vulkan hoch, aber der darf hochgehen, darunter ist trotzdem ein Raum der Stille. Halten Sie den Vulkan also nicht unter Verschluss. Das wird Ihnen sowieso nie gelingen. Gehen Sie durch den Vulkan in den inneren Raum der Stille. Dort, unterhalb des Vulkans, finden Sie in sich einen Raum, in dem all das Chaos in Ihnen keinen Zutritt hat. Da ist alles klar und rein und still. Da sind Sie ganz im Einklang mit sich selbst.«

Wenn mich meine Schattenseiten beunruhigen, ist es gut, sich einen Begleiter zu suchen. Doch viele Führungskräfte tun sich schwer, sich begleiten zu lassen. Viele stehen unter einem äußeren, einem objektiven Druck. Sie denken, sie würden ihre Probleme alleine bewältigen. Ihr Stolz hält sie davon ab, einem anderen zu erzählen, mit welchen Gedanken und Emotionen sie sich herumschlagen.

Ein Hindernis, innerlich zur Ruhe zu kommen, ist die ständige Erreichbarkeit. Gerade bei globalisierten Firmen ist das sehr ausgeprägt. Einen meiner Kurse nannte ich »Auf der Suche nach dem inneren Gold«. In ihm empfahl ich als Ritual das Türschließen. Ich sagte: »Rituale schließen die Türen und öffnen die Türen, ich muss die Tür der Arbeit schließen, damit die Tür der Familie aufgeht. Die Familie erkennt sofort, ob ich die Tür der Arbeit geschlossen habe oder nicht. Wenn die Tür nicht geschlossen ist, dann werden die Kinder unruhig. Sie spüren, dass ich nicht präsent bin, sondern noch in meiner Arbeit.«

Mehrere Teilnehmer meinten: »Wie soll das gehen? Ich kann meine Tür nicht schließen, ich muss ständig erreichbar sein. Rund um die Uhr muss ich E-Mails beantworten, gerade wenn ich ein Projekt in Asien oder Amerika habe.« Andere Teilnehmer hielten dagegen. Einer erzählte, ab 20:30 Uhr wäre er elektronisch nicht mehr zu kontaktieren, sämtliche Handys und Computer würde er zum Aufladen in die Küche verbannen. Ein anderer, ein Zahnarzt aus Hannover mit fünfzig Angestellten, sagte, er hätte auch klare Regeln aufgestellt. Bei fünfzig Angestellten wolle immer jemand etwas von ihm, aber ab 20:00 Uhr sei Schluss. Der Schutz der eigenen Privatsphäre ist immens wichtig. Das sollte jeder bedenken, der behauptet, er muss erreichbar sein, der sagt, »es geht nicht anders, sonst werde ich nicht fertig« oder »sonst verliere ich meinen Job«.

Das Problem der ständigen Erreichbarkeit ist sicherlich vorhanden. Aber man soll sich dem nicht einfach überlassen. Es ist wichtig, Wege zu finden, die Tür der Arbeit zu schließen. Bei manchen spüre ich, dass der Verweis auf die ständige Erreichbarkeit eine Ausrede ist, um sich nicht mit der Wahrheit auseinanderzusetzen.

Was gibt mir Sicherheit?

Bei uns im Kloster gibt es Kurse, in denen die Teilnehmer in zwei Gruppen aufgeteilt werden. Die einen agieren als Führende, die anderen als Geführte. Sie arbeiten miteinander und präsentieren dann, welche Ergebnisse sie erzielten und welche Gefühle sie im Umgang miteinander hatten. Von einer Führungsperson hörte ich einmal, wie sie sagte, dass die Geführten ihr ein Gefühl von Sicherheit gegeben haben. Das fand ich spannend. Ich fragte nach: »Durch welches Verhalten haben die Geführten Ihnen das Gefühl gegeben, dass Sie sich sicher fühlen?« Die Antwort: »Sie haben das gemacht, was ich gesagt habe.«

Das Gefühl von Sicherheit ist ein Grundbedürfnis des Menschen, vielleicht ist es auch dafür zuständig, dass es uns davon abhält, Dinge zu verändern. Wenn Menschen das machen, was ich sage – klar, das kann mir nur ein Gefühl von Sicherheit vermitteln. Das bedeutet ja, dass es so läuft, wie ich es haben will. Würde ich jetzt behaupten, wer fragt, der führt, dann würde das zu Unsicherheit führen. Allerdings führt die größer werdende Komplexität in unserer Gesellschaft dazu, dass man nicht alles wissen kann. Wie soll man damit umgehen? Vor diesem Hintergrund kann man doch den Mitarbeitern nicht nur sagen, was sie zu machen haben!

Gut, das Bedürfnis nach Sicherheit ist nicht von der Hand zu weisen, und es ist ein großes Bedürfnis. Aber wenn ich auf die Selbsterkenntnis zurückkomme, auf ein Sich-selbst-Erkennen, auf die eigene Haltung, wenn ich mir also meiner selbst bewusst bin und mir meine innere Haltung Halt gibt, dann suche ich meinen Halt nicht mehr im Außen. Das, was mich hält, was mir Sicherheit gibt, liegt nicht mehr so sehr im Außen.

Im Zusammenhang mit einer »inneren Haltung« ist mit Sicherheit auch das deutsche Wort »innehalten« interessant, das ich schon mehrfach benutzt habe. Es heißt ja »innehalten«, um im Inneren Halt zu finden. Ich mache halt, damit ich im Inneren Halt finde, damit ich mich bei mir selbst aufhalten kann. Und wenn ich mich in mir selbst aufhalte, vermag ich all die bedrängenden Einflüsse von außen abzuhalten. Und ich vermag, mich selbst auszuhalten, bei mir selbst zu bleiben. Wenn ich anhalte, werde ich in mir Haltungen entdecken, die mir Halt geben. Und ich werde in mir Haltungen finden, die mir auch Kraft geben, etwas zu gestalten.

Um zu verstehen, wie ich daran gehindert werde, anzuhalten, muss ich eine entsprechende Erfahrung machen, eine Erfahrung vom Innehalten. Deswegen gibt es unsere Klosterkurse, um bei gemeinsamer Stille zu merken, dass es guttut innezuhalten. Da geht kein Chaos hoch, oder wenn doch etwas hochkommt, dann darf das auch sein. Es ist die Erfahrung, dass die Gedanken, die in einem hochsteigen, kein schlechtes Gewissen bereiten dürfen. Es darf alles sein. Aber mitten in den inneren Turbulenzen gibt es in mir einen Halt, an dem ich mich festhalten kann. Dieser Halt gibt mir innere Sicherheit.

Die Frage aber ist: Wo finde ich diese innere Sicherheit? Worum geht es bei der Suche nach mir selbst? Was gibt mir diese Sicherheit? Geht es darum, selbst handeln zu können? Oder habe ich Angst davor, etwas zu verlieren, von dem ich glaube, dass es mich glücklich macht?

Um innere Sicherheit zu gewinnen, ist die Baumübung hilfreich. Ich stelle mich aufrecht hin, stelle mir vor, dass durch meine Füße, die auf der Erde stehen, Wurzeln in die Erde wachsen, die mich festhalten. Dann spüre ich meinen Stamm, der mir Halt gibt. Und ich spüre meine Krone. Wir sprechen ja von Baumkrone. Ich stehe da wie ein Baum. Der kann sich im Wind wiegen.

Er ist kein starrer Betonpfeiler. In dieser Haltung des Baumes kann ich mir vorsagen: »Ich stehe zu mir. Ich stehe für mich ein. Ich habe Stehvermögen. Ich habe einen Standpunkt.« Dann kann ich meine Fußstellung ändern. Ich stelle mich ganz eng hin. Wenn ich mir dann vorsage: »Ich stehe zu mir«, merke ich, dass es nicht stimmt. Und wenn ich mir sage: »Ich habe einen Standpunkt«, ist es ein enger Standpunkt, den ich krampfhaft verteidigen muss.

Und ich kann das Gegenteil ausprobieren: Ich stelle mich ganz breitbeinig hin, so wie wir es aus Cowboy-Filmen kennen. Dann werde ich spüren, dass ich leicht nach vorne kippen kann. Und mein Standpunkt ist dann so verwaschen, dass ich ihn gar nicht mehr beschreiben kann. Wie ein Baum zu stehen, tief verwurzelt in der Erde, offen für den Himmel, das erzeugt ein inneres Gefühl von Sicherheit. Wenn ich in dieser Haltung einen Vortrag halte, brauche ich nicht von einem Bein auf das andere zu hüpfen. Dadurch würde ich den anderen nur meine Unsicherheit offenbaren. Schon allein die äußere Haltung gibt mir Sicherheit.

Alle Veränderungen erzeugen erst einmal Angst. Angst ist etwas, das aufsteigt, wenn ich mich unsicher fühle. Ich kenne mich nicht mehr so aus, und deswegen steigt Furcht in mir auf. Aus diesem Grund spreche ich nicht von Veränderung, sondern immer von Verwandlung. In der heutigen Zeit ist es ja modern, eine Firma ständig umzustrukturieren und sie zu verändern. Doch im Verändern liegt etwas Aggressives: Alles muss ganz anders werden. Wenn ich als Führungskraft sage, wir müssen in der Firma alles komplett anders machen, klingt das wie eine Aggression – und wird auch so aufgefasst. Es hört sich danach an, als hätte man den Mitarbeitern gesagt: »Ihr seid nicht gut, das, was ihr bisher gemacht habt, ist nicht in Ordnung gewesen. Wir müssen anders werden, die Firma muss eine andere werden.«

Die christliche Antwort auf die Sucht nach Veränderung ist Verwandlung. Verwandlung heißt: Ich würdige mich selbst und die Firma so, wie sie geworden ist. Aber zugleich spüre ich: Ich bin noch nicht der oder die, die ich von meinem Wesen her sein könnte. Auf die Firma bezogen heißt es: Wir sind noch nicht die, die wir von unserem Wesen her sein könnten. Aber ich würdige erst einmal alles, was die Firma und ihre Mitarbeiter bisher getan haben. Ich entwerte es nicht. Und ich frage nach der eigentlichen Identität: Was hat unsere Firma bisher ausgemacht? Was war unsere Idee? Und wie können wir diese Idee heute unter anderen Umständen so leben, dass wir unserer Identität, unserem Wesen und unseren Möglichkeiten treu bleiben?

Verwandlung erzeugt Lust in den Mitarbeitern, immer mehr in die Gestalt hineinzuwachsen, die in uns angelegt ist, die wir aber oft durch die Fixierung auf äußere Fakten wie Kennziffern vernachlässigt haben. Eine solche Sichtweise macht auch keine Angst. Gemeinsam mag man dann überlegen, wie wir uns entwickeln möchten, wie wir das Bild, das wir eigentlich in uns tragen, realisieren können.

Alle Mitarbeiter haben eine Mission, eine Idee davon, was ein Hotel, was ein Autokonzern, was eine Baufirma ist. Es wäre für eine Führungsperson wichtig, die Kräfte der Leute selbst zu wecken und ihnen nicht das Konzept, das man selbst in sich trägt, überzustülpen, ohne sie in die Entwicklung des Konzepts einzubinden. Man kann also nicht nur einfach behaupten, Veränderungen seien notwendig. Das erzeugt, wie gesagt, Angst. Und eigentlich erzeugt es auch Ablehnung. Bedeutet es doch: »Ich werde nicht wertgeschätzt, ich habe so viel gearbeitet, und jetzt kommt dieser Typ auf einmal mit ganz anderen Ideen.« »Ist das denn alles verkehrt gewesen, was wir bislang gemacht haben?« Solche Reaktionen kommen unweigerlich. Deshalb muss ich als Führungskraft immer erst das, was war, würdigen, damit jemand Lust hat, weiterzuwachsen. Dann ist auch die Angst vor dem Neuen nicht so groß.

Dieses Würdigen – das ist ein ganz wichtiger Punkt. Da ist zum einen das zu würdigen, was die Mitarbeiter leisten. Aber auch das, was die Führungskraft selbst getan hat. Selbst wenn sie vieles hektisch entschieden hat, hat sie sich ebenso wie die

Mitarbeiter bemüht, hat sich angestrengt und vielleicht sogar viel bewegt. Selbst wenn nicht immer alles zum Besten verlaufen ist, ist das nicht zu verurteilen, nicht zu verdammen als etwas, das verkehrt gewesen ist. Auch das ist zu würdigen. Nur was ich würdige, kann ich verwandeln. Was ich entwerte, das bleibt an mir hängen.

Aber das ist noch nicht alles: Würdigen beinhaltet auch, sich seiner Würde bewusst zu werden, die sich auf das eigene innere Potenzial bezieht. Wir brauchen für unsere Arbeit innere Bilder. Denn von den Bildern hängt ab, wie wir die Arbeit erleben. Es ist gut, wenn wir gemeinsame Bilder für unsere Firma entwickeln. Aber jeder braucht auch persönliche Bilder, um das, was er tut, auf seine ganz individuelle Weise zu tun. Wenn jemand mit seinem inneren Bild in Berührung ist, wird er das, was er tut, gern tun. Und es wird ihn nicht ermüden. Die Ermüdung – Burn-out – ist oft ein Zeichen, dass jemand gegen seine inneren Bilder lebt.

Die Frage ist, wie wir mit unseren eigenen inneren Bildern in Berührung kommen. Hier ist wiederum die Kindheit entscheidend: Was sind die Erfahrungen, die man als Kind gemacht hat? Was wollte ich immer gern spielen, wie sah das Spielen aus, bei dem ich nicht müde wurde, bei dem ich ganz im Spielen aufging?

Diesen Erfahrungen gingen wir in unseren Klosterkursen auch bei den Upstalsboomern nach. Das Bild des mühelosen Spiels wurde dann anschließend auf die jeweilige Arbeit übertragen. Interessant war dabei, dass die meisten das Gefühl hatten, dass sie das, was sie taten, mit dem Bild in Berührung bringen konnten.

Ein Beispiel: Zwei Frauen aus dem Service verrichteten die gleichen Tätigkeiten, aber sie besaßen verschiedene Bilder. Die eine der beiden hatte das Bild, dass sie es schon als Kind geliebt hatte, andere Kinder zu unterhalten und Witze zu machen. Mit diesem Gefühl hätte sie sich bei ihrer Berufswahl auch fürs Hotel entschieden. Es machte ihr Spaß, die Gäste zu unterhalten, das kostete sie keine Kraft. Und die Gäste fühlten sich bei dieser Frau wohl. Die andere Frau war eher ruhiger, sie hatte als Kind viel mit Puppen gespielt, wobei es ihr wichtig gewesen war, dass die gut versorgt waren; sie hatte ihnen Höhlen gebaut – die Höhle ist ein Bild für den Mutterschoß. Diese Frau wählte ihren Beruf im Hotel mit dem Gefühl, den Gästen einen Raum von Geborgenheit zu schenken, dass die sich willkommen sehen und getragen, irgendwie mütterlich umsorgt fühlen. So unterschiedlich diese Bilder auch sind, wurde bei beiden klar, dass die Arbeit diese beiden Frauen ausfüllte und ihnen Freude bereitete. Ich erlebe es zum Beispiel bei einem Burn-out oder einer großen Unzufriedenheit, wenn die Arbeit anstrengend ist, dass diese Menschen immer gegen ihre inneren Bilder leben. Sie haben fremde Bilder in sich, Bilder davon, was eigentlich eine Führungskraft sein sollte, entstanden vielleicht in Führungsseminaren, was man dort eben so gehört hat. In ihnen wird häufig ein Anspruch vermittelt: Die Führungskraft muss das und das und das können. Aber geht man so vor, haben alle, die ein solches Seminar besuchen, hinterher das Gefühl: »Ja, es wäre ganz schön, wenn man das könnte, aber was soll ich denn noch alles tun?« Dann entwickelt sich Widerstand. Wenn ich aber aus den eigenen Quellen schöpfe, kann ich mir sagen, das hat Würde, da entdecke ich das Potenzial, das ich mitbekommen habe. Und wenn ich diese Fähigkeiten einbringen kann, macht die Arbeit auch Spaß.

Eine Führungskraft erinnerte sich daran, dass sie als Kind oft allein auf dem Dachboden gespielt und sich im Spielen eine eigene Welt aufgebaut hat. Das ist auch ein schönes Bild für unsere Arbeit. Wir können nicht die ganze Welt verändern. Aber dort, wo wir arbeiten, können wir eine eigene Welt aufbauen. Gerade Menschen, die im Hotel arbeiten, bauen für die Gäste eine eigene Welt auf. Es erfüllt einen mit Dankbarkeit, wenn ich das Gefühl habe: Ich baue eine Welt von Menschlichkeit und Wärme, von Wertschätzung und Freude, von Geborgenheit und Zuwendung auf. Ich gehe anders um mit meinen Mitarbeitern, mit den Gästen. Unser Hotel ist eine Welt voller Lebensfreude, voller Lust am Leben. Und auch in unserem Miteinander versuchen wir eine Welt aufzubauen, in der jeder Mitarbeiter sich gesehen und wertgeschätzt fühlt. Es ist zugleich ein Bild, das immer neue Ideen hervorbringt. Wir sind nie damit fertig, unsere eigene Welt dort aufzubauen, wo wir arbeiten. Dieses Bild gibt unserer Arbeit eine innere Würde, und zugleich erfüllt dieses Bild uns mit Dankbarkeit.

Sich selbst führen, um andere führen zu können

Im Daoismus wird die Kunst gelehrt, zu siegen, ohne zu kämpfen. Erfolg haben muss nicht anstrengend sein, solange das, was ich für mich als Erfolg definiere, etwas ist, was meiner Persönlichkeit entspricht. Man kann es auch so formulieren: Nur wer sich selbst führen kann, kann andere führen. Führungskräften, denen ich das sage, stellen sich dabei häufig die Frage: »Führe ich mich überhaupt selbst?« Die meisten erkennen bei dieser Frage, dass sie es nicht tun. Sie managen sich selbst, sie geben ihren Terminen Prioritäten, sie rennen und hetzen von Termin zu Termin, sie werden mehr gehandelt, als dass sie selbst handeln.

Im weiteren Verlauf taucht noch eine weitere Frage auf, es ist die Frage nach dem Ziel des Sich-selbst-Führens. Wohin führe ich mich denn? Wenn nicht im Äußeren, dann im Inneren. Wobei hier wieder die Selbsterkenntnis ins Spiel kommt. Das Sich-selbst-Erkennen und das Sich-selbst-Führen gehören unweigerlich zusammen. Und diejenigen, die sich auch mit meiner Aussage, wer fragt, führt, auseinandersetzen, kommen schnell zu dem Punkt, welche Fragen ich mir denn stellen soll, wenn ich mich selbst erkennen will.

Im Grunde geht es immer wieder um die eine Frage: Wer bin ich? Manchen Menschen gebe ich die Aufgabe, einen ganzen Tag lang mit den Worten »Ich bin ich selbst« zu leben. Das sind die Worte, die Jesus nach der Auferstehung zu seinen Jüngern spricht, im Griechischen heißt es »*ego eimi autos*«, und »*autos*« bedeutet so viel wie »das innere Heiligtum«, also das wahre Selbst. Wenn ich mir die Worte »Ich bin ich selbst« wieder und wieder sage – etwa beim Aufstehen, beim Frühstück, beim Gang in die Arbeit, im Gespräch mit Mitarbeitern, mit Gästen –, dann merke ich, dass ich oft nicht ich selbst bin, dass ich eine Rolle spiele, dass ich im Businessgespräch anders bin als im Gespräch mit meinen Freunden usw.

Aber wer bin ich selbst? Wenn ich das Gefühl habe, ich bin ich selbst, fallen die Rollen auf einmal weg. Ich muss mich nicht beweisen, ich muss nicht imponieren, ich stehe nicht unter Druck, sondern – ich bin einfach. Ich darf einfach sein. Wenn ich einfach bin, ohne Druck, mich ständig beweisen zu müssen, geht von mir etwas Angenehmes aus. Die Menschen erlauben sich dann in meiner Nähe auch, sie selbst zu sein. Und wenn wir alle mehr und mehr wir selbst werden, werden wir auch authentischer und menschlicher miteinander umgehen. Wir vermitteln dem anderen nicht ständig, dass er ganz anders sein müsste.

Ich selbst zu sein bedeutet zugleich, dass ich mir erlaube: Alles in mir darf sein. Aber die Frage ist, wie ich mit dem umgehe, was in mir ist. Die Mönche sagen: »Wir sind nicht verantwortlich für die Gedanken und Gefühle, die in uns auftauchen. Die dürfen alle sein. Aber wir sind dafür verantwortlich, wie wir damit umgehen.« Ich werde feststellen, dass in mir Ärger und Neid und Bitterkeit hochkommen oder auch Widerstand gegen die Arbeit. Diese Gefühle werden sich nur verwandeln, wenn ich sie annehme und wenn ich durch die Gefühle hindurch nach meinem wahren Selbst frage. Die Emotionen sind gleichsam die Oberfläche, durch die ich hindurch muss, um mein wahres Selbst zu entdecken. Aber die Emotionen sind zugleich auch eine Energiequelle. Wenn ich mit ihnen ins Gespräch komme, werden sie mich zu der Energie führen, die meinem wahren Selbst auf dem Grund der Seele zur Verfügung steht. Wenn ich mit meinem wahren Selbst in Berührung bin, habe ich das Gefühl: Ich lebe selbst, anstatt gelebt zu werden. Wenn ich mich nur manage, werde ich auch gelebt von den Terminen. Sich selbst zu führen heißt, das eigene Leben selbst in die Hand zu nehmen.

Als dritter Schritt folgt dann das Ziel: Wohin führe ich mich? Was möchte ich? Möchte ich möglichst großen Erfolg? Möchte ich mich bewusst darstellen, oder möchte ich etwas schaffen, was dem Menschen guttut, wo ich das Gefühl habe, dass es der Gemeinschaft zugutekommt? Ein Unternehmen ist letztlich etwas, wo wir gemeinsam etwas gestalten können, was auch anderen Menschen womöglich Hoffnung vermittelt. Wenn ein Hotelier sein eigenes Hotel nur als etwas betrachtet, um besser zu sein als die anderen, so ist das für mich kein Ziel. Ein Ziel ist es, ein Hotel zu schaffen, das anderen Menschen hilft, sich als Gast wohlzufühlen, und bei dem den Mitarbeitern das Gefühl vermittelt wird, dass sie Sinnvolles tun. Der Philosoph Ernst Bloch sagte einmal: »Wertvoll ist nur das menschliche Tun, was von Hoffnung durchdrungen ist und Hoffnung vermittelt.« Also, ein Architekt ist ein guter Architekt, wenn seine Bauten gebaute Hoffnung sind: Hoffnung auf Schönheit, Hoffnung auf Sicherheit, Hoffnung auf Heimat. Und bei einer Fima ist das nicht anders. Die Mitarbeiter eines Hotels haben sich zu fragen: »Vermitteln wir unseren Gästen die Hoffnung auf ein gutes Leben, die Hoffnung auf Geborgenheit, auf Menschlichkeit, auf Lust am Leben?« Und als Führungskraft habe ich mich zu fragen: »Vermittle ich meinen Mitarbeitern die Hoffnung, dass die Arbeit, die wir tun, gut ist und dass wir immer menschlicher und achtsamer miteinander umgehen?«

Ich habe das Gefühl, in manchen Unternehmen wird nur gejammert, alles sei so schwierig. Bei genauer Betrachtung ist aber zu erkennen, dass diese Firmen am Markt vorbei produzieren. Denn sie vermitteln keine Hoffnung, sondern vertreiben nur Produkte. In diesen Firmen wird nicht auf die wirklichen Bedürfnisse der Menschen gehört. Da wäre es gut, auf die Bedürfnisse der Menschen zu hören und sich zu fragen: »Wie können wir den Menschen mit ihren Bedürfnissen, die sie heute haben, die Hoffnung vermitteln, dass es sich lohnt zu leben, dass es besser wird im Leben?«

Sich-selbst-Führen hat noch einen anderen Aspekt: Ich führe mich, um mein Leben zu leben und nicht gelebt zu werden. Ich frage mich: Was möchte ich mit meinem Leben bewirken, welche Spur möchte ich eingraben – auch mit meiner Firma? Wofür stehe ich eigentlich? Was möchte ich mit meinem Leben vermitteln? Und was möchte ich in meiner Firma den Menschen vermitteln? Wenn ich mich diesen Fragen stelle, habe ich auch eine Motivation, andere zu führen, andere zu inspirieren.

Viktor Frankl, der österreichische Psychiater und Begründer der Logotherapie, hat ja den Sinn als wesentlichen Aspekt des Menschseins gesehen. Wer keinen Sinn für sein eigenes Leben in sich spürt, der kann auch keinen Sinn vermitteln. Und ohne Sinn haben wir keine Kraft. Friedrich Nietzsche sagte einmal: »Wer ein Wozu hat, der kann fast jedes Wie ertragen.« Also, wer ein Ziel hat, wer den Sinn in seinem Leben spürt, der ist erst einmal gesund, der ist nicht innerlich zerrissen, der kann auch anderen Sinn vermitteln. Das ist ja das Wichtigste: Wofür arbeiten wir überhaupt? Als Führungskraft muss ich Leute ja auch motivieren können. Natürlich kann man gegen das Wort »motivieren« sein. Es erzeugt womöglich ein Bild vom Schieben, ich muss etwas vor mich herschieben, ich muss die Mitarbeiter ständig anschieben. Aber »motivieren« bedeutet auch bewegen, ich möchte etwas bewegen. Und das ist für Führungskräfte vorrangig. Wer selbst den Ausdruck »bewegen« als einen Zwang empfindet, kann es für sich anders formulieren. Ich selbst mag auch lieber von »inspirieren« oder »mit Geist erfüllen« sprechen. Wenn ich die Mitarbeiter inspiriere, werden sie kreativ werden, werden sie sich von dem Geist, den sie in sich spüren, antreiben lassen. Und das ist dann eine noch stärkere Kraft als die Motivation, die ich von außen gebe. Doch unabhängig davon, ob wir motivieren oder inspirieren, der Geist, unser Geist, braucht immer ein Ziel.

Suchen, um dem Geheimnis des Unternehmens auf die Spur zu kommen

Im Kloster begeben wir uns gemeinsam auf die Suche nach Gott. Immer wieder werde ich gefragt, ob es Schnittmengen oder Parallelen bei unserer Suche nach Gott und der Suche eines Menschen, einer Führungskraft nach sich selbst gibt. Sind es ähnliche Gedanken? Oder schließt sich das völlig aus?

Erst einmal: Gott suchen heißt, ständig weiter zu suchen, mit dem Wissen, dass ich Gott nie für immer gefunden habe. Ich kann Gott berühren, aber dann muss ich weiter suchen. Denn Gott ist der Unbegreifliche. Genauso wenig wie ich Gott besitzen oder für immer finden kann, kann ich mich endgültig finden. Die Suche nach mir selbst kann ich letztlich auch nicht definieren. Denn das wahre Selbst ist ebenfalls ein Geheimnis. In der Mystik heißt es, wenn ich danach frage, wer ich selbst bin, gelange ich letztlich auch zur Frage nach Gott. Was bin ich? Wer bin ich? Was ist der tiefste Grund? Bei diesen Gedanken kommt am Ende ein Geheimnis hoch, das Unbegreifliche, von dem ich eben gesprochen habe. Insofern gilt dieses Immer-weiter-Gehen, dieses Nicht-am-Ende-Sein genauso für die Suche nach Gott wie für die Suche nach sich selbst. Man kann nie sagen, dass ich mich gefunden habe, sondern ich habe stets nur etwas von mir gefunden. Danach geht die Suche noch weiter. Vollkommen glücklich kann man nie sein, denn es gibt nicht das endgültige Glück.

In der Bibel steht, dass wir uns von Gott kein Bildnis machen sollen. Genauso wenig können wir uns von uns selbst ein klares und eindeutiges Bild machen. Wir brauchen Bilder von Gott und auch Bilder von uns selbst. Denn sonst könnten wir gar nichts über Gott oder über uns aussagen. Aber zugleich sollen wir wissen, dass Gott jenseits aller Bilder ist. Und auch unser wahres Selbst ist jenseits der Bilder, die wir von uns in uns tragen.

Die ständige Suche nach Gott ist auch auf die Gesellschaft oder die Firma zu übertragen, hier suchen wir ebenso immer weiter. Damit meine ich kein unruhiges Suchen, sondern eines mit einer inneren Ruhe und zugleich mit einer Leidenschaft. Wir sind nämlich nie am Ziel. Wir suchen ständig. Gott ist das Geheimnis, das immer größer ist als wir. Wir haben Bilder von Gott, aber Gott ist jenseits der Bilder. Wir haben Bilder von uns selbst, kranke oder gesunde Bilder. Aber das Ich oder das Selbst ist ebenfalls jenseits der Bilder. Das Geheimnis ist immer noch größer als das Bild. Genauso haben wir Bilder von der Firma, und die sind wichtig. Bilder können die Firma motivieren. Diese Bilder sind für mich wichtiger als moralische Impulse. Diese Bilder beschreiben etwas Wesentliches der Firma. Und zugleich sollen wir immer weiter suchen, um dem Wesen und zugleich dem Geheimnis einer Firma oder einer Gemeinschaft immer näher zu kommen.

Ich habe immer wieder vom Geheimnis Gottes, vom Geheimnis des Selbst und vom Geheimnis einer Firma gesprochen. Die deutsche Sprache verbindet »Heim«, »Heimat« und »Geheimnis«. Daheim sein kann man nur, wo das Geheimnis wohnt. Und auch in einer Firma fühlt man sich nur daheim, wenn sie offen ist für etwas Größeres. Also: Das Geheimnis ist immer das Größere, das man nicht ganz fassen kann und das ganz wichtig ist. Das, was größer ist als wir selbst – das Geheimnis –, verbindet uns miteinander. Es vermittelt uns das Gefühl von Heimat, von Zugehörigkeit, von Geborgenheit und von Gehaltensein. Das ist die Klammer, die die Mitarbeiter einer Firma am tiefsten miteinander verbinden kann.

Wie das Geheimnis die Menschen miteinander zu verbinden vermag, zeigt ein Beispiel von einem Kind, das ADHS hatte, das also innerlich zerrissen und unruhig war. ADHS ist heute für viele Kinder und Eltern ein Problem. Kinder, die darunter leiden, können nicht lange aufmerksam sein und stören dann. Eine Lehrerin erzählte mir, sie hätte immer eine gute Mutter sein wollen, aber ihr Sohn treibe sie mit seiner Unruhe zur Weißglut. Dann wurde der Sohn Ministrant, und sorgenvoll hatte sie überlegt: Oh, wenn der da vorne steht und rumzappelt, was denken dann die anderen Mütter von mir? Als sie ihren Sohn dann zum ersten Mal in der Kirche als Ministrant anschaute, sah sie, wie er völlig gesammelt im Ministrantengewand dastand, nicht das geringste Zappeln. Es war Ruhe in ihm, weil er eingebunden war in etwas Größeres. In solchen Momenten ist die Unruhe auf einmal verschwunden.

Wenn wir gebunden sind in etwas, was uns verbindet, in etwas Größeres, gibt es auch Ruhe. Ruhe und Verbundenheit – ein nüchternes Wort für Liebe – schaffen einen Ort von Leben und Kreativität. Das gilt nicht nur für das Kind, das an ADHS leidet, sondern ebenso für die Firma. Heute gibt es Firmen, die vor lauter Umstrukturieren nie zur Ruhe kommen. Sie brauchen das Angebundensein an etwas Größeres, um aus der inneren Ruhe heraus die Wege zu finden, die für die Firma und ihre Arbeit stimmig sind.

Da wir Mönche in unserem Tun sehr fokussiert sind, haben wir über die Jahrhunderte Praktiken entwickelt, die wir nutzen und die einer Managerin, einer Führungskraft dazu dienen, sich ihrer selbst oder sogar Gott bewusster zu werden. Es sind Instrumente, Rituale, die in den Unternehmensalltag, in den Alltag eines Menschen, in der Wirtschaft, in der Gesellschaft übernommen werden können. Sie helfen den Menschen dabei, sich selbst näherzukommen.

Zuerst sind da – ich erwähnte es schon – die Stille und das Alleinsein. Ein Manager muss für sich allein sein können, um zu spüren, ob das alles, was er tut, ob das, was ist, das Tiefste ist, was er sucht. Die Stille bringt mich in Berührung mit mir selbst. Und aus dieser Stille heraus werde ich klarere und segensreichere Entscheidungen treffen als in der Hektik und im Trubel des Alltags.

Eine zweite Hilfe, dem eigenen Wesen und zugleich Gott näherzukommen, ist für uns Mönche das gemeinsame Beten. Das gemeinsame Gebet, zu dem uns die Glocke fünfmal am Tag ruft, hilft uns, gemeinsam auf dem Weg zu bleiben. Wir tun etwas gemeinsam. Und dieses gemeinsame Beten bringt uns – auf einer tieferen Ebene, als es die Emotionen sind – miteinander zusammen. Im Gebet erfahren wir ein Getragensein von Gott, trotz aller Unterschiede, die zwischen den Mönchen bestehen. Bezogen auf eine Firma würde das bedeuten: Da machen Menschen zusammen etwas, bei dem man nicht verglichen und bewertet wird. Wie das gemeinsame Gebet auf Gott gerichtet ist, so ist das gemeinsame Tun auf ein Ziel gerichtet, das größer ist als wir selbst. Das gemeinsame Tun schafft Verbindung untereinander und motiviert die Mitarbeiter. Ein dritter Weg, miteinander verbunden zu bleiben, ist das Gespräch, bei dem wir uns austauschen und reflektieren: »Was heißt das für dich, Mönch zu sein?« »Was tust du, wenn wir gemeinsam beten?« »Wie fühlst du dich, wenn wir gemeinsam eine Sitzung halten?« Auf die Firma bezogen, würde das bedeuten: »Was ist für dich wichtig, wenn du an deine Arbeit in dieser Firma denkst?« »Was bewegt dich?« »Was verbindet euch miteinander?« »Was ist der Grund, der euch trägt trotz aller Verschiedenheit?«

Sowohl beim gemeinsamen Gebet als auch bei den Gesprächen sind Emotionen ganz wichtig. Und insbesondere sind sie es für Führungskräfte, die ja gern meinen, sie würden ganz nüchtern und völlig rational führen, denn nur so könne man führen. Aber Emotionen sind die Kraft des Menschen. Die Kraft, die einen bewegt. Hat jemand keine Emotionen, wird er seine Mitarbeiter nicht motivieren können. Natürlich gibt es auch negative Emotionen, etwa Neid, Eifersucht, Ärger. Diese Emotionen, die jeder hat und kennt, lähmen nur. Da gilt es herauszufinden, wie ich sie in

Gefühle verwandeln kann, die eine positive Kraft besitzen. Ärger ist zuerst einmal eine Kraft, um mich abzugrenzen. Hier spüre ich, dass ich mich ärgere, weil jemand meine Grenze übersprungen hat. Wandle ich diese Kraft in eine um, mit der ich meine Grenzen schützen kann, sieht es schon anders aus. Ich ärgere mich ebenso, wenn etwas verkehrt läuft. Dann besteht die Verwandlung darin, dass ich mich besser organisieren und etwas besser gestalten muss. Das ist ein Impuls, etwas in der Firma besser zu regeln. Ohne diesen Impuls, ohne diese Kraft der Emotion, wird es in der Firma langweilig. Und es entsteht keine gemeinsame Kraft, die diese Firma erfüllt.

Emotionen hängen auch mit Ritualen zusammen. Denn Rituale sind der Ort, an dem Gefühle geäußert werden, die sonst im Alltag nie zur Sprache kommen. Untersuchungen haben gezeigt, dass Firmen, die gute Rituale vorweisen können, erfolgreicher sind. Und warum? Rituale kosten Zeit, aber Rituale sind der Ort, wo Gefühle geäußert werden, die sonst nicht geäußert werden. Zum Beispiel an einem Geburtstag: Ich kann in ein teures Restaurant gehen, aber das erfordert nur eine Geldausgabe. Oder ich kann etwas anderes initiieren. Ein Abteilungsleiter von Daimler erzählte, die Sekretärin des Teams wurde fünfzig und die Ingenieure überlegten sich, wie sie das begehen konnten. Sie haben gemeinsam für diese Frau eine Collage angefertigt. Sie haben sich Zeit genommen, haben Bilder und Sprüche kunstvoll montiert. Für die Mitarbeiterin war es sehr wichtig, wie sie wahrgenommen wurde. Wahrgenommen in ihrer Tätigkeit und versehen mit einem liebevollen Gedenken. Die Kollegen haben sich nämlich nicht nur Zeit genommen, sie haben sich Emotionen genommen – und wenn solche Emotionen geäußert werden, schafft das Verbindung. Bei Ritualen werden Gefühle geäußert, die motivieren, sie geben Energie. Rituale schaffen auf diese Weise eine Familienidentität oder auch eine Firmenidentität. Bei Firmen, die Rituale abgeschafft haben, wird alles nur getaktet, in ihnen ist keine Energie mehr vorhanden.

Das Kloster als Unternehmen

Was können Unternehmer außerdem noch aus dem Kloster lernen? Eine wichtige Botschaft der Regel Benedikts ist die neue Sicht auf den Menschen. Benedikt sagt, wir sollen in jedem Bruder, in jeder Schwester Christus sehen. Das klingt für einen Menschen, der nicht in einem Kloster lebt, vielleicht im ersten Moment fremd. Aber es heißt nichts anderes, als dass wir unser Gegenüber nicht festlegen auf das, was wir sehen, auf die Fassade, auf das Verhalten, sondern dass wir durch die oft negative Fassade hindurchsehen auf den Grund der Seele. Und dort im Grund der Seele hat jeder Mensch einen guten Kern. Wir Mönche glauben, dass in jedem die Sehnsucht ist, gut zu sein oder etwas Gutes zu tun. Es ist eine wichtige Haltung, einander nicht nach dem Außen zu beurteilen, sondern an den Menschen zu glauben, ohne eine rosarote Brille aufzusetzen. Wir sagen nicht, alle Menschen sind lieb und nett. Wir sehen den Menschen, wie er ist, aber wir ordnen ihn nicht ein, werten ihn nicht aufgrund seines Verhaltens. Wie wir andere Menschen führen, das hängt von unserer Sichtweise ab. Nur wenn ich an den guten Kern im Menschen glaube, kann ich diesen guten Kern hervorlocken. Dann wird auch der Mitarbeiter an das Gute in sich glauben und es nach außen hin leben. Der Glaube weckt das Gute im Menschen auf.

Eine andere Hilfe, die wir aus der Regel Benedikts nehmen können, ist das Achten auf unsere Sprache. Benedikt verlangt vom Cellerar, dass er immer ein gutes Wort zu seinen Brüdern sagt, auch wenn die manchmal etwas von ihm fordern, was er nicht geben kann. Benedikt zitiert in diesem Zusammenhang den alttestamentlichen Weisheitslehrer Jesus Sirach: »Ein gutes Wort geht über die beste Gabe.« (Sir 18,16f in RB 31,14) Die Bibel sagt: »Deine Sprache verrät dich.« (Mt 26,73) Die Sprache, die wir in der Firma sprechen, verrät unsere innere Haltung. Die Kirchenväter sagen: Mit der Sprache bauen wir ein Haus. Und die Frage ist, welches Haus wir mit unserer Sprache bauen: ein Haus, in dem sich die Menschen angenommen und verstanden fühlen, oder ein Haus, in dem man friert, weil da eine kalte Sprache gesprochen wird, in dem man sich nicht wohlfühlt, weil man ständig Angst hat vor verletzenden und bewertenden Worten?

Wir haben im Deutschen drei Worte für unsere Kommunikation:

1. Sagen heißt etwas zeigen. Ich zeige etwas und lasse jedem die Freiheit, wie er auf das reagiert, was ich zeige. Zum Sagen gehört auch das Erzählen. Geschichten zu erzählen bewirkt oft mehr, als moralische Appelle zu äußern.

2. Reden kommt vom mittelhochdeutschen Wort »rede = Rechenschaft«. Es hängt zusammen mit »Rechnen, Abzählen«. Reden meint ein Begründen. Reden ist wichtig. Aber wenn wir nur reden, gibt es – so sagt es die deutsche Sprache – nur ein Gerede. Wenn wir die Zusammensetzungen mit »reden« anschauen, spüren wir, dass im Reden oft etwas Aggressives liegt: Wir wollen jemandem etwas einreden, mit ihm etwas bereden, ihm etwas ausreden. Reden schafft keine Beziehung. Eine Beziehung entsteht nur, wenn wir sprechen.

3. Sprechen kommt von »sprake = knistern, prasseln«. Sprechen kommt vom »Bersten«. Es bricht aus mir hervor. Sprechen meint immer ein persönliches Sprechen, ein Sprechen, das aus dem Herzen kommt. Es ist ein Unterschied, ob ich mit jemand etwas berede oder bespreche. Das Bereden hat stets eine autoritäre Note. Ich will den anderen belehren. Beim Besprechen geht es um das Gespräch, um das Thema, über das wir sprechen möchten. Wenn ich jemandem etwas zuspreche, so

meint das ein Trösten. Durch Zusprechen richte ich den anderen auf. Wenn wir miteinander sprechen, entsteht ein Gespräch. Und Gespräch hat immer mit Beziehung, mit Gemeinschaft zu tun. Es entsteht ein Miteinander, ein Verständnis füreinander, ein gegenseitiger Austausch.

Es ist wichtig, dass wir Gespräche führen und nicht übereinander reden. Ein Geschäft ist Beziehung, ein Geschäft ist aber auch Gespräch. Ich habe noch nie einem Vertreter etwas abgekauft, der mir ein Loch in den Bauch geredet hat. Sondern nur, wenn ein Gespräch entstanden ist, bei dem ich das Gefühl hatte, ich spüre den Menschen.

Wir müssen den Menschen spüren. Das Problem mancher Führungskräfte ist jedoch, dass sie den Menschen gerade nicht spüren. Dass sie sich so verabsolutieren oder herausgenommen haben aus der Beziehungsebene, dass keine Beziehung mehr existent ist. Es ist dann kein Wunder, wenn sie nur noch managen können. Aber dort, wo Beziehung ist, entsteht auch ein Miteinander.

Aber wie entsteht wiederum Beziehung? Ich möchte mich nur auf die Beziehung im Gespräch beschränken. Es ist eine Frage der Haltung, ob das, was ich sage, zu einem Gespräch wird oder zum Gerede. Als ein Top-Manager habe ich die Aufgabe, überall dort, wo ich hinkomme, etwas zu sagen, Antworten zu geben. Doch wie komme ich aus dem Reden zum Gespräch?

Es sind dazu drei Dinge wichtig. Ein Gespräch braucht das Hören. Manche Dinge erfordern nämlich nicht sofort eine Antwort, eine passende Erwiderung. Das wird aber von einigen Führungskräften gar nicht bemerkt, was daran liegt, dass sie gar nicht richtig zuhören. Als Erstes ist also das Hören wichtig, den Menschen hören, ihm zuhören wollen. Ich höre aus seinen Worten heraus, was für Sehnsüchte er in sich trägt. Und ich höre nicht nur seine Worte, sondern den Menschen. Im Hören spüre ich den Menschen und das, was ihn innerlich bewegt.

Das Zweite ist das Fragen, das aber kein Ausfragen meint. Sprachableitungen sind sehr aufschlussreich, und das deutsche Wort »Frage« kommt von »Furche« – wenn ich jemanden etwas frage, grabe ich eine Furche in seine Seele. So wie in einer gegrabenen Ackerfurche die Saat aufgeht, so kann auf diese Weise in der aufgebrochenen Seele des anderen die Frucht aufgehen. Fragen ist auch eine Form der Wertschätzung. Ich antworte nicht sofort, sondern ich frage nach, was meint mein Gegenüber, was spürt er dabei. Das heißt: Ich interessiere mich für das, was der andere sagt, und ich frage nach, um zu ermöglichen, dass da noch mehr kommt.

Und das Dritte ist die Antwort. Eine Antwort im Angesicht des anderen. Das bedeutet »Ant-Wort«, ein Wort »anti«, im Angesicht des anderen, sagen. Ich schaue den anderen an, indem ich ihm ein Wort zuspreche. In der Antwort entsteht immer eine Beziehung. Antworte ich per E-Mail, schaue ich den anderen nicht an, bei einer derartigen Erwiderung bin ich nicht in Beziehung. Das Anschauen ist ja auch eine Form von Beziehung. Wen ich ansehe, dem gebe ich Ansehen.

Hinter diesen Überlegungen verbirgt sich jedoch ein handfestes Problem. Derjenige, der viele gute Antworten zu geben weiß, besitzt häufig eine gute Fachkompetenz. Aber wie wichtig ist Fachkompetenz, um eine gute Führungskraft zu sein? Denn häufig werden Fachkräfte, erfolgreiche Ingenieure zum Beispiel, aufgrund ihrer Erfolge im fachlichen Bereich plötzlich zur Führungskraft gemacht. Dabei ist das ein großer Unterschied. Bei Daimler habe ich immer wieder bemerkt, dass die Fachkompetenz noch längst keine Führungskraft ausmacht.

Als Cellerar war ich in Münsterschwarzach für zwanzig Betriebe zuständig – gut, ich habe Betriebswirtschaft studiert, aber gerade bei den Handwerksbetrieben besaß ich nicht die geringste Fachkompetenz. Weder kannte ich mich in der Goldschmiede noch in der Druckerei noch in den anderen Werkstätten aus. Dennoch glaube ich, dass ich ganz gut geführt habe. Und zwar aus dem Grund, weil ich gefragt und nicht ausgefragt oder hinterfragt habe. Ein Nachfragen zeigt, dass da jemand ist, der etwas wissen möchte, der den Angesprochenen zutraut, dieses Wissen zu haben. Der Nachfragende möchte gern teilhaben an diesem Wissen. Und bei Bausitzungen mit Handwerkern, Maurern, Elektrikern etc. habe ich schon irgendwie geführt, aber letztlich haben sie oft selbst entschieden. Weil klar war, dass sie sich einig waren.

Einzig in Situationen, in denen sie sich nicht einig waren, erwarteten sie von mir eine Entscheidung. Nicht weil sie davon ausgingen, dass ich intelligenter war, sondern weil die Meinungen zu verschieden waren und sie merkten, dass sie nicht weiterkamen. Gebraucht wurde jemand, der schlichtet, der sagt, jetzt macht das mal so. Und weil vorher jeder seine Meinung hatte kundtun können, war mein Beschluss keiner, der über ihre Köpfe hinweg gefasst wurde. Sie wollten nur, dass es einfach weiterging.

Natürlich braucht eine Führungskraft Fachwissen. Wer nichts von Hotels oder Computern oder Lebensmitteln versteht, wird in diesen Branchen so seine Schwierigkeiten haben. Aber noch viel problematischer ist es, wenn jemand keine passende Vision für seinen Bereich, sein Unternehmen entwickeln kann. Wichtig ist es, erst einmal zu schauen, was ist. Dieses Schauen ist das Würdigen dessen, was andere machen. Eine Führungskraft hat es dann leichter, wenn sie sich selbst als eine Kraft auffasst, die eine andere Sichtweise ins Unternehmen hineinbringt. Eine neue Perspektive bedeutet für das Gegenüber, eine Sache unter einem anderen Blickwinkel zu betrachten. Es heißt nicht: »Das müsst ihr aber so machen, ich habe die Fachkompetenz und weiß, wie es geht, alle anderen müssen folgen.« Wenn ich als Führungskraft Leute frage und an ihre Fachkompetenz anknüpfe, mich in sie hineinfühle und mit dem gesunden Menschenverstand schaue, wie ich das alles zusammenbringen kann, dann, glaube ich, gelingt Führung.

Ohne Vision geht nichts – wenn es eine gute Vision ist

Dass jede Firma eine Vision braucht, lesen wir in allen Führungsbüchern. Wenn wir in die Regel Benedikts schauen, so können wir erkennen, was die Voraussetzungen einer guten Vision sind. Denn manchmal setzen sich Führungskräfte unter Druck, möglichst kreative Visionen zu entwickeln. Doch wenn diese Vision aus einer inneren Unzufriedenheit und Zerrissenheit heraus entspringt, wird sie keinen Segen bringen.

Die erste Voraussetzung, dass die Vision zum Segen einer Firma wird, ist die innere Ausgeglichenheit derer, die Visionen entwickeln. Benedikt verlangt vom Cellerar, dass er vor allem »weise« ist.

Das lateinische Wort für einen Weisen, für die Weisheit ist *sapiens*. Es kommt von *»sapere* = schmecken«. Weise ist also der, der sich selbst schmecken, der sich selbst annehmen kann, der im Einklang mit sich selbst ist. Und weise ist ein Mensch, der tiefer schaut. Die Weisheit ist also die erste Voraussetzung einer guten Vision.

Die zweite Voraussetzung, um eine gute Vision zu entwickeln, ist die Liebe zu den Mitarbeitern. Das klingt für manche vielleicht zu fromm. Aber wenn die Vision nur den eigenen Ehrgeiz befriedigt, wird sie die Mitarbeiter nicht motivieren.

Ich kann nicht führen, wenn ich Menschen nicht mag. Es geht nicht um Liebe – Liebe ist ein großes Wort –, aber es geht einfach um dieses Wohlwollen gegenüber Menschen, um die Lust, mit Menschen gern zusammenarbeiten zu wollen.

Die dritte Voraussetzung, um eine gute Vision zu entwickeln, ist das Kreativsein. Was nichts anderes heißt, als danach zu suchen, was man mit der Firma, was man mit den Menschen, die für diese Firma arbeiten, bewirken kann. Das ist die Vision, die ich schon mehrfach angesprochen habe. Es geht um das Potenzial, das in ihr steckt, um es zur vollen Entfaltung zu bringen. Und die Vision ist keineswegs mit Erfolg gleichzusetzen.

Auf dem Hintergrund dieser drei Bedingungen entwickelt Benedikt eine Vision, zu deren Realisierung der Cellerar beitragen soll. Es ist die Vision vom Haus Gottes: »Niemand soll verwirrt oder traurig werden im Hause Gottes.« (RB 31,19) Das klingt eher bescheiden. Doch es ist die Vision von einer Gemeinschaft, in der niemand traurig oder verwirrt ist. Traurigkeit entsteht, wenn der Mensch nicht wahrgenommen wird. Verwirrung ist immer ein Zeichen dafür, dass unklar geführt wird. Wenn die Vision nicht klar ist, wenn die Anweisungen der Führungskräfte unklar bleiben oder sich ständig ändern, dann verwirrt das die Mitarbeiter. Nur dort, wo eine klare Vision ist, wo die Menschen sich ernst genommen fühlen und gemeinsam an der Vision arbeiten, entsteht innere Ruhe.

Haus Gottes meint darüber hinaus, dass die Firma nicht nur um sich selbst kreist, sondern dass sie sich verantwortlich weiß für die Gesellschaft und offen ist für Spiritualität. Spiritualität bedeutet nicht nur die Offenheit für Gott, sondern auch ein Gespür für die Seele der Mitarbeiter, für das, was sie wirklich in ihrem Herzen bewegt. Wenn die Mitarbeiter nur ihre Leistung in die Firma einbringen, aber ihre Seele draußen bleibt, fehlt der Firma etwas Wesentliches. Sie ist nicht beseelt. Das Haus Gottes meint eine Firma, in der die Seelen der Mitarbeiter sich gegenseitig beflügeln.

»Aber wie kann ich vorgehen, wenn ich mich auf die Suche nach meiner Vision begeben will?« Das werde ich häufig gefragt. Die

Vision hat zwei Aspekte. Der eine Aspekt hängt mit der schon bekannten Frage zusammen: Wer bin ich? Was entspricht meinem innersten Wesen? Welche Spur möchte ich in diese Welt eingraben? Um diese Spur zu entdecken, muss ich mich kennenlernen, mit meiner Geschichte und meinen Verletzungen, mit meinen Begabungen und meinen Stärken. Wenn ich mein Gewordensein anschaue, welche Spur möchte ich dann in diese Welt eingraben?

Dabei sind nicht nur meine Stärken, meine Begabungen, meine Fähigkeiten wichtig, sondern auch meine Wunden. Hildegard von Bingen sagt: Die »Kunst der Menschwerdung besteht darin, meine Wunden in Perlen zu verwandeln«. Gerade wenn ich um meine Wunden weiß, kann ich auch meine Fähigkeiten entdecken, Menschen besser zu verstehen und mich in ihre wahren Bedürfnisse einzufühlen. Gerade meine Wunden sind oft das Potenzial, aus dem heraus ich meine Spur in die Welt eingrabe und aus dem heraus ich meine Vision für die Firma entwickeln möchte.

Manche Führungskräfte entwickeln große Visionen, aber sie graben mit ihrer inneren Zerrissenheit nur eine Spur von Bitterkeit und Spaltung, eine Spur der Härte und Unbarmherzigkeit in diese Welt. Wenn ich mit mir in Einklang bin, möchte ich eine Spur von Hoffnung, eine Spur von Weite und von Versöhnung, eine Spur von Heiterkeit und Leichtigkeit in diese Welt eingraben. Jeder hat eine andere Spur.

Romano Guardini, ein in Verona geborener katholischer Priester und Religionsphilosoph, sagte einmal: »Jeder Mensch ist ein einmaliges Wort, das Gott nur in diesem Menschen spricht.« Keiner von uns weiß dieses Wort, aber in den Kursen, die ich gebe, bitte ich die Teilnehmer: »Schreiben Sie spontan einen Satz oder ein Wort auf, das ausdrückt, was Sie in Ihrem Leben vermitteln möchten.« Bei dem einen ist es das Wort »Harmonie«, bei dem anderen »Frieden«, bei einem Dritten »Lebendigkeit«, bei einem Vierten »Beziehung«, also Gemeinschaft. Vielfach werden auch »Liebe« oder »Hoffnung« genannt. Die Vielfalt ist jedes Mal erstaunlich. Jeder in der Gruppe will etwas vermitteln – und jeder ist einmalig. Das ist ein Potenzial: Die eigene Lebensspur ist eine Vision.

Der zweite Aspekt der Vision lässt sich mit einem Wort Jesu erklären. Jesus sendet seine Jünger aus mit den Worten: »Geht und verkündet: Das Himmelreich ist nahe. Heilt Kranke, weckt Tote auf, macht Aussätzige rein, treibt Dämonen aus!« (Mt 10,7f) Als Christen haben wir einen Auftrag, eine Sendung. Und gemäß den Worten Jesu besteht unsere Sendung darin, dass wir etwas Heilsames in dieser Welt bewirken, dass wir Menschen aufrichten, dass wir in denen, die innerlich erstarrt sind, Leben wecken.

Die Frage ist, wie das für mich konkret aussehen kann. Dabei soll ich nicht äußeren Idealen nachlaufen, sondern das tun, was meinem innersten Wesen entspricht. Oder das, worauf ich Lust habe und was ich mir selbst zutraue. Ich sollte mich fragen: Was will ich vermitteln, ohne groß nachdenken zu müssen? Was für ein Gefühl habe ich, was meinen Auftrag betrifft? Was spüre ich, wo springt was an? Habe ich Lust dazu, etwas zu tun? Der erste Aspekt betraf die Ausstrahlung, das Leben als Lebensspur, der zweite Aspekt beinhaltet das Tun. Welches Tun entspricht mir? Nicht, was muss ich tun, sondern welchen Auftrag, welche Sendung spüre ich in mir?

Vielen Menschen geht es darum, glücklich zu sein, einen inneren Frieden zu empfinden, gelassen und heiter zu sein. Doch nicht minder glauben viele, ihr Glück in einem Außen definieren zu müssen. Sie meinen, wenn sie Erfolg hätten, wären sie auch glücklich. Doch Erfolg bedeutet noch keinen inneren Frieden. Menschen, die glauben, dass ihr Glück von etwas abhängig ist, was ihnen auch genommen werden kann, tun deshalb alles dafür, dass alles so bleibt, wie es ist. Sie wollen als Führungskraft an der Macht bleiben und halten an ihr fest. Aber dieses Glück ist auf Sand gebaut. Um sich das bewusst zu machen, hilft ein Verweis auf die chinesische Philosophie. Sie hat nämlich schon sehr früh zu verstehen gegeben, dass einem das Äußerliche genommen werden kann.

Glück ist nicht durch Abhängigkeit von äußeren Dingen zu erreichen. Glück bedeutet einen inneren Zustand. Wenn ich im Einklang bin mit mir selbst, dann bin ich glücklich. Und wenn mein Leben zum Segen wird für andere, fühle ich mich glücklich. Nicht indem ich um mich selbst und meine Bedürfnisse kreise, werde ich glücklich, sondern wenn ich anderen Menschen diene und in ihnen Leben wecke. Wenn ich mich der Arbeit und den Menschen hingebe, fühle ich mich innerlich im Frieden mit mir selbst. Und dann erlebe ich immer wieder auch dankbar das Glück, anderen bei ihrem Lebensentwurf helfen zu können.

Habe ich jemanden vor mir, der das Materielle hochhält, stelle ich ihm die Frage: Wenn du so viel Geld hast, dass du dir alles erlauben kannst, ein Haus, ein Auto usw. – ist das schon Glück? Was wäre, wenn die Beziehung auseinandergeht – merkt man dann nicht, dass Geld allein nicht alles ist? Leidet eine Beziehung unter dem Top-Job, dann ist das schönste Haus nichts mehr wert. Gibt es nicht doch noch etwas anderes, das dich glücklich macht? Wo hast du dich wirklich glücklich gefühlt? Einige erzählen dann, dass sie sich wirklich glücklich gefühlt haben, wenn sie einen teuren Urlaub gemacht haben. Andere werden nachdenklich und beginnen von einer bestimmten Begegnung zu berichten. Erinnern sich daran, wie sie nach einem Gespräch mit jemandem zufrieden aufgestanden sind mit dem Gefühl, dass etwas sehr intensiv geströmt ist.

Die Erfahrung zeigt, dass ich dann glücklich bin, wenn das Leben fließt. Fließen hat mit Hingabe zu tun. Die Arbeit hat also mit Hingabe zu tun. Benedikt sagt: »*Ora et labora*«, »Bete und arbeite«. Das heißt, die Arbeit braucht die gleiche Haltung wie das Gebet, die Hingabe, dass ich mich frei vom Ego mache und mich einlasse auf die Menschen, auf die Arbeit. Wenn ich frei von mir selbst bin und mein Leben lebenswerter ist, bin ich glücklich. Und: Glück kann ich nicht festhalten. Es ist immer nur eine momentane Dankbarkeit. Vielleicht dazu ein Wort von Bruder David Steindl-Rast: »Ich bin nicht dankbar, weil ich glücklich bin, sondern ich bin glücklich, weil ich dankbar bin.« Auch die Haltung Dankbarkeit führt dann zum Glück. Aber ich bin nicht dankbar, damit ich glücklich werde. Das ist wieder zu verzweckt. Dankbarkeit ist eine Haltung, und wir haben vieles, wofür wir dankbar sein können, was Gott uns geschenkt hat; die Begegnungen, der freundliche Blick, unsere Gesundheit, die Schönheit der Natur, die Liebe eines Menschen. Wenn wir offen sind für das, was Gott uns täglich schenkt, sind wir auf einmal glücklich. Solche Erfahrungen zu vermitteln ist wichtig.

Nun könnte man auf die Idee kommen, ein glücklicher Mensch hätte überhaupt kein Interesse mehr daran, andere zu führen. Dazu kann ich nur eines bemerken: Diejenigen, die sich um das Glück reißen, die meinen, Hauptsache, ich bin glücklich, diejenigen sind einfach nichts weiter als egozentrisch. Denn Glück heißt ja, in der Hingabe, im Dienen bin ich glücklich.

In Amerika gibt es eine Erfolgstheologie. Bei ihr wird alles dem Geld untergeordnet – selbst Gott. Mir hat – und das empfinde ich wirklich als eine Blasphemie – eine Frau ein Buch geschenkt, in dem nachzulesen ist, wie man durch Beten materiellen Reichtum erlangt. Das habe ich sofort in den Papierkorb geworfen. Da kann man schon vom Glauben abfallen. Einer Unternehmensberaterin, mit der ich gearbeitet habe, sagte ich, dass Werte eine Firma wertvoll machen. »Aber wir leben nicht Werte, damit wir mehr Geld verdienen. Denn sonst werden Werte instrumentalisiert. Werte sind in sich wertvoll, und in der Folge ist es dann auch durchaus möglich, dass ein Unternehmen, das dies beherzigt, aufblüht. Aber nicht nur finanziell aufblüht, sondern überhaupt aufblüht.« Aber die Erfolgstheologen wollen nur wissen, was es bringt. Alles muss was bringen. Alles wird verzweckt, selbst die Menschlichkeit. Wenn es nichts bringt, dann ist es nichts. Doch wenn nur noch das Geld zählt, wird das Leben irgendwie wertlos.

Ich bin nicht gegen Geld. Geld dient auch dem Menschen. Als Cellerar habe ich mit viel Geld umgehen müssen. Klar, ohne Geld kann ich dem Menschen nicht dienen, kann ich nicht investieren. Das Ziel ist aber nicht, möglichst viel Geld zu haben, sondern möglichst vielen Menschen zu dienen. Bei unserer Schule, dem Egbert-Gymnasium in Münsterschwarzach, kann man nicht ständig sparen, da braucht man Geld, um etwas zu bewirken, um den Menschen zu dienen. Und das ist das Entscheidende. Dienen ist Leben. Eine Führungskraft könnte sich sagen: »Ich brauche Geld, um dem Leben der Mitarbeiter zu dienen.«

Es gibt verschiedene Formen dieses Dienstes. Ein Therapeut oder ein Arzt dient den Menschen. In der Wirtschaft, in der Firma diene ich dem Menschen, damit er erfolgreich ist in dem Sinne, dass ihm die Arbeit Spaß macht. Die Arbeit ist durchaus ein wichtiger Faktor. Auch Leistung ist nicht negativ, denn wenn jemand etwas leistet, tut es ihm gut. Er ist stolz darauf, wenn er etwas gestalten kann.

Das ist eine eher nüchterne Form des Dienens, indem ich als Führungskraft ein gesundes Arbeitsklima schaffe. Mitarbeiter sind keine Figuren, die ich da und da hinstellen kann, sondern ich habe darauf zu achten, wer diese Menschen sind und bei welcher Arbeit sie aufblühen könnten. Und damit blüht letztlich die Firma auf. Wenn schlechte Stimmung herrscht und nur einzelne Personen beachtet werden, bringt das nichts. Also: Ein gutes Klima zu schaffen, die Arbeit so zu organisieren, dass sie zufrieden macht, und den Einzelnen im Blick haben – das ist für mich Führen.

Arbeitet ein Mensch acht Stunden am Tag, umfasst diese Zeit einen großen Abschnitt seines Lebens. Und wenn diese Arbeit ihm Spaß macht, ist auch sein Leben gesund. Und dieser Spaß ist nicht nur ein oberflächlicher Spaß. Die Arbeit erscheint sinnvoll, die Mitarbeiter können kreativ sein, können sich einbringen, können ganz dabei sein, werden geachtet. All das sind Dinge, die dazu beitragen, dass diese acht Stunden Lebenszeit, die sie in einem Unternehmen verbringen, eine gute Zeit sind.

Erfolg ist, wenn eine Gemeinschaft lebendig bleibt

Viele Firmen sehen im Erfolg das Ziel ihres Wirtschaftens. Die Frage ist nur, wie wir Erfolg definieren. Wir im Kloster haben natürlich eine bestimmte Vorstellung von Erfolg. Wir sind erfolgreich oder sehen es als Erfolg an, wenn unsere Gemeinschaft lebendig bleibt. Wenn wir uns weiter spüren, wenn wir nicht um uns selbst kreisen, sondern fragen, was unsere Aufgabe in der heutigen Gesellschaft ist und ob wir ihr gerecht werden. Und wir stellen uns die Frage, sind wir bei dem, was wir tun, im Fluss und im Einklang mit uns selbst?

Erfolg ist für uns, wenn unsere Gemeinschaft den Menschen dienen kann, wenn wir das Gefühl haben, dass die Menschen zu uns kommen, weil sie bei uns etwas finden, wonach sie suchen und was sie anderswo nicht finden können. Für uns bedeutet das vor allem, dass sie in ihrer spirituellen Suche zu uns kommen und bei uns Ansprechpartner finden, die ihnen auf ihrer Suche weiterhelfen.

Der Erfolg erhält in den einzelnen Bereichen unseres Lebens jeweils einen eigenen Geschmack. Wenn die Menschen sich bei unserem Chorgebet geistlich gestärkt fühlen, ist es für uns ein Zeichen, dass unser Chorgebet stimmig ist, dass es ein geistliches Tun ist, das die Menschen geistlich befruchtet.

Man kann Chorgebete auch gegeneinander beten: Wer betet schneller, lauter, leiser usw.? Dann spüren die Besucher, dass die Gemeinschaft nicht stimmig ist. Oder klingt es einheitlich und gemeinsam? Das Chorgebet ist ein Barometer für ein gutes oder schlechtes Miteinander.

Bei der Arbeit selbst fragen wir uns, ob wir gut zusammengearbeitet haben, ob wir etwas Sinnvolles getan haben. Bei den Handwerkern wird als Erfolg empfunden, was gemeinsam gelungen ist, was kreativ im Team gelöst wurde. Die Lösung gehört also auch zum Erfolg. Im geistlichen Bereich empfinden wir es als Erfolg, ob ein Vortrag gelungen ist oder ob die Gäste bei einem Kurs innerlich berührt und gestärkt wurden. Aber das rechnet sich nicht in Geld, sondern nach der Stimmung, nach dem, was die Menschen mit nach Hause nehmen, ob sie das Gefühl haben, berührt worden zu sein. Habe ich Menschen berührt, ist das für mich Erfolg.

In regelmäßigen Abständen finden bei uns im Kloster Visitationen zusammen mit dem Abt statt, um eine Art Bestandsaufnahme unserer Gemeinschaft zu machen. Dabei geht es um das Miteinander in der Gemeinschaft, um die Lebendigkeit, Stimmigkeit, ob es Konflikte gibt, ob das geistliche Leben ernst genommen wird. Bei der Visitation wird auch die Vertrauensfrage gestellt, ob die Gemeinschaft dem Abt noch das Vertrauen ausspricht. Dabei ist es nicht vorrangig, ob der Abt uns weiterbringt, sondern ob die Mönche noch Vertrauen in ihn haben. Das Vertrauen wird in einer geheimen Abstimmung ermittelt. Anschließend wird dem Abt das Ergebnis mitgeteilt, und wenn der Konvent sich zur Hälfte mit dem Abt schwertut oder das Gefühl hat, er passt nicht mehr, wird das besprochen.

In der anonymen Abstimmung besteht die Gefahr, dass ein paar persönliche Animositäten hineingebracht werden, aber grundsätzlich ist hierbei schon eine bestimmte Stimmung zu spüren. Hinzu aber kommt, dass die Visitatoren das Gespräch mit den Mönchen suchen. Wie läuft das Leben hier ab? Seid ihr zufrieden? Und so sieht man, wenn klar gegen den Abt abgestimmt wurde, wie dieses Ergebnis einzuordnen ist. Eine negative Grundstimmung zeichnet sich gegen den Abt ab, wenn er zu autoritär ist, nicht mehr hinhört oder sich in irgendetwas verbohrt hat. Dann wird man ihm raten, vielleicht sein Amt niederzulegen. Es sind aber letztlich keine genau zu bestimmenden Kriterien, die zu einem solchen Vorschlag führen. Im Grunde ist das alleinige Merkmal das Vertrauen: Traue ich dem Abt noch zu, uns zu führen?

Diese Frage setzt neue Maßstäbe, was die Definition von Erfolg betrifft. An sich wollen Menschen ja erfolgreich sein. Aber wenn Gewinnmaximierung unter Erfolg verbucht wird, dann versuchen natürlich alle, die Gewinne zu maximieren. Wenn es aber gelingt, in den Köpfen Erfolg neu zu definieren, könnte sich etwas verwandeln. So wie man auch Luxus neu definieren kann, ein Luxusauto oder ein Luxushotel. Das, was vor fünfzig Jahren Luxus war, ist heute zum Teil schon zur Selbstverständlichkeit geworden. Heute ist es Luxus, Zeit zu haben, einen Raum der Stille zu finden. Ich will im Hotel nicht ständig unterhalten werden. Ich möchte einen Raum finden, in dem ich zur Ruhe komme.

Wie man daran sieht, kann alles neu formuliert werden. Die Zeiten ändern sich, wir entwickeln uns weiter, und damit haben wir auch die Chance auf andere Sichtweisen. Ich selbst brauche keinen Schnickschnack, wenn ich in einem Hotel bin. Und die meisten Manager, die in einem Hotel übernachten, halten sich nur kurz in ihren Zimmern auf. Sie wollen sich nach den Besprechungen ausruhen, aber sie brauchen keine Unterhaltung rund um die Uhr.

Vor diesem Hintergrund kann man auch Maßstäbe für gelingende Beziehungen, für ein gelingendes Unternehmen, für ein lebendiges Unternehmen neu definieren. Danach wäre für mich ein erfolgreiches Unternehmen eines, dessen Mitarbeiter morgens gerne in die Firma gehen. Weiterhin, zweitens, ist eine offene Kommunikation entscheidend. Können die Menschen offen miteinander sprechen, wie wir Mönche es bei den Gesprächen mit den Visitatoren können? Dass es Konflikte gibt, davon ist auszugehen – aber herrscht ein Klima des Vertrauens, um auch unangenehme Dinge ansprechen zu können? Oder wird mit Angst gearbeitet?

Drittens: Spüren wir eine innere Verbundenheit? Existiert eine Verbundenheit der Mitarbeiter, haben sie das Gefühl, alle ziehen am gleichen Strang? Ist ein Solidaritätsgefühl, ein Gemeinschaftsgefühl in der Firma vorhanden? Die Gehirnforschung hat erkannt, dass das Gehirn des Kindes vor allem dann viele kreative Verbindungen schafft, wenn sich das Kind mit den Eltern und Geschwistern verbunden fühlt. Das ist auch ein Bild für die Firma. Dort, wo Verbundenheit erlebt wird, entsteht auch Kreativität. In einer Firma, in der Angst herrscht, werden keine neuen Lösungen gefunden, da entsteht höchstens Betrug, wie es das Beispiel von VW zeigt.

Und viertens: Haben wir Ziele? Wissen wir, wofür wir arbeiten? Dann kann vielleicht eine Entwicklung beginnen, an deren Ende die Boni, die in Unternehmen gezahlt werden, nicht mehr so wichtig sind; die Dienstwagen nicht mehr kaputt gefahren werden. Dann wird es vielleicht auch nicht mehr so entscheidend sein, welches Modell man fährt, welche Privilegien man sonst noch betonen kann, etwa das Büro im höchsten Stock und mit grandiosem Ausblick.

Je bewusster ich mir meiner selbst werde, desto freier bin ich. Und das betrifft eine umfassende Freiheit. Wenn Menschen sich bewusst werden, dass das, von dem sie annahmen, dass sie es brauchen, im Grunde gar nicht benötigen, erfahren sie Selbstvertrauen und können sich selbst wieder trauen. Doch um mir selbst zu vertrauen, muss ich mich selbst kennen. Dann drückt das Auto, das ich als Führungskraft fahre, nicht mehr den Wert meiner Leistung aus. Wer in sich ruht, wer mit sich im Einklang ist, der braucht keine Statussymbole, um sein mangelndes Selbstwertgefühl auszugleichen. Er ist mit weniger zufrieden und dankbar. Ihm ist es wichtig, dass er mit sich im Einklang ist und dass er gute Beziehungen hat, in seinem Freundeskreis, aber auch in seiner Firma.

Ohne Führung gibt es keinen Zusammenhalt

Damit eine Firma, eine Gesellschaft Verantwortung übernehmen kann, braucht es Führung. Zum Beispiel hat ein Unternehmen die Verantwortung dafür, wie es mit der Umwelt umgeht. Führung ist hier notwendig, um miteinander ein Gespür für dieses Thema zu entwickeln. Letztlich muss dann der Einzelne die Verantwortung dafür übernehmen, wie er das Erkannte umsetzt und durchführt. Aber die Grundlage dafür ist das Gespür für Nachhaltigkeit, das in der Firma entwickelt wurde. Selbstverständlich darf das Thema der Nachhaltigkeit nicht moralisierend vermittelt werden, damit man den Mitarbeitern kein schlechtes Gewissen einimpft. Vielmehr braucht es ein Gespür für die Natur, letztlich eine spirituelle Beziehung zur Schöpfung, in der ich der Schönheit Gottes begegne. Dann können wir im Miteinander besprechen, wie wir das hohe Gut unserer Umwelt schützen können. In so einem spirituellen Klima werden auch kreative Ideen geboren, wie die Firma mit Lust die Umwelt schonen kann.

Damit verbunden ist auch eine gesellschaftliche Verantwortung, die mehr beinhaltet als das, was der Einzelne zu tun vermag. Die Firma übernimmt Verantwortung für die Umwelt und für die Gesellschaft. Denn die Kultur, die die Firma in sich schafft, prägt auch die Kultur der Gesellschaft. Bei allem, was wir in der Firma unternehmen, sollten wir uns bewusst sein, dass wir einen wichtigen Beitrag zur Humanisierung der Gesellschaft leisten. Unsere Gesellschaft wird immer mehr zu einer Zuschauergesellschaft. Viele bleiben Zuschauer, aber sie übernehmen keine Verantwortung. Indem wir ein Verantwortungsbewusstsein in der

Firma schaffen, wecken wir auch in den einzelnen Mitarbeitern die Bereitschaft, Verantwortung für die Gemeinschaft und in der Gemeinschaft zu übernehmen. Und diese Verantwortung wird sich von der Gemeinschaft auf die Gesellschaft und letztlich – im Zeitalter der Globalisierung – auf die ganze Welt erstrecken.

Die Aufgabe einer Führungskraft ist es, eine Sensibilität dafür zu schaffen. So geschah es zum Beispiel bei unserem Ökoprojekt »Regenerative Energien«, mit dem es uns gelungen ist, unseren CO_2-Ausstoß für das Kloster und die Schule auf unter null zu reduzieren. Seit vielen Jahren haben wir eine Holzenergiezentrale, eine Solarthermie, Photovoltaik sowie eine Biogasanlage, und wir sehen unser Projekt auch als eine Verantwortung für die Gesellschaft. Sicher, diese Idee ist damals von Abt Fidelis und von mir ausgegangen, aber wir mussten den Konvent überzeugen. Wir haben sie nicht einfach umsetzen können, wir haben auch nicht gesagt: »Das muss man heute so machen, weil alle anderen das so machen.« Sondern wir haben die Mitbrüder sensibilisiert, sie spüren lassen, dass das etwas ist, was ein gemeinsames Anliegen für uns sein könnte. Also, Verantwortung kann man nicht abstrakt übernehmen, sondern nur als gemeinsames Anliegen.

Bei uns im Kloster, und mit seinen vielen Betrieben ist es letztlich ein größeres Unternehmen, hat der Abt die Aufgabe zu inspirieren – und das betraf ebenso unser Ökoprojekt. Da der Prophet im eigenen Land bekanntlich nichts gilt, hat der Abt seinen Klassenkameraden Franz Alt eingeladen, der als Philosoph und Theologe sehr umweltbewusst ist. Franz Alt hielt einen Vortrag im Konvent über nachhaltige Energie, anschließend diskutierten wir über das Gehörte. Auf diese Weise wuchsen die Gedanken in uns weiter. Manchmal muss man klug sein und das, was man selbst sagen möchte, anderen überlassen. Wenn man alles selbst sagt, glauben die Mitarbeiter einem vielleicht nicht unbedingt. Doch unser Abt verstand seine Aufgabe als Führungskraft immer so, die Mönche dafür zu sensibilisieren, welche Themen gerade wichtig sind und auf welche Fragen wir als Kloster antworten wollen. Nie verordnete er die Themen von oben, sondern brachte sie in den Konvent hinein, um über sie zu sprechen: »Wie seht ihr das?« Und wenn er das Gefühl hatte, er ist mit seinen Gedanken allein auf weiter Flur, sah er ein, dass die Zeit dieser Gedanken noch nicht gekommen und erst noch ein Umdenkungsprozess vonnöten war.

Aber der Abt als Führungskraft ist dafür verantwortlich, dass dieser Umdenkungsprozess weitergeht, dass man nicht vorschnell aufgibt, nur weil es Widerstand gibt. Widerstand hat immer einen Sinn und ist stets ernst zu nehmen. Der Widerstand zeigt entweder, dass es uns noch nicht gelingt, die Mitarbeiter zu überzeugen. Oder aber, dass wir zu wenig auf die Ängste der Mitarbeiter eingehen. Jeder Widerstand ist eine Herausforderung, kreativ damit umzugehen und sein eigenes Konzept zu hinterfragen und neu zu bedenken.

Nie hätte man die Mönche beim Thema Umwelt inspiriert, wenn man ihnen nur mit Daten gekommen wäre, wenn man ihnen allein gesagt hätte, man müsse den CO_2-Ausstoß reduzieren. Das allein hätte viel zu abstrakt geklungen und wäre deshalb nicht motivierend gewesen. Eine spirituelle Komponente, also Hinweise auf die Schönheit der Schöpfung, auf die Bedeutung der Beziehung zur Natur, auf die Wichtigkeit, ein Teil von Gottes Schöpfung, die uns von ihm gegeben wurde, zu sein – all das war nötig, um die Mönche zu überzeugen. Dieses spirituelle Gespür für die Dinge, die uns umgeben, war entscheidend, nicht das Moralisierende oder das rein Rationale. Zu sagen, dass wir in zehn, zwanzig Jahren zugrunde gehen, wenn wir nicht den CO_2-Ausstoß verringern, hätte nicht das Problem gelöst – trotz aller tatsächlichen Dramatik.

Wenn wir ein Gespür für die Schönheit der Natur entwickeln, dann gehen wir auch achtsam mit ihr um. Das deutsche Wort »schön« kommt von »schauen«. Und meint ein liebevolles Schauen. Wenn ich die Natur liebevoll anschaue, entdecke ich in ihr die Schönheit, und in der Schönheit erkenne ich die Spur

Gottes, der nach Platon das Urschöne ist. »Schön« kommt aber auch von »schonen«. Das Schöne verlangt nach Schonung. Und nur, wenn ich das Schöne schone, bleibt es schön.

Inspiration entsteht bei uns aber auch dadurch, dass wir uns sozial engagieren und mit Menschen in Berührung kommen, denen es vielleicht nicht so gut geht wie uns. Gerade durch unsere Missionarsarbeit geschieht das, durch unseren Austausch mit unseren deutschen Missionaren, die zurückkommen, oder mit afrikanischen und asiatischen Brüdern, die uns aufsuchen. Durch Gespräche mit ihnen stellen wir unser eigenes Leben infrage. Wir hinterfragen, was wir für Ansprüche haben und was die Not in anderen Ländern für uns bedeutet. Wie können wir effektiv helfen? Wo wollen wir helfen? Wir können nicht die ganze Welt retten. Um die eigene Begrenztheit zu wissen, ist auch wichtig. Aber genauso wichtig ist, dass wir nicht nur um uns selbst kreisen. Das verstehe ich auch unter Verantwortung: Dass man über sich selbst hinausschaut und überlegt, wo und in welcher Form wir etwas tun können. Eine Idee zu haben und daraus ein Projekt zu machen – das weitet den Blick und motiviert. Es bedeutet dann nicht, etwas zu tun, weil man ein schlechtes Gewissen hat, sondern weil man Lust hat oder spürt, dass das, was man tut, sinnvoll ist.

Menschen Erfahrungen über Begegnungen machen zu lassen ist also eine mögliche Quelle der Inspiration. Doch auch nur die Idee selbst zu vermitteln kann auch schon inspirierend sein. Jedenfalls versuche ich das mit Vorträgen, in denen ich meine Gedanken mitteile. Ich lege in ihnen dar, was mich bewegt. Wenn man selbst bewegt ist, kann ich das auch weitergeben – als Frage. Mich bewegt das und das, und wie geht es euch damit? Ist das vielleicht für euch ebenso ein Thema? Durch den Gesprächsprozess kann Bewusstsein entstehen.

Bei der Selbstführung, bei der Führung auf ein Ziel hin, ist aber noch ein anderer Punkt zu nennen. Wir machen häufig etwas in dem Glauben, das gute Leben würde noch kommen. Es ist wie eine Verheißung. Führung im klassischen Sinne ist auf die Zukunft ausgerichtet– die Firma soll sich in Zukunft noch besser entwickeln. Obwohl wir in vielen Fällen alles haben, um zufrieden zu sein, begeben wir uns auf die Suche nach Glück oder nach dem, was uns in Zukunft durch gute Führung glücklich machen soll. Wie passt das zusammen?

Klar, ich darf nicht nur auf die Zukunft schauen. Ich sollte in der Gegenwart sein, im Augenblick. Aber in der Gegenwart sein heißt eben nicht, um sich selbst zu kreisen, sondern auf dem Weg zu sein. Das gehört zum Wesen des Menschen. Der Mensch ist in Bewegung, auf dem Weg. Wir sind immer auf dem Weg, bis zuletzt, noch im Tod. Insofern gehört das Auf-dem-Weg-Sein ebenfalls zu einer Firma. Die ist immer auf dem Weg. Und trotzdem soll sie ganz im Augenblick sein.

Ist eine Firma auf dem Weg, unternimmt sie eine Wanderung. Und wenn wir wandern, haben wir auch ein Ziel. Wir bleiben nicht stehen und sind glücklich, sondern wir wandern. Und im Wandern geht es uns gut. Wir erleben beim Wandern ein Miteinander, ein gutes Miteinander. Wir haben ein Ziel, und das Ziel verbindet uns miteinander, sodass wir jetzt »gut drauf« sind. Würden wir nur auf das Ziel gerichtet sein und der Weg würde ganz chaotisch verlaufen, würde sich das alles nicht lohnen.

Da bin ich wieder beim Thema Verantwortung. Wenn die Kultur, die in einer Firma herrscht, den Mitarbeitern guttut, wenn ein Unternehmen den richtigen Wanderweg eingeschlagen hat, trägt diese Kultur auch die Kultur einer Gesellschaft. Insofern haben wir die Verantwortung für das Miteinander in einer Gesellschaft.

Bei meinen Führungsseminaren mache ich oft eine Übung, die sich »Die gekrümmte Frau« nennt. Ich lese erst die biblische Geschichte vor. Dann machen wir dazu eine Übung. In Lukas 13, 10-17 heißt es über Jesus: »In einer der Synagogen lehrte er am Sabbat. Und siehe, da war eine Frau, die schon seit achtzehn Jahren einen Geist hatte, der sie krank machte; sie war gekrümmt und konnte sich überhaupt nicht mehr aufrichten. Als Jesus sie sah, rief er sie zu sich und sagte zu ihr: ›Frau, sei frei von deiner Krankheit!‹ Und als er ihr die Hände auflegte, konnte sie sich sogleich aufrichten und pries Gott.«

Die Übung verläuft dann so: Wir stellen uns aufrecht hin, wie ein Baum, der fest verwurzelt ist und seine Krone in den Himmel entfaltet. Wir spüren, wie der Atem in uns Himmel und Erde verbindet. Dann lassen wir den Kopf hängen und spüren nach, was diese kleine Bewegung in uns auslöst. Dann lade ich ein, sich nach vorne zu beugen und mit gekrümmtem Rücken dazustehen. Dann gehen wir in dieser Haltung durch den Raum und spüren nach: Wie fühle ich mich? Wie verändert das meine Stimmung oder die Stimmung im Raum? Wie nehme ich die anderen wahr?

Wir bleiben in der gekrümmten Haltung stehen. Ich richte den Ersten auf, indem ich über seinen Rücken streiche, zuerst zärtlich, schließlich immer fester, indem ich das Rückgrat entlangstreiche. Durch dieses Streichen richtet sich der Gekrümmte allmählich von alleine auf. Zuletzt lege ich meine Hand auf den Kopf. Denn viele meinen, sie stünden schon aufrecht, aber sie lassen ihren Kopf noch hängen. Wenn einer ganz aufgerichtet ist, lade ich ihn ein, den nächsten aufzurichten. Und so richten sich die Teilnehmer gegenseitig auf.

Für mich ist das Aufrichten ein schönes Bild für Führung. Ich führe dann gut, wenn meine Mitarbeiter am Abend aufrechter nach Hause gehen.

Im Rahmen dieser Übung sage ich auch, dass jemand, der von seinem Büro aus aufrechter nach Hause geht, nicht seine Familie unterdrücken, nicht seine Kinder anschreien muss. Wer jedoch niedergedrückt ist, muss andere niederdrücken. Wenn wir durch unsere Führung Mitarbeiter aufrichten, wird das auch das Klima in der Gesellschaft verwandeln. Unsere Mitarbeiter werden es nicht nötig haben, andere Berufsgruppen oder ethnische Gruppen zu unterdrücken. Sie werden ein Klima des aufrechten Ganges, der gegenseitigen Wertschätzung schaffen. Und damit leisten sie einen wichtigen Beitrag zur Humanisierung der Gesellschaft. Je rauer es in den Firmen zugeht, desto rauer wird die Gesellschaft. Wenn jedoch ein Klima der Menschlichkeit in der Firma herrscht, wird es auch die Gesellschaft menschlicher machen.

Ohne Investition läuft jede Inspiration ins Leere

Im Kloster geht es aber nicht nur um Inspirationen, sondern – wie etwa beim Ökoprojekt oder bei Umbauarbeiten in der Abtei – um handfeste Investitionen. Der Cellerar muss jedes Jahr die Bilanzen vorlegen, und alle sprechen dabei mit. Bei Investitionen über 100 000 Euro muss der Konvent gefragt werden. Und dieses Fragen muss natürlich auch mit einer Strategie verbunden sein: Lohnt sich das, was wir vorhaben? Wem dient das? Haben wir das Geld? Und wenn wir das Geld haben, erscheint uns eine andere Investition womöglich sinnvoller? Alle sollen die Entscheidung mittragen. Und nach der Diskussion über die Investition erfolgt die Abstimmung. Es gibt bei uns zwei Gremien, eigentlich drei, wenn man den Konvent mitzählt. Das erste Gremium ist die Verwaltungssitzung, zu dem der Abt und der Prior gehören. Die Verwalter schauen genau darauf, ob etwas tatsächlich sinnvoll ist, ob wir die Investition wirklich brauchen. Das zweite Gremium besteht aus dem Seniorat; das sind zehn gewählte Vertreter, die untereinander besprechen, ob etwas investiert werden sollte. Sie können bis zu einer Summe von 100 000 Euro eigenständig Entscheidungen treffen. Geht der Betrag darüber hinaus, muss der Konvent die entsprechenden Beschlüsse fassen.

Bei der Frage: »Lohnt sich das überhaupt?« legen wir bestimmte Maßstäbe an. In einem unserer Gewerbebetriebe, wie zum Beispiel der Druckerei, wird überlegt, ob sich die Anschaffung einer bestimmten Maschine lohnt. Das ist eine rechnerische Aufgabe: In wie vielen Jahren amortisiert sie sich? Beim Gästehaus geht es nicht um Amortisierung, nicht darum, ob es sich wirtschaftlich lohnt, sondern darum, ob es unserem Dienst entspricht, dass wir den Menschen einen Raum geben wollen, um innehalten zu können. Oder betrachten wir die Schule: Ökonomisch lohnt sie sich keineswegs, aber für die Zukunft der Gesellschaft ist es notwendig, dass Schüler hier eine gute Ausbildung bekommen.

Die Abtei muss selbstverständlich wirtschaftlich gesund sein. Unseren Mitarbeitern wollen wir einen sicheren Arbeitsplatz bieten. Wir wollen, dass sich das ganze Gefüge trägt. Aber woher nehmen wir die Ressourcen? Solange ich Cellerar war, habe ich bemerkt, dass ein alleiniges Anstacheln, ein Noch-mehr-Arbeiten, um mehr Geld für das Kloster zu verdienen, nicht nur ziemlich fantasielos, sondern auch wenig erfolgreich war. Es war vergleichbar mit dem Vorgehen von Führungskräften, die Angst verbreiten, indem sie zu viel Leistung einfordern. Wir im Kloster haben einige Bereiche, in denen wir bewusst draufzahlen: die Schule, das Gästehaus und die Lehrlingsausbildung. Das machen wir nicht, weil wir ansonsten so viel Geld verdienen, sondern weil uns diese Bereiche ein Anliegen sind.

Die Mehrausgaben konnte ich zum Glück durch Finanzgeschäfte abfedern. Ich habe Schulden aufgenommen und das so zur Verfügung stehende Geld besser angelegt. Das ist für jemanden, der einen Elektrokonzern oder ein Hotelunternehmen leitet, nicht so leicht. Aber diese Finanzgeschäfte waren mir wichtig, nicht um damit möglichst viel Geld zu gewinnen, sondern um das, was unsere oberste Aufgabe ist, nämlich Menschen auf Dauer dienen zu können, zu erfüllen. Durch die Finanzgeschäfte Geld zu verdienen war dabei nur Mittel zum Zweck. Viele Ordensschulen können von den Orden nicht mehr getragen werden, weil das Geld dafür fehlt. Mir war es jedoch ein Anliegen, die Ausbildung zu sichern.

Das führt zur nächsten Frage, jene nach dem Zweck eines Klosters. In Unternehmen werden die Menschen oft als Mittel angesehen, um dem Zweck Wirtschaft nachzukommen. Auch wenn unser Kloster ein Unternehmen ist, so ist es in erster Instanz für die Mönche da, damit sie in ihm leben und in Ruhe Gott loben können. Sie sollen nicht in der Angst leben, ob es überhaupt weitergeht. Das Kloster hat weiterhin den Auftrag, den Menschen zu dienen, der Mission zu dienen – ganz viel Geld geben wir für die Missionen. Den Menschen dienen wir hier in Münsterschwarzach durch das Gästehaus, in dem wir Gäste in Nöten begleiten und unterstützen, durch die Schule und durch unsere Flüchtlingsarbeit. Im Augenblick leben bei uns achtunddreißig Flüchtlinge.

In modernen Unternehmen ist die Vorstellung vom Dienen vielfach verloren gegangen. Früher haben sich Gründerpersönlichkeiten das Leben genommen, wenn sie ihre Firma in den Ruin geführt hatten und wussten, dass ihre Mitarbeiter nicht mehr ihre Familien ernähren konnten. Viele heutige Familienunternehmen fühlen sich auch noch für ihre Mitarbeiter verantwortlich und haben ein Bewusstsein für die Menschen, die dort arbeiten. Es besteht jedoch die Gefahr, dass diese Betriebe mehr und mehr von globalen Konzernen aufgekauft werden, für die nur der reine Profit zählt. Bei solchen Übernahmen geht dann meist die Kultur von Familienunternehmen verloren.

Vielen Manager berichten in unseren Führungsseminaren, dass sie sich für ein gutes Firmenklima eingesetzt hätten, dass sie aber mit ihren diesbezüglichen Vorschlägen bei der Konzernleitung nicht durchgekommen wären. Sie sagen: »Ich mag nicht dieses kalte Geldklima, ich will das gar nicht, ich möchte das ändern, aber ich kann das nicht, weil ich mich in einer Sandwich-Situation befinde. Über mir das System, unter mir die Mitarbeiter.« Danach nennen sie unzählige Gründe, weshalb sie nichts machen können.

Wer jammert, weil er anscheinend nichts ändern kann, ist sich noch nicht vollkommen seiner selbst bewusst geworden. Die Frage ist ja eher, warum diese Führungskraft sich so vom System behandeln lässt und warum sie nicht selbst handelt. Ist diese Person überhaupt stark genug, um selbst ins Handeln zu kommen und Konsequenzen daraus zu ziehen? Die Frage ist: Was hält sie davon ab?

Manche Firmen haben eine sogenannte Osterfeuerstrategie, bei der dann bilateral an der Basis angezündet wird, sodass es irgendwann nach oben durchbrennt. Dann gibt es die »Leuchtturmstrategie«, bei der eine Abteilung so und so arbeitet, und die anderen wollen am Ende auch nicht mehr zum Lachen in den Keller gehen. Oder man setzt bei der Führungskraft an, arbeitet mit ihr, damit dieses Schreckensgespenst »System« geringer wird. Aber wenn das alles nichts hilft, wird eine Auseinandersetzung mit den Konsequenzen notwendig. Bin ich das Opfer? Bin ich der Jammerer, der Märtyrer, der damit leben und alles jetzt aushalten muss, damit es noch irgendwie weitergeht und alle am Leben bleiben? Oder habe ich für mich das Bewusstsein entwickelt, zu sagen »Ohne mich, es ist mein Leben«?

Bei Aussagen wie ich kann nicht, ich will nicht, sage ich immer: »Allein kannst du die Firma nicht verwandeln. Aber suche in deinem Unternehmen zwei andere Leute, die ähnlich denken wie du.« Und das ist dann eine Wirklichkeit. Drei Leute sind eine Wirklichkeit, an denen niemand vorbeigehen kann. In der Bibel gibt es das Gleichnis vom Sauerteig. Bei Matthäus heiß es: »Das Himmelreich gleicht einem Sauerteig, den eine Frau nahm und unter einen halben Zentner Mehl mengte, bis es ganz durchsäuert war.« Diese Hoffnung sollte ich auf jeden Fall haben. Nur mit dieser Hoffnung kann ich in meiner Abteilung ein anderes Klima schaffen. Erst wenn gar nichts mehr geht, wenn es für mich gar nicht geht, muss ich Konsequenzen ziehen. Aber natürlich ist das für manche nicht so einfach, gerade bei den Führungskräften, die über fünfzig sind. Zumindest sollten sie die Augen offen haben, ob sie in ihrer Firma wie ein Sauerteig wirken können oder ob es für sie andere Firmen gibt, in denen sie ihre Ideen besser verwirklichen können.

Da kommt auch wieder der Glaube ins Spiel. Ist der oberste Chef tatsächlich nur ein harter, auf das Geld fokussierter Typ oder schlummert in ihm nicht doch noch eine andere Sehnsucht? Traue ich ihm diese zu? Traue ich mich selbst, das anzusprechen, indem ich nicht gegen ihn spreche, sondern mit ihm ein Gespräch führe, also spiegele, wie seine Worte bei mir ankommen und wie ich mich mit diesen fühle? Traue ich ihm zu, dass er es sieht? Dabei ist es wichtig, mit welcher Haltung ich zum Chef gehe. Sage ich, der Typ ist hoffnungslos, mit dem kann man nicht arbeiten – oder habe ich die Hoffnung, dass in ihm ein guter Kern ist, dass er im Grunde das Beste will? Auf keinen Fall darf ich in der Opferrolle bleiben. Das tut mir nicht gut. Wenn ich in der Opferrolle bleibe, geht von mir auch eine negative Energie aus, die auf mich selbst und auf meine Umgebung abstrahlt. Ich muss aussteigen aus der Opferrolle und aktiv werden. Dann werde ich an meine Grenzen stoßen. Aber ich habe Lust, etwas anzupacken.

Wie gesagt: Am besten ist es in Krisen, Gleichgesinnte zu suchen. Doch warum zerbrechen die einen an einer Krise und warum wachsen andere daran? Der Mensch zerbricht an einer Krise, das sage ich immer, wenn er an seiner Vorstellung von sich selbst und von seinem Leben festhält. Die Krise ist eine Einladung, die eigene Vorstellung von sich und vom eigenen Leben zerbrechen zu lassen. Wenn Vorstellungen zerbrechen, wird der Mensch selbst nicht daran zerbrechen, sondern wird aufgebrochen für neue Möglichkeiten. Er kann sich fragen: Wer bin ich wirklich? Welche Möglichkeiten habe ich, welche Fähigkeiten stecken in mir? Welche Lösungsansätze bieten sich mir an? Aber um das herauszufinden, muss er sich von alten Vorstellungen verabschieden, von sich selbst, davon, dass er der Starke ist. Der Mensch muss annehmen, dass er auch jemand ist, der in eine Krise geraten kann. Wenn er dieses Selbst, das hinter dem Starken steckt, herauszufinden versucht, kann er wachsen. Dann kann die Krise eine Chance sein, dass das eigentliche Selbst hochkommt und er frei wird von Vorstellungen. Aber manche identifizieren sich mit ihren Vorstellungen und den Bildern, die sie von sich haben, so sehr, dass sie nicht bereit sind, diese Vorstellungen und Bilder loszulassen.

Die Führungskräfte, die in Krisen geraten sind und an einem meiner Kurse teilnehmen, möchten erst einmal für sich selbst Hilfe finden. Wo kann ich auftanken, wo kann ich mit mir selbst in Berührung kommen? Sie möchten ganz gewiss nicht lernen, wie man mehr Geld verdient, das ist nicht das Thema.

Wenn diese Menschen von Krisen sprechen, hängen diese oftmals auch mit Beziehungen zusammen, mit Beziehungen innerhalb oder außerhalb der Firma. Manchmal geht es um zerbrochene Beziehungen, manchmal nur um getrübte Beziehungen. Zum Beispiel, wenn sich ein Freund, ein Gleichgesinnter, von dem Unternehmen verabschiedet und eine eigene Firma gegründet hat. In der Folge ist die Freundschaft auseinandergegangen. Andere haben Familienprobleme, weil sie vor lauter Fixiertheit auf die Firma die Familie vergessen haben. Oder sie haben das Gefühl, dass sie eine Grenze erreicht haben, dass sie immer gern und viel gearbeitet haben, aber plötzlich erkennen sie, dass das keinen Sinn mehr für sie hat. Sie können nichts mehr bewegen, weil das Unternehmen umstrukturiert worden ist. Das verursacht häufig die größten Schwierigkeiten – die Veränderungen von außen.

Das Problem ist dann, dass sie keine Orientierung mehr haben. Auch ein Gefühl von Verletzung spielt eine Rolle. Sie haben sich eingesetzt, und auf einmal werden sie »abgeschossen« oder »hinausgeekelt«. Ein anderer kommt und arbeitet gegen sie, Mobbing nennt man das. In den Kursen geht es darum, diesen Verletzungen zu begegnen. Was kann ein Mensch tun, der verletzt ist, um an diesen Verletzungen nicht zu zerbrechen?

Meine Antwort darauf: Vergebung. Das mag sich jetzt etwas fromm anhören, aber Vergebung beinhaltet fünf Schritte: Der erste Schritt besteht darin, den Schmerz zuzulassen, zu akzeptieren, dass es wehgetan hat. In einem zweiten Schritt wird die Wut zugelassen. Die Wut ist die Kraft, den anderen, der mich verletzt hat, aus mir hinauszuwerfen. Ich kann die Wut in Ehrgeiz verwandeln – ich gebe dem anderen nicht so viel Macht, dass ich mich von ihm kaputt machen lasse. Ich kann selbst leben. Ich bin auch jemand. In mir ist die Kraft, mein Leben selbst in die Hand zu nehmen. Mit dieser Feststellung steige ich aus der Opferrolle aus.

In einem dritten Schritt folgt das Verstehen: Was ist eigentlich abgelaufen? Warum ist dieser andere so und was hat das mit mir zu tun? Gibt dieser andere womöglich seine eigenen Verletzungen einfach nur weiter? Ist dieser andere unzufrieden? Sind Neidgefühle in ihm? Ich muss also verstehen, was genau abgelaufen ist. Wenn ich verstehe, kann ich zu mir stehen.

Und erst im vierten Schritt geht es um das Vergeben. Vergeben ist ein doppelter Akt der Befreiung. 1. Ich reinige mich von dem Negativen, von der Bitterkeit, die durch die Verletzung in mir ist. 2. Ich befreie mich von der Macht des anderen. Wenn ich nicht vergebe, dann bin ich noch an den anderen gebunden, dann kreise ich ständig um ihn und gebe ihm auf diese Weise Macht über mich. Vergeben heißt nicht: Ich muss mich sofort versöhnen und dem anderen um den Hals fallen. Vergeben heißt vielmehr: erst mal weggeben. Ich lasse das verletzende Verhalten beim anderen und gebe ihm keine Macht mehr. Ich befreie mich von seiner Macht und komme wieder zu mir selbst, in meine eigene Mitte.

Im fünften Schritt werden die Wunden in Perlen verwandelt. Dort, wo ich verletzt worden bin, wurde ich auch aufgebrochen für mein wahres Selbst. Ich wurde aufgebrochen für die Menschen. Ich kann die anderen besser verstehen. Vielleicht wird gerade die Verletzung für mich die Chance, andere besser zu führen, sensibler mit ihnen umzugehen. Die Griechen sagen: »Nur der verwundete Arzt vermag zu heilen.« Das bedeutet für die Führungskraft: Nur die Führungskraft, die selbst verletzt worden ist, vermag mit verwundeten Mitarbeitern gut umzugehen. Sie kann sie besser führen als Menschen, die noch nie in einer Krise waren. So kann die Verletzung, so kann die Krise zur Chance werden. Ich sage mir dann: Ich habe etwas Schlimmes erfahren. Aber das hat mich auch erfahren gemacht. Das ist eine kostbare Erfahrung, die mir hilft, andere Menschen besser zu verstehen und zu führen.

Ich gebe einem, der immer wieder von seinem Chef verletzt wird, den Rat: »Gehe in die Firma so, wie du ins Theater gehst, schau zu, was der Chef spielt, aber spiele nicht mit. Lass dir vom Chef die Rolle nicht aufdrängen.« Das ist ein guter Schutz. Ich spiele nicht mit, wenn mich der Chef anschreit. Ich schaue einfach zu, was er für ein Theater spielt. Oft wird es dann für den Chef langweilig, das Spiel weiterzuspielen. Das Spiel läuft ja nur, wenn der andere mitspielt. Aber wenn ich nicht beleidigt bin, sondern einfach bei mir bleibe, kann ich wunderbar zuschauen.

Und ich werde nicht verletzt. Dazu braucht es ja immer zwei: einen, der verletzt, und einen, der sich verletzen lässt. Wenn ich mich nicht verletzen lasse, wird der andere bald mit seinem Spiel aufhören.

Führungskräfte, die mit neuen Chefs konfrontiert werden, sollten sich fragen: »Warum ist dieser andere, dieser Chef so?« Wenn Chefs ihre Mitarbeiter klein machen wollen, wenn sie ständig auf ihre Autorität pochen, so ist das ein Zeichen dafür, dass sie Minderwertigkeitskomplexe haben. Aber ich soll den Chef dann nicht auf seine Minderwertigkeitskomplexe festlegen, sondern mich fragen: Und wo ist das Positive in ihm? Wo spüre ich, dass der andere auch eine positive Seite hat? Wenn der Chef Vertrauen zu mir fasst – kann er sich dann vielleicht auch anders verhalten? Wenn ich mich zu sehr schütze, kann es leicht passieren, dass ich resigniere, mir sage, mit dem kann ich nichts mehr machen, das ist sein Problem. Aber das wäre für mich zu wenig. Die Hoffnung, dass in dem anderen doch etwas ist, dass er ebenfalls geliebt werden möchte, dass er anerkannt werden möchte, die habe ich immer. Wenn ich diese gute Seite in ihm sehe und sie anspreche, dann wandelt er sich womöglich. Für mich ist es wichtig, dem anderen mit Hoffnung zu begegnen. Paulus sagt: »Wir hoffen auf das, was wir nicht sehen.« Ich hoffe auf den guten Kern im anderen, auch wenn ich den noch nicht erkenne. Ohne Hoffnung erstarren die Beziehungen. Wir sagen ja im Deutschen: »Die Hoffnung stirbt zuletzt.« Das heißt: Wo keine Hoffnung ist, da ist Tod, da ist Erstarrung.

Um beim Bild des Theaters zu bleiben: Wie kann ich es trainieren, mich ein Stück weit von außen zu sehen? Ein solches Verhalten ist nicht ganz leicht, denn wir lassen uns meist sehr schnell in etwas hineinziehen. Da reicht ein Wort, und schon ist man mittendrin in dem Spiel, ohne dass man es will. Welche Techniken gibt es, um sich davor zu bewahren, hineingezogen zu werden, um sich gleichsam in eine Metaebene zu begeben? Also zu sagen: Okay, ich betrachte den Zirkus jetzt mal von außen.

Meditation ist eine wunderbare Möglichkeit, den Geist entsprechend zu trainieren, aber das ist keine Option, wenn ich mich mitten in einem Gespräch befinde. Trotzdem ist es gut, wenn ich bei mir selbst bleibe. Da helfen mir die Hände. So kann ich meine Hände an den Bauch legen und mich dadurch spüren. Ich spüre mich, ich bleibe bei mir. Ich lasse mich jetzt nicht aus meiner Mitte herauskatapultieren, sondern ich bleibe bei mir.

Das ist das eine. Das andere, was ich auch gern rate, ist, sich eine Aussage von Jesus anzueignen. Jesus sagt: »Segnet die, die euch verfluchen.« Ich gebe bei Kursen immer die Übung, den Menschen, der mich verletzt hat, zu segnen. Drei Minuten lang. Der Segen fließt dann von mir zu dem anderen. Eine Frau meinte einmal: »Das kann ich unmöglich tun, der andere hat mich zutiefst verletzt.« Ich antwortete darauf: »Sie müssen es auch nicht können. Probieren Sie es einfach mal.« Dann hat sie es probiert und gemerkt: »Ja, der Segen war für mich wie ein Schutzschild.«

Das Segnen hat nicht zur Folge, dass ich mich aufmache, damit mich der andere noch mehr verletzen kann. Der Segen ist tatsächlich ein Schutzschild, der es mir ermöglicht, aus der Opferrolle auszusteigen. Bleibe ich Opfer, dann denke ich: Der schlimme Mann hat mich so verletzt, mit der Folge, dass ich mich ducke. Und dass ich noch mehr verletzt werde. Das Opfer bietet sich an, um weiterhin geschlagen zu werden. Mit dem Segen habe ich mich aber aufgerichtet und eine aktive Energie zu dem anderen geschickt. Meine Energie folgt meiner Aufmerksamkeit. Dieses Tun verwandelt daraufhin meine Begegnung mit dem anderen am nächsten Tag. Der andere ist nicht nur dieser Schuft, sondern er ist ebenso ein gesegneter Mensch. Wenn ich ihm mit dieser Haltung begegne, wird vielleicht auch etwas anderes möglich.

Wenn ich im Gespräch spüre, wie hart der andere ist, wie er versucht, mich zu verletzen oder unfair mit mir umzugehen, kann ich mir still die Worte vorsagen: »Gott segne ihn, segne sie.« Dann komme ich im Segnen mit meiner aktiven Energie in Berührung. Ich bleibe nicht in der Opferrolle stecken. Und vielleicht hilft mir der Segen, den anderen mit hoffnungsvolleren Augen anzuschauen und in ihm den bedürftigen Menschen zu sehen, der sich selbst nach Anerkennung und Liebe sehnt. Das entspannt die Situation.

Handwerkszeug – Führen nicht ohne Rituale

Ich habe nicht den Ehrgeiz, mit meinen Führungsseminaren etwas Besonderes zu machen. Ich lasse die Teilnehmer erst einmal teilhaben am Rhythmus des Klosters. Und ich spüre, dass es vielen guttut, wenn sie sich auf den Rhythmus der Mönche einlassen. Dabei hat jeder die Freiheit, sich so auf den Rhythmus einzulassen, wie es ihm guttut. Er muss nicht bei jedem Gebet der Mönche dabei sein.

Ein anderer Aspekt, der den Teilnehmern an Führungsseminaren guttut, ist, dass ich versuche, nicht zu bewerten. Und mir ist es auch wichtig, dass die Teilnehmer sich gegenseitig nicht bewerten. Das führt dann zu einem Klima des Vertrauens. In so einem Klima muss ich mich nicht als die erfolgreiche Führungskraft verkaufen. Ich muss mich gar nicht beweisen. Ich darf sein, wie ich bin. Das führt dazu, dass die Führungskräfte von ihren Problemen sprechen, die sie in ihrer Firma mit Mitarbeitern oder Chefs haben. Sie dürfen von ihren Schwächen erzählen, von dem, was ihnen nicht so gut gelingt. Die anderen können dann von ihren Erfahrungen erzählen, wie sie mit dem oder jenem Problem umgegangen sind, was ihnen geholfen hat und wo sie an Grenzen gestoßen sind. Auf diese Weise können sich die Führungskräfte gegenseitig befruchten und stärken.

Ein wichtiges Element bei meinen Kursen sind mir die Rituale. Ich sage den Teilnehmern immer: Rituale schaffen eine heilige Zeit. Wenn ich jeden Tag eine heilige Zeit habe, dann habe ich das Gefühl, dass ich selbst lebe, anstatt gelebt zu werden. Und die tägliche heilige Zeit wird mich davor bewahren, dass die übrige

Zeit des Tages zu einem Hamsterrad wird, in dem ich mich abstrample. Rituale unterbrechen immer wieder dieses Hamsterrad. Wichtig sind mir gute Morgen- und Abendrituale. Viele meinen, sie hätten dafür keine Zeit. Aber das Morgen- oder Abendritual kann kurz sein. Es kann nur zwei Minuten dauern. Diese Zeitspanne kann jeder aufbringen. Als Morgenritual üben wir das Segensritual: Wir stellen uns aufrecht hin und erheben unsere Hände. Wir stellen uns vor, dass durch unsere Hände der Segen Gottes – verbunden mit unserem eigenen Wohlwollen – zu unseren Kindern, zu den Mitgliedern unserer Familie strömt. Der Segen Gottes hüllt die anderen ein wie ein schützender Mantel. Durch dieses Ritual fühle ich mich verbunden mit meinen Kindern und mit meiner Familie. Und zugleich kann ich sie loslassen und dem Segen Gottes anvertrauen.

Dann stelle ich mir vor, wie der Segen Gottes zu den Menschen strömt, mit denen und für die ich arbeite. Der Segen verwandelt meinen Blick auf meine Mitarbeiter und meine Kunden. Ich begegne gesegneten Menschen. Das wird zumindest die erste Stunde des Tages verwandeln. Dann stelle ich mir vor, wie der Segen Gottes in die Räume strömt, in denen ich arbeite. Dann erlebe ich die Räume meiner Firma anders. Es sind nicht nur die kalten Arbeitsräume, nicht nur die Räume voller Konflikte, sondern Räume, die vom Segen Gottes durchdrungen sind. So kann ich mit einem guten Gefühl in die Arbeit gehen. Dieses Ritual wird zumindest die erste Stunde des Tages verwandeln. Und ich darf hoffen, dass diese Verwandlung allmählich länger andauert.

Genauso wichtig sind die Abendrituale. Da übe ich zwei Rituale. Im ersten Abendritual halte ich meine Hände in Form einer Schale vor mich hin, um den vergangenen Tag Gott hinzuhalten.

Viele kommen nicht zur Ruhe, weil sie sich ständig sagen: »Hätte ich das doch anders gemacht, wäre ich doch in diesem oder jenem Gespräch freundlicher gewesen ...« Um diesem Gedankenkreis zu entkommen, sollte ich mir abends sagen: »Der

Tag ist vorbei, ich kann ihn nicht mehr ändern. Es ist, wie es ist. Ich vertraue darauf, dass Gott auch aus dem nicht optimal geführten Gespräch noch Segen entstehen lässt.« Das schließt auch die getroffenen Entscheidungen ein. Ich sage deshalb zu dem Ritual:»Wenn ihr nicht wisst, ob die Entscheidung wirklich richtig war, so geht einfach davon aus, dass es ein Segen wird.« Es entlastet, den Tag abzuschließen. Das ist wirklich wichtig. Das Hadern im Konjunktiv – hätte ich doch, könnte ich doch, wäre ich doch – kann so beendet werden. Und ich kann ruhig ins Bett gehen. Es gibt viele, die ständig im Bett noch grübeln, was sie doch anders hätten machen sollen. Das zermürbt sie. Das Ritual schließt den Tag gut ab.

Ein anderes Abendritual geht so: Ich stelle mich aufrecht hin und kreuze die Arme über der Brust. Ich umarme die Gegensätze in mir. Ich sage mir vor: Ich umarme in mir das Starke und das Schwache, das Gesunde und das Kranke, das Gelungene und das Misslungene, das Gelebte und das Ungelebte, das Vertrauen und die Angst, die getroffenen Entscheidungen und die aufgeschobenen Entscheidungen. Ich umarme in mir das Helle und das Dunkle, das Bewusste und das Unbewusste. Und dann stelle ich mir vor, dass ich mit dieser Gebärde der Umarmung den inneren Raum der Stille in mir schütze. In diesem Raum der Stille bin ich frei von den Erwartungen meiner Mitarbeiter, von ihren Wünschen und Ansprüchen. Auch bin ich in diesem Raum heil und ganz. Dort können mich die verletzenden Worte nicht mehr erreichen. Dort bin ich ursprünglich und authentisch. Ich muss mich nicht beweisen. Ich darf einfach sein. Auch bin ich dort rein und klar. Selbstvorwürfe und Schuldgefühle haben in diesem Raum keinen Zutritt. Dort, wo das Geheimnis Gottes in mir wohnt, kann ich bei mir selbst daheim sein.

Es ist wichtig, dass ich am Abend zu mir selbst komme und bei mir daheim sein kann. In diesen inneren Raum der Stille spreche ich ein altes kirchliches Abendgebet, das schon eintausendsechshundert Jahre alt ist. Es ist angereichert durch die Glaubens- und Lebenserfahrungen von Menschen seit eintausendsechshundert Jahren. So kann ich mir bei diesem Gebet vorstellen: Viele Menschen, die diese Worte gebetet haben, sind jetzt bei Gott. Sie stehen hinter mir und sagen mir: »Du bist nicht allein, wir stärken dir den Rücken. Auch dein Leben wird gelingen.« So spreche ich: »Herr, kehre ein in dieses Haus. Und lass deine heiligen Engel darin wohnen. Sie mögen uns in Frieden behüten. Und dein heiliger Segen sei allezeit über uns und um uns und in uns. Darum bitten wir durch Christus unsern Herrn.«

Es ist so, wie es ist

»Es ist so, wie es ist.« Das klingt so einfach, ist aber enorm wichtig. Die Firma ist so, wie sie ist. Die Mitarbeiter sind so, wie sie sind. Wenn ich das akzeptiere, resigniere ich nicht. Ich sage nicht: »Da kann man nichts machen.« Anzunehmen, dass es so ist, ohne darüber verstimmt zu sein, ist die Voraussetzung, dass ich etwas verwandeln kann. Aber nicht ich muss alles selbst verwandeln. Ich darf auch vertrauen, dass Gott das, was ist, in Segen verwandelt.

Für mich war diese Erfahrung wichtig, um mich von übertriebenem Leistungsdruck zu befreien. Als ich vor vierzig Jahren anfing, Seelsorgegespräche oder überhaupt Gespräche zu führen, habe ich mich unter Druck gesetzt. Da ich es möglichst gut machen wollte, habe ich im Nachhinein jedes Gespräch analysiert: War es psychologisch angemessen, war es weise gewesen? Habe ich immer richtig geantwortet? Habe ich den anderen im Gespräch mit seiner eigenen Wahrheit konfrontieren können? Solche Überlegungen sind Energieverschwendung. Es ist, wie es ist. Am Anfang kann die Analyse eine Hilfe sein, um das nächste Mal sensibler ins Gespräch zu gehen und eine eigene Gesprächsmethode zu entwickeln. Aber jedes Gespräch zu hinterfragen kostet nur viel Energie. Und letztlich geht es dabei immer um mich und um den Eindruck, den ich gemacht habe. Es ist so, wie es ist. Ich habe darauf zu vertrauen, dass Gott aus diesem Gespräch einen Segen entstehen lässt. Dann geht es nicht mehr um mich, sondern darum, dass der andere mit sich in Berührung kommt, dass Gott in ihm durch das Gespräch etwas aufblühen lässt.

Was lässt Druck im Menschen entstehen? Was unterdrückt ihn? Was führt dazu, dass er, wenn er etwas nicht perfekt in seinem Sinne gemacht hat, hadert? Was ist das, wenn jemand durch eine Tür geht und dabei immer im Kopf hat, was wäre gewesen, wenn ich durch die andere Tür gegangen wäre? Woraus entsteht dieser Zweifel, dieser Druck, diese Unentschlossenheit?

Oft hängt es damit zusammen, dass man sich den Druck selbst macht. Ich bin nur gut, wenn ich perfekt bin, wenn ich alles richtig mache, wenn mir kein Fehler passiert. Es sind diese inneren Antreiber, sei perfekt, sei gut, sei erfolgreich, sei richtig. Es geht um dieses eigene Bewerten und darum, dass wir sofort alles bewerten, was wir tun. Druck entsteht auch, indem wir permanent über unsere Entscheidung nachdenken.

Viele wollen eine absolut richtige Entscheidung treffen. Doch es gibt keine absolut richtigen Entscheidungen. Es gibt nur – so sagt es Thomas von Aquin – kluge Entscheidungen. Heute stehen uns so viele Möglichkeiten offen. Und je mehr Möglichkeiten uns zur Verfügung stehen, desto schwerer fällt es uns, uns zu entscheiden. Denn wenn ich mich für etwas entscheide, entscheide ich mich zugleich gegen etwas. Und es fällt vielen schwer, sich durch eine Entscheidung festzulegen. Sie lassen lieber alle Türen offen. Das, wogegen ich mich entschieden habe, wäre durchaus eine gute Möglichkeit gewesen, aber ich muss diese betrauern und mich von ihr verabschieden.

Ich begleitete einmal eine Studentin, die hervorragende Noten vorweisen konnte. Sie hätte Medizin studieren können, Musik, Mathematik oder Sport, aus diesem Grund konnte sie sich sehr lange nicht entscheiden. Schließlich schrieb sie sich für Medizin ein. Nach zwei Jahren kam das Physikum, die erste ärztliche Prüfung, der eine ziemliche Paukerei vorangeht. Weil sie das Lernen anstrengend fand, meinte sie, sie hätte doch lieber Musik studieren sollen, dann könnte sie jetzt mühelos und wunderbar Klavier spielen. Ich sagte: »Wenn ich mich für Medizin entscheide, muss ich betrauern, dass ich nicht Musik studiert habe.

Musik wäre auch schön gewesen, aber ich muss mich von diesem Gedanken verabschieden.« Nur wenn ich mich verabschiedet habe, kann ich ganz Ja sagen zu dem, wofür ich mich entschieden habe. Die Studentin hat aber nicht betrauert, sondern nachgetrauert – »hätte ich doch«. Das Nachtrauern aber zieht alle Energie weg.

Was ist die Voraussetzung für eine klare Entscheidung? Für eine Entscheidung, der ich nicht nachtrauere? Voraussetzung dafür ist der Mut zur Begrenzung. Dass ich mir bewusst mache, dass ich begrenzt bin und nicht alles tun kann. Sondern nur Begrenztes. Der Mut zur Begrenzung hat auch etwas mit dem rechten Maß zu tun. Dass ich nur in eine Richtung etwas machen und nicht alles tun kann.

Dieses Thema ist auch essenziell für Menschen in Unternehmen. Vielfach werde ich gefragt: »Wie werde ich mir der Dinge konkret bewusst, die ich kann und die ich nicht kann? Wie grenze ich mich ab? Wie setze ich Grenzen? Wie achte ich Grenzen auf vielerlei Ebenen?« Ich kann nicht alles, was ich will. Das ist schon einmal die entscheidende Aussage, eine grundlegende Erkenntnis. Aber wie werde ich mir dessen bewusst? Wie führe ich mein Bewusstsein? Wie werde ich mir darüber klar, was genau das ist, was ich kann? Wie fasse ich den Mut, die Entscheidung zu treffen, die ich treffen will? Wie kann ich mich darauf fokussieren und sagen, das ist das, was meiner Persönlichkeit entspricht und in ihr durchklingt?

Letztlich geht es nicht darum, was ich kann, sondern um das, was ich spüre: Da kommt etwas in Fluss, da fließt etwas. Dann kommt das Können auch dorthin. Wo ich spüre, dass es fließt, entwickelt sich das Vertrauen, dass ich etwas kann. Das Fließen ist entscheidend und da sind wir wieder bei der Kindheit angelangt: die selbstvergessenen Spiele. Oder noch mehr: Was war mein Traum? Was wollte ich immer werden? Wie kann mein Traum in mein Leben fließen? Kann ich sagen, mit welcher Tätigkeit das möglich ist? Jedenfalls darf ich mich nicht in ein

Zimmer setzen und mir tausend Möglichkeiten ausdenken, was ich tun könnte und was das absolut Richtige wäre. Von der Erziehung her, von dem Umfeld, aus dem wir kommen, gibt es immer Begrenzungen. Man kann sich nicht völlig frei aussuchen, was man machen möchte. Aber man kann spüren, ob man das, was man tut, weiterführen möchte. Oder ob man etwas anderes tun, für etwas anderes stehen möchte.

Entscheidend ist, ob ich bei dem, was ich tue oder tun möchte, Lebendigkeit spüre, Freiheit, Frieden und Liebe. Das heißt nicht, dass die Arbeit mir schon Lebendigkeit und Freiheit schenkt. Vielmehr geht es darum, dass ich diese Arbeit mit diesen vier Qualitäten – Lebendigkeit, Freiheit, Frieden und Liebe – verbinden kann.

Nach meinem Studium – Theologie und Betriebswirtschaft – wollte ich Theologe werden, hatte ich doch auch in diesem Fach promoviert. Aber dann kam der Abt auf die Idee, ich sollte Cellerar werden. Ich spürte bei dieser Entscheidung einen Widerstand, dennoch habe ich Ja gesagt. Dabei hat mir folgende Überlegung geholfen: Wie kann ich diese eher nüchterne Arbeit in der Verwaltung mit Lebendigkeit, Freiheit, Frieden und Liebe füllen? Und wie kann ich diese vorgegebene Arbeit kreativ angehen? Was kann ich durch diese Arbeit Gutes bewirken für die Gemeinschaft und für die Menschen?

Zu der Zeit, als ich Cellerar wurde, war unsere Gemeinschaft in einer Krise. Der Abt versuchte, die Mönche durch moralische Appelle zu mehr Spiritualität zu motivieren. Doch das Ermahnen, mehr zu beten und das Schweigen besser einzuhalten, nützte nichts. Meine Idee war: Wenn ich in der Arbeit eine andere Atmosphäre schaffe, eine Atmosphäre, in der die Mitbrüder gerne arbeiten, in der sie sich wertgeschätzt fühlen und ihre Ideen einbringen können, fördert das auch die Spiritualität in der Gemeinschaft. Und so hat mir die Arbeit in der Verwaltung nach dem ersten Widerstand Spaß gemacht. Ich bin dankbar, dass ich mich damals auf das Abenteuer dieser Arbeit eingelassen habe.

Wir können uns die Arbeit, die uns erwartet, nicht abstrakt ausdenken, zudem ist manches vorgegeben. Aber ist das Vorgegebene, so müssen wir uns fragen, eine Begrenzung, die mich einengt? Ist sie eine, aus der ich aussteigen muss? Oder kann ich das Vorgegebene gestalten? Kann ich meine eigenen Ideen in das, was mir aufgetragen ist, einbringen und so die Welt, in die ich gestellt bin, verwandeln?

Das führt wiederum zu weiteren Fragen: Wo bin ich reglementiert? Vielleicht angepasst an das, was andere von mir wollen? Und wo bin ich ganz ich selbst? Wie bewege ich mich in meinem Umfeld im rechten Maß? Wie setze ich dort Grenzen? Zum rechten Maß gehört ja Verbundenheit. Auf der einen Seite will ich mit anderen verbunden sein und dazugehören, also muss ich mich auch in einer bestimmten Weise anpassen. Auf der anderen Seite will ich Freiheit, will das tun, was ich will. Das ist womöglich gegensätzlich. Wo liegt denn hier das rechte Maß? Was gestehe ich dem Einzelnen im Hinblick auf seine Persönlichkeit zu, und wo fordere ich bestimmte Grenzen ein?

Die Gemeinschaft braucht Formen. Formlosigkeit schadet ihr. Viele sprechen in diesem Zusammenhang von Normen, ich spreche lieber von Regeln, die sich eine Gemeinschaft gibt – und von Formen, die uns guttun. Solche Formen, die uns guttun, sind Rituale.

Ich habe schon über persönliche Rituale gesprochen. Genauso wichtig sind aber auch Rituale, die eine Firma für sich entwickelt hat. Es gibt Untersuchungen, die zeigen, dass Firmen, die Rituale aufgegeben haben, in ihrer Leistung nachlassen. Das ist paradox, da Rituale ja auch Zeit brauchen. Aber Rituale sind der Ort, an dem, wie schon gesagt, Gefühle geäußert werden, die sonst nie zum Ausdruck kommen. Und Rituale schaffen eine Familienidentität, eine Firmenidentität.

Auf diese Weise verbinden die Rituale die Mitarbeiter miteinander. Durch die persönlichen Worte, die bei den Ritualen gesprochen werden, wecken sie Fähigkeiten in den Mitarbeitern auf, die sonst schlummern würden, weil sie nie angesprochen werden. Daher ist es wichtig, dass sich die Mitarbeiter überlegen, welche Rituale sie in der Firma leben wollen. Welches Ritual passt für uns, um den Geburtstag von Mitarbeitern zu feiern? Welche Rituale haben wir für unsere Jubiläen? Und welche Rituale praktizieren wir, wenn es einen Trauerfall in der Firma gibt oder wenn ein Verwandter eines Mitarbeiters stirbt? Solche Rituale sind Zeichen der Wertschätzung der Mitarbeiter. Und sie sind Orte, an denen sich die Mitarbeiter auf neue Weise verbunden fühlen.

Nochmals: Ohne Formen gibt es keine Gemeinschaft, gibt es kein Miteinander. Auf die Frage, wo das richtige Maß zwischen Ich und Gemeinschaft ist, ist zu antworten, dass ich diese Gemeinschaft mitformen kann. Natürlich ist die Gemeinschaft auch etwas Vorgegebenes. Ich kann nicht anfangen, sie völlig neu zu schaffen.

Für das Vorgegebene und das Formen ein Beispiel: Ich habe einmal eine junge Frau begleitet, deren Lebenstraum es immer gewesen war, das Autohaus ihres Vaters zu übernehmen. Dieser Traum erfüllte sich, eines Tages übernahm sie es. Aber nach zwei Jahren verspürte sie keine Lust mehr, dieses Autohaus zu führen, sie fand, dass es doch nicht das Richtige für sie sei. In dem Gespräch mit ihr wurde klar, dass sie in den zwei Jahren nur auf die Erwartungen ihres Vaters geschaut hatte und diese erfüllen wollte. Ich sagte: »Ich glaube schon, dass das Autohaus dein Traum ist, aber du musst ihm deinen persönlichen Stempel aufdrücken, sodass es dir Spaß macht.« Wenn ich die Erwartungen anderer erfülle, raubt es meine Energie.

Wer bist du?

Bei den hiesigen Unternehmensstrukturen wurde anfangs die Persönlichkeit am Werkstor abgegeben, die Menschen waren angestellt, abends wurden sie wieder abgestellt, und zwischendurch passte jemand auf, dass sie nichts anstellten. Der Mensch, ich erwähnte es schon, war Mittel zum Zweck.

Führungskräfte wollen häufig wissen, was sie tun können, um nicht nur sich selbst zu erkennen, sondern was zu machen ist, damit die Persönlichkeit der Mitarbeiter in einem Unternehmen Einzug hält. Alles Mögliche wird an objektivierbaren Eigenschaften und Merkmalen in Stellenbeschreibungen hineingepresst, in den Firmen selbst gibt es klare Hierarchien – da spielt die Persönlichkeit erst einmal keine so große Rolle. Höchstens will man in Vorstellungsgesprächen noch wissen, welche Ziele der Bewerber denn sonst noch verfolgt. Das war es dann aber auch mit dem Blick auf die Persönlichkeit. Ich erkläre dann, wie wir versuchen, im Klosteralltag die Persönlichkeit eines jeden einzelnen Bruders gerecht einzubringen.

Bei den Jungen, die ins Noviziat kommen, gibt es Gespräche mit dem Abt oder dem Novizenmeister, in denen es darum geht, was sich der Einzelne für sich selbst vorstellen kann. »Du siehst jetzt das Kloster, wo springt bei dir was an?« Das ist die eine Frage, die vorgebracht wird. Und die andere: »Was möchtest du gerne?«

Natürlich geht es auch darum, wie sich derjenige zur Gemeinschaft verhält, wie er sich in deren Mitte fühlt und wie wir ihn mit der Gemeinschaft in Einklang bringen können.

Es ist wichtig, dass ich den Einzelnen herauslocke und nicht sofort sage: »Du wirst ab morgen mit diesen oder jenen Dingen beschäftigt sein.« Vor vierzig, fünfzig Jahren war das natürlich auch bei uns im Kloster so, ich selbst habe ja diese Erfahrung gemacht. »Du gehst ab morgen in den Kuhstall und du arbeitest auf dem Bau.« Das ist heute undenkbar, heute wird der Einzelne gefragt. Aber trotzdem kann er nicht beliebig wählen oder genau das wählen, was sich in seinem Kopf breitgemacht hat. Ob im Kloster oder im Unternehmen: Der Einzelne muss erklären, was er sich vorstellen kann, und im Gespräch ist darauf zu schauen, wie die Firma gesehen wird und wie die gesehenen Fähigkeiten des Menschen in Einklang zu bringen sind. Beide Pole sind wichtig. Ich darf nicht den Wunsch des Einzelnen für absolut nehmen, aber auch nicht die Bedürfnisse der Firma als absolut ansehen.

Wenn ich mit dem Mitarbeiter nur eine Lücke stopfe, dann fühlt er sich nicht wertgeschätzt. Die Aufgabe muss zu ihm passen. Er muss das Gefühl haben, dass die Führung sich darüber Gedanken macht, was für ihn stimmig ist. Aber er ist auch selbst dafür verantwortlich, dass er die Aufgabe bekommt, in der er sich entfalten kann.

Bei uns im Kloster gibt es keine klassische Hierarchie, keine Aufgaben- und Stellenbeschreibungen. Dennoch organisieren wir uns. Viele fragen: Wie sieht das praktisch aus? Findet der Novize seinen Platz in der Gemeinschaft etwa durch Ausprobieren?

Zunächst wird vor allem geprüft, ob sein spirituelles Leben stimmig ist. Ob er unter einer Krankheit leidet. Am Anfang geht es überhaupt noch nicht um einen Beruf. Natürlich wollen wir dann aber auch wissen, was derjenige, der zu uns kommt, für eine Ausbildung hat, was er an Fähigkeiten mitbringt. Möchte er in diese Richtung weitergehen? Wo sind seine Begabungen, wo könnte er bei uns eingesetzt werden? Manche möchten im Kloster etwas ganz anderes machen als das, was sie vorher beruflich ausgeübt haben. Vor Kurzem ist ein Opernsänger zu uns ins

Kloster gekommen. Man wird bei ihm schauen müssen, wie es sich entwickeln wird. Dieser Mann wird sicherlich etwas Musikalisches machen wollen, wobei er, wie ich schon erfahren habe, sich nicht als Lehrer fühlt. Musiklehrer zu sein ist also nicht seine Sache. Aber vielleicht mag er musikalische Projekte, Chöre leiten oder etwas in dieser Richtung. Diesbezüglich hat er jedenfalls schon Ideen geäußert. Dieser Transfer ist interessant und spannend zugleich, auch weil man daran lernen und sehen kann, wie Loslassen geschieht, welche Gedanken dabei entstehen und was den Menschen bewegt.

Ich selbst hatte, was meinen Berufsweg betraf, ja eine andere Vision gehabt, nicht die vom Cellerar, sondern die von einem Theologen. Doch der Abt sagte damals: »Lieber Anselm, das Cellerar-Thema, das ist jetzt deins.« Am Anfang gab es tatsächlich enormen Widerstand. Zwei Monate machte ich diese Arbeit, musste eine Sitzung nach der anderen mit diversen Versicherungen überstehen und Etliches anderes, das in eine vergleichbare Richtung ging. Nach diesen zwei Monaten begab ich mich zu dem Abt und sagte: »So etwas Langweiliges ist nichts für mich.« Der Abt meinte daraufhin: »Es ist Ihre Entscheidung, überlegen Sie es sich noch einmal.« Den Rat nahm ich an, und ich habe dann gespürt, dass ich eine Verantwortung übernommen habe.

Nach diesem Gespräch habe ich auch mit Pater Fidelis über mein Problem und den vom Abt erhaltenen Rat gesprochen, über meinen Widerstand wie auch über mein Gefühl der Verantwortung. Pater Fidelis meinte ebenfalls, dass der Posten, den ich ausüben würde, sehr wichtig sei. Er erklärte: »Mit Geld hat man auch Macht, im positiven wie im negativen Sinne. Ich kann mit Geld alles verhindern. Ich kann ständig sagen, wir haben kein Geld, es geht nicht. Oder ich kann mit Geld etwas ermöglichen, Leben ermöglichen.«

Diese Worte brachten mich zu einer anderen Einstellung. Und außerdem war für mich entscheidend, dass der Abt mir die

Wahl gelassen hatte. Früher, vor meiner Zeit, hätte man im Kloster verkündet: »Das ist ein Beschluss von oben.« Es war dann mein eigener Beschluss, weiterhin Cellerar zu bleiben.

Weil ich im Kloster Möglichkeiten habe, mich mit auftretenden Überlegungen und Schwierigkeiten auf diese Weise auseinanderzusetzen, ist sicherlich auch ein Grund dafür, dass die Leute gern bei uns arbeiten. Sie fühlen sich angenommen. Natürlich gibt es immer auch Einzelne, die nach dem alten System vorgehen, aber das passiert nur noch selten. Jedenfalls ist bei mir durch die Gespräche insgesamt etwas aufgegangen, was mich in meiner eigenen Entscheidung bestärkte, und ich konnte loslassen. Na ja, ganz losgelassen habe ich meine Leidenschaft für die Theologie letztlich doch nicht. Ich habe nicht viel Zeit, aber das, was Leidenschaft ist, hat trotzdem in meinem Leben einen Platz gefunden. Und so habe ich trotz meiner Arbeit in der Verwaltung viele Bücher geschrieben. Wozu man Lust hat, dafür findet man auch Zeit.

Neben einem Opernsänger haben wir auch einen Zahnarzt in der Abtei. Matthias hat neben seinem Medizinstudium Theologie studiert, schließlich war es sein Wunsch, ins Kloster einzutreten. Seinen Beruf als Zahnarzt wollte Matthias dort aber nicht länger ausüben. Sein Medizinstudium war für ihn Pflicht gewesen, mit dieser Pflicht wollte er nichts mehr zu tun haben. Dennoch übernahm er in einem unserer letzten Fastenkurse den medizinischen Part, sodass er sich doch wieder mit seinen medizinischen Fähigkeiten einbrachte. Aber ansonsten begleitet er andere in Seelsorgegesprächen.

Ungefähr zeitgleich mit dem Opernsänger kam ein Rechtsanwalt zu uns. Er hatte zu verstehen gegeben, dass er nicht der typische Rechtsanwalt sei. Er sei eigentlich mehr ein wissenschaftlicher Jurist. Vermutlich wird er sich für eine Arbeit in der Verwaltung entscheiden. Aber im ersten Jahr machen alle, die bei uns bleiben wollen, ganz normale Arbeiten. Sie kümmern sich um den Garten, putzen das Haus oder sind im Küchenbereich tätig.

Oft werde ich gefragt: »Was empfehlt ihr einem Menschen, der einen Job macht und für sich erkannt hat, dass das, was er tut, nicht seiner Persönlichkeit entspricht?« Die Erkenntnis kann ja kommen. Denn je mehr man im Sinne der Persönlichkeitsentwicklung handelt, wird jemandem vielleicht bewusst, dass das, was er tut, was er bisher getan hat, gar nicht das ist, wofür er da ist. Er muss sich der Situation stellen, dass er womöglich die letzten zwei oder zwanzig Jahre gar nicht richtig gelebt hat. Mit anderen Worten: Derjenige hat es nicht geschafft, seinem Job den eigenen Stempel aufzudrücken oder, wie in meinem Fall, eine andere Einstellung zu gewinnen. Er muss sich dann einen neuen Job suchen, was aber mit einem Verlust an Ansehen einhergehen kann. Es kann ja durchaus eine Rolle spielen, wenn jemand nicht mehr das macht, was er bislang ausgeübt hat. Der Wechsel vom Topmanager zum Hoteldirektor ist nicht so gewaltig, zumal wenn er ein großes und angesehenes Haus leitet. Anders ist es, wenn es sich um eine kleine Pension handelt.

In Seminaren und Einzelgesprächen thematisiere ich diese Problematik. Derjenige, der sich wandeln will, muss das wahrnehmen: Wie geht es mir damit, wenn ich weniger Ansehen habe? Wenn ich weniger Geld verdiene? Wie sieht mich dann die Familie an? Wie sehen mich die anderen an? Wenn es aber für mich stimmig ist, muss ich so stark sein und meinen Beschluss nach außen vertreten können. Dennoch müssen diese Dinge unbedingt berücksichtigt werden. Viele, die unzufrieden sind oder den Job hinwerfen, sehen nicht die Konsequenzen. Doch diese müssen beachtet werden. Kann ich mit den Konsequenzen leben, mit weniger Geld, mit weniger Ansehen?

Vor einiger Zeit erzählte mir ein Mitarbeiter einer großen Versicherung, er hätte ein neues Programm entwickelt, das seinem Arbeitgeber Unmengen von Geld eingespielt hat. Doch sein Chef hätte ihm seine Arbeit auf raffinierte Art und Weise gestohlen und nachher so getan, als hätte er das Modell entwickelt. Dagegen wollte der Versicherungsmitarbeiter rebellieren und äußerte dies auch gegenüber seinem Vorgesetzten. Der Chef wütete gegen den Softwareentwickler und meinte, dieser würde keinen Fuß mehr auf den Boden kriegen. Wenn der Softwareentwickler das publik mache, würde er, sein Vorgesetzter, alle anderen Versicherungen informieren. Die Frage war: Gebe ich nach und bleibe ich gegenüber dem Chef gehorsam, oder stehe ich zu mir? Dieser Mann stand für sich und kündigte bei seiner Firma. Seitdem verdient er weniger, aber es war ihm wichtiger, authentisch zu bleiben und sich nicht verbiegen zu lassen. Aber dazu braucht es – ich kehre immer wieder darauf zurück – Selbstvertrauen. Kann ich mit weniger Image leben? Ist mein Selbst so stark, dass ich auch gut leben kann? Wenn das so ist, finden diese Menschen wieder etwas anderes, wo Neues aufblüht. Irgendwann gibt es neue Möglichkeiten.

Wenn jemand mit seiner Arbeit nicht zufrieden ist, rate ich zuerst immer, die Einstellung zur Arbeit zu verändern. Wenn ich mit dem Gefühl innerer Freiheit in die Arbeit gehe, wenn ich mich auf das konzentriere, was ich selbst in der Firma bewirken kann, wenn ich mit meiner Arbeit eine eigene Welt innerhalb der Firma aufbaue, wie geht es mir dann? Das ist der erste Schritt, den ich gehen soll. Nur wenn ich nach einem Jahr spüre, dass all meine Versuche, in dieser Firma authentisch zu bleiben, fehlschlagen, wenn vielleicht sogar mein Leib oder meine Seele rebellieren, dann wäre es Zeit, sich nach einer anderen Arbeit umzusehen. Aber man sollte nicht zu früh die eigene Arbeitsstelle aufgeben. Denn man nimmt sich überallhin selbst mit. Und die Frage ist, ob es mir in der neuen Firma dann genauso ergeht wie jetzt.

Die Heilung des Mannes mit der verdorrten Hand

Mehrfach fiel schon das Wort »Verantwortung«, so sprach ich unter anderem von der Verantwortung, die Unternehmen für die Gesellschaft haben. Mehr und mehr Kinder verstummen früh. Sie trauen sich nicht, das zu äußern, was sie empfinden. Sie passen sich an. Sie wollen sich die Finger nicht verbrennen. Doch wozu das führt, das zeigt uns die biblische Geschichte von der Heilung des Mannes mit einer verdorrten Hand (Mk 3,1-6).

Da war ein Mann, der sich seine Finger nicht verbrennen wollte und sich daher anpasste und nur in der Zuschauerrolle blieb. Jesus sieht diesen Menschen und fordert ihn auf, sich in die Mitte zu stellen. Er soll sich dem Leben stellen. Er soll nicht immer nur Zuschauer bleiben. Dann fordert ihn Jesus auf: »Streck deine Hand aus! Wage dein Leben, nimm dein Leben selbst in die Hand.« Die Frage ist, wie die Firma Mitarbeiter, die sich die Finger nicht verbrennen und lieber Zuschauer bleiben wollen, ermutigen kann, Verantwortung für sich und für andere zu übernehmen. Die Frage ist auch, wie die Firma den Mitarbeitern auf ihrem Weg helfen kann, die eigene Identität zu entdecken und Mut zu ihrer Individualität, zu ihrer eigenen Einmaligkeit zu finden.

An unserer Schule, dem Egbert-Gymnasium, können wir sehen, dass die Schüler dort oft das nachholen müssen, was eigentlich Aufgabe der Familie wäre. Das ist auch in vielen anderen Schulen nicht anders. In den Familien wurden wichtige Aufgaben bei der Entwicklung der Individualität der Kinder nicht erfüllt. Es fehlt an Erziehung, an Zuwendung, an Bestätigung. Diese wesentlichen Entwicklungsschritte soll dann die Schule nachholen. In den Unternehmen werden ähnliche Erfahrungen gemacht. Vielfach wird erlebt, dass Auszubildende kaum Bildung haben, damit meine ich keine Bildung im Sinne von Wissen, sondern von Charakterbildung. Zum Teil haben die jungen Menschen auch den Glauben an sich selbst verloren – das ist noch schlimmer als die fehlende Charakterbildung.

Im Hinblick darauf halte ich es für wichtig, dass Unternehmen ihre erzieherische Aufgabe erkennen und erfüllen. Natürlich können sie nicht alles nachholen, was ihren Mitarbeitern fehlt. Dennoch können sie dazu beitragen, dass die Mitarbeiter sich selbst kennenlernen und ihre eigene Persönlichkeit entdecken und entwickeln. Eine Hilfe für die Selbstwerdung der Mitarbeiter sind klare und gute Formen, an die sich alle halten. Die Form kann die Menschen formen und sie in Berührung bringen mit ihrem wahren Wesen. Klare Regeln, die eine Firma aufstellt, können eine Hilfe auf dem Entwicklungsweg der Mitarbeiter werden.

Entscheidend ist aber, dass der Einzelne er selbst wird, dass er sich etwas zutraut, dass er sich nicht anpasst und sich nicht von äußeren Dingen abhängig macht. Viele lassen sich normieren von dem, was in der Gesellschaft üblich ist. Früher ging es ganz stark darum, welche Markenkleidung man trägt, heute geht es oft um das iPad oder Ähnliches. Wie auch immer, junge Menschen definieren sich und andere oft nach äußeren Dingen. Um dem entgegenzuwirken, ist es wichtig, dass die Mitarbeiter mit sich selbst in Berührung kommen. Arbeit ist auch eine Art, sich selbst zu spüren. Wenn mir die Arbeit gelingt, ist das eine wichtige Selbstbestätigung. Der Einzelne merkt, er kann etwas tun. Er hat Erfolg, wird anerkannt, wird gesehen. Es ist eine enorme erzieherische Aufgabe im Unternehmen, hierbei Mut zu geben und die Mitarbeiter dabei zu unterstützen, sich selbst zu vertrauen.

Wir im Kloster haben unsere eigenen Vorgehensweisen, um den Verwicklungen des Lebens entgegenzutreten. Ich erwähnte es schon, dass es mit Menschen, die bei uns eintreten wollen, viele Gespräche gibt. Diese finden nicht nur mit dem Novizenmeister, sondern auch in der Gruppe statt. Nur so ist herauszufinden, ob jemand in unsere Gemeinschaft passt und wie derjenige mit Konflikten umgeht, die in einem Team auftreten. Ist dieser Mensch vielleicht eher autoritär oder lässt er sich auf ein Miteinander ein? Im Miteinander offenbaren sich viele Charaktereigenschaften, und im Miteinander kann man auch an ihnen arbeiten. Manchmal nehmen wir Hilfe von außen in Anspruch, wenn wir der Meinung sind, es wäre gut, wenn die eine oder andere Person therapeutische Begleitung erhält. Diese Person muss aber auch selbst herausfinden, ob das Kloster der Ort ist, an dem sie leben kann.

Bei einem unserer Brüder wurde eine Art Zwangserkrankung diagnostiziert. Er war deswegen in einer Klinik. Mit der ihn betreuenden Psychologin sprachen wir darüber, ob das Leben bei uns in der Abtei überhaupt gut für ihn sei. Es könnte ja auch kontraproduktiv sein. Sie meinte, das Leben mit uns wäre für ihn gerade heilsam. Uns war klar, dass das ein Risiko in sich barg, denn wir sind bei bestimmten Erkrankungen keine Experten. Aber dann dachten wir, wir könnten ihm letztlich dadurch helfen, dass wir zu ihm hielten. Und so war es dann auch. Er wird sich nie zu einer starken Persönlichkeit entwickeln, aber das Kloster ist und kann für ihn weiterhin eine Stütze sein. Nicht indem er sich zurückzieht, sondern mit uns zusammen wächst.

Führungskräfte fragen mich auch, auf was sie achten sollen, wenn sie Einstellungen vornehmen. Sollen sie nur nach der Fachkompetenz gehen, nach den Noten oder einzig und allein nach dem Äußeren. Wenn sie sich allein auf Sachen verlassen, die man in einem Computer speichern kann, liegen Führungskräfte meistens falsch. Vertrauen sie ihrem Bauchgefühl, sind sie auf der richtigen Seite. Das Bauchgefühl ist etwas ganz Besonderes. Psychologen sagen, im Bauch befinden sich sehr viele Nervenstränge, die mit jenem Teil im Gehirn verbunden sind, das die soziale Dimension unseres Menschseins betrifft, die Beziehungsebene.

Jeder kennt es aus eigener Erfahrung: Haben wir Probleme in Beziehungen, schlagen sie uns auf den Magen. Das Bauchgefühl signalisiert, ob man mit jemandem in Beziehung ist. Das ist wesentlich wichtiger als die Fachkompetenz.

Wichtig ist, herauszufinden, was das für ein Mensch ist, den man womöglich einstellen will. Was für Fantasien hat er? Was macht er für einen Eindruck? Charakterlich kann man ja niemanden prüfen, aber der erste Eindruck ist oft entscheidend. Was traue ich ihm zu? Wenn er passt, kann er sich auch entfalten. Signalisiert mein Bauchgefühl, dass es mit diesem Menschen stimmig ist, finde ich auch einen Platz im Unternehmen, wo er sich entfalten kann. Aber will man nur jemanden, der gute Noten hat, etwa in Mathematik, so ist das keine Garantie dafür, dass er mitzieht, wenn eine Firma durch schwierige Zeiten manövriert werden muss. Das Bauchgefühl sagt mir, dass diese Mitarbeiterin in das Team und in die Atmosphäre der Firma passt. Dieses Gefühl ist wichtiger als die rein fachliche Kompetenz eines Mitarbeiters, der sich dann mit allen anderen Mitarbeitern anlegt, weil er kleinkariert ist und nur seine eigenen Vorstellungen gelten lässt.

Hinzu kommt: Hat man sich für einen Mitarbeiter entschieden, bei dem sich dann herausstellt, dass er nicht passt, muss man damit rechnen, dass er nie von selbst kündigen wird. Und den man auch nicht kündigen kann, weil er einen Job auf Lebenszeit bekommen hat. Pater Fidelis hat darüber einmal einen Vortrag gehalten, vor drei oder vier Jahren. In ihm ging er der Frage nach: »Wie führe ich Menschen, die ich nicht kündigen kann?« Eine ähnliche Situation haben wir auch im Kloster: Wie begegnen wir denjenigen, die sich nicht entsprechend unseren Vorstellungen von Gemeinschaft verhalten? Es kann ja sein, dass sich jemand nach dem Noviziat sagt: »Jetzt ist alles geschafft, jetzt habe ich die Hürde genommen, nun ruhe ich mich aus.«

Unsere Vorgehensweise könnte man auch auf die freie Wirtschaft übertragen, das wäre aber sehr ungewöhnlich, denn unsere

Prüfungszeit umfasst nicht ein halbes Jahr oder drei Monate, sondern dauert länger. »Auf Lebenszeit« beginnt bei uns frühestens nach sechs Jahren. Nach dem zwei Jahre währenden Noviziat folgen zweimal zwei Jahre Profess. Erst danach kann man die Profess, das Ordensgelübde, ablegen. Aber sicher, selbst nach diesen sechs Jahren Prüfung gibt es welche, die nach dem öffentlichen Bekenntnis zu Gott eine gewisse Muße an den Tag legen. Was Gespräche mit dem Abt erfordert, im Sinne von: »Was ist da los mit dir? Was blockiert dich?« In diesen Fällen muss man schauen, warum jemand nicht mehr so viel in der Gemeinschaft bewegen will. Welche Ursachen gibt es dafür? Wo besteht Handlungsbedarf? Was haben wir übersehen? Was haben wir selbst dazu beigetragen, dass er sich in dieser Weise verhält? Die Gemeinschaft formt ja auch. Man bleibt nicht einfach stehen.

Vielleicht ein interessanter Aspekt für Führungskräfte: Nach zwei Jahren als Novize kann derjenige, der weiter im Kloster bleiben und die Profess machen möchte, sich dem Seniorat vorstellen. In ihm erzählt er, wie es ihm in diesen zwei Jahren ergangen ist, was er gearbeitet, was er persönlich für eine geistige Entwicklung gemacht hat. Er muss auch darlegen, ob er sich eine Zukunft im Kloster vorstellen kann. All diese Themen werden im Seniorat besprochen, danach hat der Novize den Raum zu verlassen. An seine Stelle tritt der Novizenmeister herein und berichtet aus seiner Perspektive, wie er den Novizen sieht, wie er sich entwickelt hat, welches Potenzial in ihm steckt. Keiner ist perfekt, doch wenn der Novizenmeister der Meinung ist, dass der Novize gut weiterwachsen kann, erfolgt eine Abstimmung. Erst stimmen die zehn Brüder im Seniorat ab, dann wir Brüder im Konvent. Es ist sozusagen das gesamte Team beteiligt, nicht eine einzige Person, die über die Zukunft des Novizen entscheidet. Damit der Novize mit der Profess beginnen kann, benötigt er die absolute Mehrheit. Eine Zweidrittelmehrheit gibt es auch sonst im Konvent, sie betrifft aber allein die Zukunft eines Abts.

Freiheit der Entscheidung, Freiheit zur Innovation

Zum Thema Investitionen habe ich erzählt, wie diesbezügliche Entscheidungen bei uns im Kloster ablaufen. Aber welche Entscheidungsfreiheit hat jeder Einzelne, sich hier zu bewegen? Also: Was kann er, was darf er, was darf er nicht? Wie ist das bei uns geregelt? Ich will nicht alle Bereiche aufzählen, aber für Führungskräfte kann die Frage von Freiheit im Beruf von Belang sein.

Es gibt immer wieder Mitbrüder, die gerne auf diese Fortbildung gehen oder jene Ausbildung machen möchten. Zacharias wollte unbedingt Kenntnisse erwerben, die die Psychologie von C. G. Jung betrifft. Derartige Dinge entscheidet der Abt. Er spürt nach, ob demjenigen das Erwerben oder Vertiefen bestimmter Erkenntnisse guttut, ob es der Gemeinschaft guttut, ob es für sie ein Segen ist. Die jeweiligen Wünsche können nur im Gespräch überlegt werden, es gibt keine absoluten Maßstäbe. So kann es zu neuen Tätigkeiten kommen, die wir bisher nicht gekannt haben, die erst dadurch geschaffen werden. Das ist möglich, weil plötzlich eine Lücke gespürt wurde, die wir bisher noch nicht gesehen hatten. Jeder Einzelne bringt immer etwas in die Gemeinschaft hinein. Manche Gemeinschaften stopfen nur Lücken. Aber wenn ich mit meinen Mitarbeitern nur Lücken stopfe, ist das fatal.

Natürlich ist es die Aufgabe der Führungskraft, die einzelnen Vorstellungen zu sondieren. Sind tausend Wünsche vorhanden, können nicht alle erfüllt werden. Nicht jeder kann die Ausbildung zum Chef machen oder eignet sich zum Teamleiter, auch wenn das von dem anderen nicht so gesehen wird. Die Frage ist deshalb: Wie kann ich die Gesamtheit so koordinieren, dass es für den Einzelnen gut ist? Wie kann ich das, was im Einzelnen wächst, bestätigen?

Es geht um die Freiheit im Leben miteinander. Klar, die Gebetszeiten sind zum Beispiel bei uns verpflichtend, aber es gibt immer wieder Ausnahmen. Wenn ich sehr spät von einem Vortrag in Stuttgart oder einer Reise nach Südkorea ins Kloster heimkomme, also nach Mitternacht, schlafe ich auch mal bis Viertel vor sechs und nicht bis Viertel vor fünf. Das ist eine Frage der Gesundheit. Das kann ich selbst entscheiden. Nur wenn einer ständig ausschläft, dann wird schon gefragt: »Sag mal, was ist denn eigentlich mit dir los? Warum hast du wieder beim gemeinsamen Beten gefehlt?« Das ist auch tatsächlich schon passiert. Wer ein zu gutes Verhältnis zu seiner Matratze hat, bekommt schon ein bisschen Druck von der Gemeinschaft. Aber natürlich gibt es Phasen, wo einer schwächer ist und mehr Schlaf braucht. Das wird dann auch kommuniziert Aber man kann nicht ständig Ausnahmen machen.

Bei uns gibt es zweimal im Jahr eine sogenannte Culpa, wo über das letzte halbe Jahr gesprochen wird. Dies ist auch der Ort, an dem man sagt, dass man sich entschuldigen möchte. Und dann entschuldigt man sich, dass man in letzter Zeit öfter mal nicht bei den Gebetszeiten dabei war. Oder man entschuldigt sich für andere Dinge, dass man der Gemeinschaft geschadet hat, entweder finanziell oder im Hinblick auf das Image.

Die Visitationen, die Culpa – das sind Möglichkeiten, um über unsere Gemeinschaft zu reflektieren, um zu sehen, wie wir organisiert sind und wie wir uns zusammen verwandeln können. Daneben existieren noch die Dekanien, die sich jeden Monat treffen, kleinere Gruppen, sie bestehen aus acht bis zehn Leuten. Insgesamt haben wir acht Dekanien. Die Ältesten von uns, die Professen über siebzig, sind bei der Alten-Dekanie. Die jüngste Dekanie besteht aus Novizen, und die Mitglieder der restlichen sechs Dekanien wurden durch das Los zusammengesetzt, sodass in ihnen alte und junge Mönche zu finden sind. Die Erfahrung hat gezeigt, wenn Jung und Alt sich mischen, ist die Gemeinschaft stabiler, als wenn nur Junge zusammen sind. Unter Gleichaltrigen gibt es mehr Rivalitäten als bei einer guten Mischung, bei der meist der Ausgleich viel größer ist. Dazu gibt es noch Konventtage, die am Anfang eines jeden Jahres für drei Tage stattfinden. An diesen Tagen reflektiert der gesamte Konvent über verschiedene Themen. Was trägt uns? Was sind unsere Quellen, aus denen wir schöpfen? Wie geht es weiter? Was ist unsere Vision? Wie können wir sie verwirklichen?

Wir fragen uns auch, ob wir ein gutes Maß an Besprechungen im Verhältnis zur täglichen Arbeit haben. Das ist ja auch eine Frage, die in Unternehmen gestellt wird. In einigen Firmen gibt es unentwegt Besprechungen, sodass manch ein Arbeitstag nur noch aus Besprechungen besteht. Das kann kaum das rechte Maß sein, jedenfalls dann nicht, wenn die Besprechungen keine Folgen haben, nicht einmal irgendeine Entscheidung nach sich ziehen. Man kann nicht ewig etwas besprechen – und dann kommt nichts dabei heraus. Das ist frustrierend.

Als ich noch in der Verwaltung arbeitete, gab es auch Besprechungen. Etwa Baubesprechungen, die jeden Monat stattfanden; das war ein gutes Maß. Oft kamen die Einzelnen noch zu einer Nachbesprechung, aber das hat höchstens eineinhalb Stunden gedauert, nie länger. Eine Besprechung braucht eine festgelegte Dauer, und wenn jemand sagt, wir benötigen aber noch mehr Zeit, dann sage ich, ihr müsst schneller denken.

Die meisten unserer Besprechungen sind verpflichtend, insbesondere in den Dekanien. Die Seniorat-Besprechungen, in denen die Themen abgehandelt werden, die den Konvent betreffen, können jede Woche sein. Aber weil der Abt nicht immer da ist, sind es im Jahr ungefähr zwanzig Sitzungen. Besprechungen im Konvent stehen vielleicht fünf- oder sechsmal im Jahr auf der Tagesordnung. Und natürlich haben wir auch Kommissionen, die eingesetzt werden, um die Dinge zu überprüfen oder am Laufen zu halten. Es gibt zum Beispiel eine Stilkommission, die darauf achtet, dass der Stil des gesamten Hauses stimmig ist. Wir haben außerdem eine Baukommission, eine Schulkommission und eine Ausbildungskommission. Bei all diesen verschiedenen Kommissionen ist es wichtig, auf die Stimmung zu achten. Ist das Gefühl entstanden, dass die Kommissionen überhandgenommen haben, dass unsere Energie durch zu viele Besprechungen verschwendet wird, sind wir auch in der Lage, das zu thematisieren, um herauszufinden, wie wir uns am besten begrenzen können.

Keine Firma kann ohne Innovation bestehen. Dieses Gesetz gilt auch für das Kloster. Wir müssen uns immer wieder überlegen, was wir an alten Strukturen und Zielen behalten und wo wir innovativ sein und neue Wege finden müssen, damit das Kloster auf Dauer nachhaltig wirtschaften und einer guten Zukunft entgegensehen kann.

Wir müssen darauf achten, dass das, was wir tun, nicht irgendwann selbstverständlich wird, dass wir keine eingefahrenen Muster produzieren. Wir müssen uns wie jedes Unternehmen entwickeln, uns inspirieren, also uns auch äußerlich weiter entfalten.

Damit unsere Betriebe nicht auf alter Technik verharren, sondern technisch auf dem neuesten Stand sind, tauschen wir uns mit der Innung und mit verschiedenen anderen Betrieben aus. Fachzeitschriften sind ebenfalls eine Informationsquelle.

Innovationen betreffen bei uns natürlich auch unser Klosterleben selbst. Wir besprechen die Liturgie: Ist sie noch stimmig oder müssen wir etwas anders machen? Durch Unzufriedenheit werden immer wieder Dinge infrage gestellt, denn einfach nur weitermachen wie bisher ist keine Lösung. Sollte an der Tagesordnung etwas geändert werden? Wie reagieren wir auf die Bedürfnisse, die aus der Gesellschaft kommen?

Als so viele Flüchtlinge nach Europa strömten, gab es auch bei uns diese Frage: Wie reagieren wir darauf? Wir haben uns dann entschieden, Flüchtlinge bei uns aufzunehmen. Da wir den Menschen dienen, war das keine große Frage. Von unserem Öko-projekt habe ich schon erzählt. Es gibt noch so viele Ideen, die angesprochen werden müssen, denn eine Gemeinschaft darf sich nicht auf dem Erfolg ausruhen. Einst war die große Benedik-tinerabtei Maria Laach eine Vorbildgemeinschaft. Aber das Vor-zeigekloster in Rheinland-Pfalz ist jetzt in die Krise geraten. Weil es keine Innovation mehr gab und weil sich der Konvent zerstrit-ten hat.

Damit sich etwas wandelt, damit sich eine ganze Firma ver-wandelt, ist es notwendig, die menschliche Dimension hineinzu-bringen. Gerade bei kleineren Unternehmen ist das nur zu emp-fehlen. Ich erzählte schon von dem Zahnarzt, der in Hannover eine Praxis mit fünfzig Angestellten hat und öfter ins Kloster kommt. Vor einiger Zeit habe ich für seine Belegschaft einen Kurs gehalten. Es herrschte unter den Leuten ein tolles Klima. Die Mitarbeiter sind regelrecht aufgeblüht. Einer anderen Füh-rungskraft erzählte ich davon, woraufhin diese meinte: »Wenn du so ein Klima vorfindest, ist das auch kein Wunder, dass sie aufblühen.« Andere Zahnärzte beschwerten sich bei dem Chef der fünfzig Mitarbeiter, er würde ihnen die besten Leute abwer-ben. Doch der erwiderte: »Du brauchst dich nicht zu beschwe-ren. Arbeite an deinem Klima, dann müssen deine Leute auch nicht mehr zu mir kommen.«

Neue Wege – Anleitung zum Führen

Die Kurse, die ich leite, haben unterschiedliche Themen. Bis jetzt halte ich drei verschiedene Kurse:

1. »Die Suche nach dem inneren Gold.« Da geht es vor allem darum, das Gold in mir zu entdecken, die inneren Quellen zu finden, aus denen ich schöpfen kann. Es geht nicht so sehr um Führungsthemen, sondern darum, wie ich als Führungskraft für mich selbst sorgen kann.
2. »Menschen führen – Leben wecken«. In diesem Kurs behandle ich das Kapitel über den Cellerar aus der Regel des heiligen Benedikt. Dabei geht es zuerst einmal um die Voraussetzungen des Führens, um die Haltungen, die ich als Führungskraft entwickeln soll, damit ich fähig werde, gut zu führen. Dann geht es darum, in den Mitarbeitern Leben hervorzulocken. Wenn ich in den Mitarbeitern Leben hervorlocke, ist das gut für die Mitarbeiter. Sie blühen auf. Aber es ist letztlich auch gut für die Firma. Bei diesem Kurs geht es zudem um die Mahnung, die Benedikt dem Cellerar mit auf den Weg gibt: »Er sorge immer für seine eigene Seele.« Oder: Er achte immer auf seine eigene Seele.
3. »Führen mit Werten«. Bei diesem Kurs geht es um die vier klassischen Werte der griechischen Philosophie – Gerechtigkeit, Tapferkeit, Maß und Klugheit –, aber auch um die drei Werte der christlichen Tradition: Glaube, Hoffnung und Liebe. Eine Firma, die mit Werten arbeitet, ist auf Dauer erfolgreicher als eine Firma, die sich nur am finanziellen Ergebnis orientiert.

Bei diesem Kurs geht es weiterhin um die Sprache in den Firmen. Ist die Sprache Ausdruck des Glaubens oder aber des Unglaubens, der Wertschätzung oder der Menschenverachtung?

In Zukunft werde ich noch zwei andere Führungsseminare anbieten:

4. »Was will ich? – Mut zu Entscheidungen«. Führungskräfte müssen ständig Entscheidungen treffen. Viele tun sich damit schwer. So möchte ich die Schwierigkeiten aufzeigen, die manche daran hindern, sich zu entscheiden. Und ich möchte Hilfe anbieten, wie wir gute Entscheidungen treffen können.

5. »Konflikte bei der Arbeit«. Diesen Kurs möchte ich mit einer Volkswirtschaftlerin aus Taiwan halten. Dabei geht es um den richtigen Umgang mit Konflikten, gerade auch mit Konflikten, die durch unterschiedliche kulturelle Herkunft bedingt sind. In jeder Firma gibt es Konflikte. Oft werden die Konflikte unter den Teppich gekehrt. Aber eine Firma wird sich nur weiterentwickeln, wenn sie eine gute Kultur entwickelt, mit Konflikten umzugehen.

Bei allen Kursen halte ich jeweils Impulsreferate und lade zum Austausch in kleinen Gruppen und im Plenum ein. Aber ich mache immer auch Übungen, damit das Gesagte nicht nur im Kopf bleibt, sondern den ganzen Menschen berührt, gerade auch seinen Leib. So möchte ich einige Übungen beschreiben.

Eine Übung halte ich zum Thema: Wie sehe ich den anderen? Mit welchen Augen schaue ich auf den Mitarbeiter, auf den Kunden? Dazu lasse ich eine Partnerübung machen: Der eine ist blind und steht in der Mitte, der andere schaut ihn an. Die Aufgabe des Anschauenden besteht nun darin, den Blinden nicht zu bewerten oder zu beurteilen, sondern das Gute, das Schöne in ihm zu sehen. Dann geht der Schauende auf die andere Seite, nach hinten, danach wieder nach vorne. Zum Schluss macht der Blinde die Augen auf und fragt sich: »Kann ich mich selbst auch so sehen, wie der andere mich sieht?« Dann verneigen sich die beiden Partner, anschließend nimmt jeder von ihnen die jeweils andere Rolle ein. Es ist eine Übung, bei der man zu sehen lernt, ohne zu bewerten. Ich sehe den anderen in seiner eigenen Schönheit, in seiner eigenen Güte.

Es braucht wirklich Übung, um den anderen so anzusehen, dass ich nicht bewerte, nicht vereinnahme, nicht fixiere, sondern ihn einfach sein lasse und im Sehen den Glauben an den guten Kern im anderen ausdrücke.

Eine andere Übung: Zwei Menschen stehen sich gegenüber, und der eine verneigt sich vor dem anderen. Der andere bleibt stehen und spürt in sich hinein, was es mit ihm macht, wenn sich jemand vor ihm verneigt. Dann verneigt sich der andere. Das Geheimnis des Verneigenden: Ich mache mich nicht klein, sondern ich achte den anderen. Und umgekehrt: Ich lasse zu, dass ich geachtet werde. Gegenseitiger Respekt wird damit zum Ausdruck gebracht.

Vielen fällt es leichter, sich vor dem anderen zu verneigen, als zuzulassen, dass sich der andere vor ihm verneigt. Doch beides ist wichtig. Ich soll auch meine eigene Würde achten. Es gibt in mir etwas, vor dem sich der andere verneigen darf. Es ist der göttliche Kern, den ich in mir trage. Vor ihm verneigt sich der andere, nicht vor mir als dem erfolgreichen Menschen.

Eine wichtige Geschichte, die ich aus der Bibel immer wieder erzähle, ist die von Maria und Martha, zwei Schwestern. Zu ihrer Zeit war es gesellschaftlich nicht erwünscht, dass Frauen sich in Männergeschäfte einmischen. So war es recht ungewöhnlich, dass eine der beiden, Maria, sich beim Besuch von Jesus nicht an der Gästebewirtung beteiligte, sondern Jesus zuhörte. Martha fühlte sich dadurch provoziert. Sie fiel Jesus ins Wort und stieß die Worte hervor: »Herr, machst du dir nichts daraus, dass meine Schwester die Bedienung mir allein überlassen hat? Sag ihr daher, dass sie mir Hilfe leiste.« Jesu Antwort dürfte Martha überrascht haben. Er sagte freundlich: »Martha, Martha, du bist besorgt und beunruhigt um viele Dinge. Wenige Dinge jedoch sind nötig oder nur eins. Maria ihrerseits hat den guten Teil gewählt, und er wird nicht von ihr weggenommen werden.« Martha und Maria sind zwei Seiten in jedem von uns. Oft ist die Martha lauter in uns. Sie kann etwas vorweisen. Aber oft ist sie auch blind für die wahren Bedürfnisse des anderen. Sie drängt ihm ihre Hilfe auf.

Martha und Maria – diese beiden Pole braucht es heute in jeder Firma, die gestalten will. Wenn eine Firma keinen Maria-Typ mehr hat, wenn sie nicht mehr auf die Bedürfnisse und Sehnsüchte der Menschen hört, dann produziert sie auch am Markt vorbei. Jede Firma braucht immer beide Typen: Martha- und Maria-Typen. Und jeder von uns braucht ein gutes Gleichgewicht zwischen der Martha, die anpackt, und der Maria, die genau hinhört, was Gott von mir will oder was die Menschen wirklich brauchen.

Eine andere biblische Geschichte ist mir bei meinen Führungsseminaren wichtig. Es ist die Geschichte von der Heilung des Mannes am Teich von Bethesda. Er steht für einen Menschen, der wenig Selbstvertrauen hat und sich selbst nicht abgrenzen kann. Jesus heilt ihn in vier Schritten. Er sieht ihn an und schenkt ihm Ansehen. Er versteht ihn, damit er lernt, zu sich selbst zu stehen. Und er fragt ihn: »Willst du gesund werden?« (Joh 5,6) Auf diese Frage antwortet der Kranke sehr ausweichend: »Ich habe keinen Menschen. Keiner hat Zeit für mich. Keiner versteht mich. Ich bin zu kurz gekommen. Die anderen haben es alle besser.« Auf dieses Jammern antwortet Jesus sehr konfrontierend: »Steh auf, nimm dein Bett und geh!« (Joh 5,8)

Ich kenne viele Führungskräfte, die sich zu viele Gedanken machen, wie sie sich entscheiden sollen, ob sie immer alles richtig machen. Für sie kann dieses Wort ein heilsames Wort sein: »Steh auf, nimm dein Bett, nimm deine Unsicherheiten, deine Ängste, deine Hemmungen, deine Zweifel unter den Arm und lass dich nicht mehr von ihnen ans Bett fesseln. Nimm alles unter den Arm und steh auf und geh! Tu das, was du in dir spürst, und grüble nicht nach, was die anderen darüber denken.« So ein Satz kann zu einem Lebensmotto werden. Mir hat er oft geholfen, wenn ich mir zu viele Gedanken darüber gemacht habe, wie ich einen Vortrag oder einen Kurs halten soll. Ich habe dem getraut, was ich in mir spürte. Und ich bin einfach aufgestanden und habe das gesprochen, was sich mir innerlich aufgedrängt hat.

Führung ist eine Dienstleistung

von Bodo Janssen

Pater Anselms Gedanken haben mich über viele Jahre begleitet. Sie haben in mir gearbeitet, mich dazu gebracht, einen vielleicht ungewöhnlichen Weg zu gehen. Es war, ist und bleibt ein großes Abenteuer, das ich nicht in meinem Leben missen möchte. Ich schrieb ein erstes Buch, *Die stille Revolution*, und die Rückmeldung darauf, auch auf unsere Filme und die auf meine Vorträge, zeigten mir, dass offensichtlich in vielen Menschen eine große Sehnsucht besteht, die Freiheit zu haben, das zu leben, was ihnen als Mensch wirklich wichtig ist.

Durch die Aufenthalte im Kloster und durch Pater Anselm begann ein Prozess in mir, der heute noch nicht beendet ist. Alles fing damit an, dass ich Überlegungen dazu anstellte, welche Aufgabe ich als Führungskraft wahrzunehmen hatte:

In Zukunft wird sich die Arbeit verändern, dachte ich, und damit auch das Bild des Managers und das des Mitarbeiters. Dem zahlenfokussierten und karrierebewussten Manager, dessen Schwerpunkte auf Unternehmenswachstum, Rentabilität, Materialismus und Fleiß liegen, stehen Menschen gegenüber, die immer weniger dazu bereit sind, nur noch ihre Pflicht zu erfüllen. Menschen, die sich zunehmend mit der Sinnhaftigkeit ihres Tuns auseinandersetzen und allein schon deshalb den Ruf nach Menschlichkeit lauter werden lassen. Menschen, für die die Anerkennung der eigenen Fähigkeiten und der Wunsch, sich ganz in die Arbeit einzubringen, eine besondere Rolle spielt. Für diesen sich im 21. Jahrhundert stärker ausprägenden Anspruch bedarf es einer Führungskraft, die sich vor allem auf den Menschen und erst dann auf Zahlen konzentriert. Einer Führungskraft, die die Mitarbeiter in der Entwicklung ihrer Persönlichkeit, ihres Selbstbewusstseins fördert, die Selbstbestimmung ermöglicht und eine Unternehmenskultur entwickelt, in der gelingende Beziehungen entstehen können.

Wir gehen seit 2010 den sogenannten Upstalsboom-Weg mit einer sinn- und menschenorientierten Unternehmenskultur und dem dazugehörigen Verständnis von Führung. Auf ihm versuchen wir die von Pater Anselm auch hier beschriebenen Aspekte in unserem täglichen Miteinander zu integrieren. Seitdem hat sich viel bei uns verändert. Sehr viel. Der wesentliche und wohl entscheidende Punkt ist: Früher war der Mensch bei uns Mittel zum Zweck *Unternehmenserfolg*. Uns war nicht bewusst, dass sich unser Fokus auf den Shareholder-Value mit kurzfristigen Eigeninteressen und dem Streben nach hohen Gewinnen, mit einem isolierten Denken und einer Nichtbeachtung der langfristigen Konsequenzen nicht selten gegen Mensch und Natur gerichtet hat. Unterstützt wurden wir hierbei von der klassischen Werbung, durch die es leichtfiel, über diesen Missstand zugunsten einer vermeintlich schönen und heilen Welt und des reinen Vergnügens hinwegzutäuschen. Heute verstehen wir Upstalsboom als Mittel zum Zweck *Menschenerfolg*.

Von Pater Anselm vernahm ich einmal folgende Frage: »Dient der Sabbat den Menschen oder der Mensch dem Sabbat?« Jesus gibt darauf die Antwort: »Der Sabbat ist für den Menschen da, nicht der Mensch für den Sabbat.« Ich dachte weiter: Dient der Mensch der Wirtschaft oder dient die Wirtschaft dem Menschen? Jesus hätte bestimmt gesagt, dass die Wirtschaft für den Menschen da ist. Aber in der Realität sieht es häufig anders aus.

Der Mensch wird leider noch zu oft für die Interessen der Wirtschaft instrumentalisiert. Der Dalai Lama sagt, dass es darum geht, Menschen zu lieben und Dinge zu nutzen. Und die Welt ist deshalb chaotisch geworden, weil die Menschen damit begonnen haben, Dinge zu lieben und den Menschen zu nutzen. Daraus lässt sich auch viel auf ein Unternehmen übertragen. Immer dann, wenn der Mensch im Unternehmen den Dingen dient, ist es Zeit, über die eigene Haltung und das dazugehörige Verhalten nachzudenken. Dient der Mensch der Zahl oder die Zahl dem Menschen? Dient der Mensch der Checkliste oder die Checkliste dem Menschen? Dient der Mitarbeiter dem Chef oder der Chef dem Mitarbeiter? Die Objektivierung des Menschen in Funktion und Position reduziert die zwischenmenschliche Beziehung auf gegenseitige Erwartungen und ermöglicht es, Gewinne, Macht und Anerkennung einfacher und vermeintlich widerstandsfreier zu maximieren. Früher funktionierte das, aber heute wollen immer mehr Menschen ihre Persönlichkeit ins Unternehmen einbringen.

Also haben wir bei Upstalsboom die Realität umgedreht: Wir als Unternehmen mit mir und anderen als Führungskräfte verstehen uns jetzt als Mittel zum Zweck – ich diene den Mitarbeitern, und ich unterstütze sie dabei, erfolgreich zu sein als Mensch und als Gemeinschaft. Und wenn Menschen für sich und in der Gemeinschaft erfolgreich sind, ist es auch das Unternehmen.

Menschen wollen erfolgreich sein. Wir möchten uns entwickeln, möchten, dass etwas folgt auf das, was wir tun, dass wir Konsequenzen und Auswirkungen unseres Tuns erkennen können, dass wir unseren Teil dazu beitragen, dass etwas gelingt. Doch wenn ich als Führungskraft Erfolg als etwas deklariere, das eben vornehmlich mit materiellen Kennzahlen, Gewinnmaximierung, Macht und Anerkennung zu tun hat, versuchen auch alle, die zum System Unternehmen gehören, sich diesen Zielen entsprechend erfolgreich einzusetzen. Geht darüber aber die Freude an der Arbeit verloren oder wird diese nicht mehr genügend gewürdigt, wird es eine Frage der Zeit sein, dass Menschen versuchen werden, in einem anderen, in einem neuen Sinn erfolgreich zu sein. Weil sich das bei uns abzeichnete, haben wir den Fokus von den materialistischen Erfolgsfaktoren unseres Unternehmens, bei denen der Mensch Mittel zum Zweck ist, auf die humanistischen Erfolgsfaktoren gelenkt.

Aber es ist eine Gratwanderung. Denn gerade in der jüngsten Vergangenheit habe ich eine stärker werdende Bewegung in der Wirtschaft erlebt, die durch Aussagen wie »Mehr Menschlichkeit, mehr Rendite«, »Menschlichkeit rechnet sich«, »Mehr Glück, mehr Rendite«, oder »Glückliche Menschen leisten gerne mehr« auf sich aufmerksam machen möchte. Bei solchen Verlautbarungen besteht die Gefahr, dass herkömmliche Manager die Menschlichkeit oder das Glück ihrer Mitarbeiter instrumentalisieren, um noch höhere Gewinne zu erwirtschaften. Aufkeimende Bezeichnungen wie »Menschlichkeits-ROI« (ROI = Return on Investment, was nichts anderes bedeutet, als dass sich eine Investition für einen Unternehmer rechnet oder nicht) hinterlassen in mir das Gefühl, dass es einer nicht unerheblichen Zahl an Managern noch schwerfällt, zwischen instrumentalisierter und aufrichtiger Menschlichkeit zu unterscheiden. Aufrichtige Menschlichkeit zeichnet sich dadurch aus, dass die Menschen sich nicht zugunsten hoher Profite benutzt fühlen und aufrechter wieder nach Hause gehen, als sie in den Betrieb gekommen sind.

Manager, die sich aus dieser Motivation heraus der Menschlichkeit im Unternehmen widmen, ohne an ihrer alten Haltung, ihrer alten Sehnsucht gearbeitet zu haben, laufen Gefahr, das Vertrauen ihrer Mitarbeiter zu verspielen. Die Mitarbeiter spüren es, wenn etwas nicht ehrlich gemeint ist. Anders verhält es sich, wenn Unternehmer aus einer menschenorientierten Haltung heraus ihren Mitarbeitern, ihren Gästen oder Kunden begegnen. In diesem Fall bedeutet das, dass das Verhältnis zwischen Unternehmer, Führungskraft und Mitarbeiter nicht auf eine wirtschaftliche Erwartung reduziert, sondern durch aufrichtigen Respekt, durch Freundschaft und Liebe getragen wird – und zwar bedingungslos und somit ohne Erwartung.

Ein weiterer, sehr wichtiger Aspekt ist dabei die Ausrichtung des Unternehmens, in dem es um Menschlichkeit gehen soll. Ein börsennotiertes oder rein profitorientiertes Unternehmen hat da natürlich eine andere Glaubwürdigkeit als ein mittelständisches oder familiengeführtes Unternehmen, das sich als Treuhänder für das Wohl möglichst vieler Menschen sieht und seinen Erfolg über das definiert, was mit den erwirtschafteten Geldern Sinnvolles erreicht werden könnte – und wenn es die Sicherung der familiären Existenz ist.

Die Glaubwürdigkeit steht und fällt mit einer adäquaten und sinnvollen Verwendung der Gewinne. Den Profit einiger Aktionäre zu erhöhen erscheint immer weniger Menschen als sinnvoll. Strebe ich Erfolg an, einzig um mein Ego zu befriedigen, meine Taschen zu füllen, um einen guten Börsenkurs zu generieren oder lukrative Aktiengeschäfte abzuwickeln, hat das auf die Mitarbeiter eine andere Auswirkung, als wenn ich die Gewinne für etwas im gemeinsamen Verständnis Sinnvolles einsetze. Ich sozusagen auch hierüber Sinn stifte.

Definiere ich, wie in unserem Fall, Erfolg als etwas, um Menschen erfolgreich zu machen oder gelingende Beziehungen zu ermöglichen, diene ich tatsächlich dem Menschen. Ich diene ihm darin, dass er für sich die Freiheit erhält, das zu leben, was ihm als Mensch wirklich wichtig ist. So erklärt sich auch einer unserer Kernsätze, dass die Wirtschaftlichkeit nicht der Sinn unseres Handelns, sondern nur die Basis unserer Existenz ist.

Habe ich den Menschen und nicht mehr nur den Unternehmenserfolg im Blick, wird Führung zu einer Dienstleistung am Menschen. Ich muss mich dann zum Beispiel fragen, durch welche Dienstleistung ich Menschen in ihrem Sinne dabei unterstützen kann, erfolgreicher zu werden. Für uns bedeutet das unter anderem, dass die Mitarbeiter:

- Einen gerechten Lohn bekommen, von dem sie leben und ihr Alter absichern können.

- Auf einen zukunftssicheren Arbeitsplatz blicken können.
- Sich als wertvollen Teil des Ganzen erleben, dessen Handeln Einfluss auf den Erfolg des Unternehmens hat.
- Anerkennung und Wertschätzung für ihren Beitrag erfahren.
- Als Mensch wachsen können, Sinn finden und erleben können, wie sie bei der Entwicklung ihrer Persönlichkeit unterstützt werden und dies in die täglichen Aufgaben einbringen können.

Aus diesem Grund haben wir es für wichtig gefunden, Erfolg neu zu definieren. Es sollte sich nicht alles um Unternehmenswachstum und Renditesteigerungen, um Gewinnmaximierung und Kostensenkung drehen. Erfolg hat bei uns weniger etwas mit Geld zu tun, sondern mehr mit Stimmung. Und wenn es um die schwarze Zahl unterm Strich geht, dann wollen wir damit immer mehr dem Leben der Menschen dienen. Das Unternehmen an sich spielte bei der Antwort auf die Frage, was Erfolg für uns bedeutet, dabei erst einmal eine eher untergeordnete Rolle. Es ist nur Mittel zum Zweck, und der Zweck ist immer der Mensch.

Stattdessen wünschte ich mir, dass Menschen ihre Würde wiederfinden, die sie vielleicht auf dem Weg in die Gegenwart irgendwo verloren haben, weil sie von Subjekten zu Objekten der Vorstellung anderer wurden. Den in unserer Gesellschaft und in unseren Unternehmen normierten Menschen wieder zu seiner Würde zu führen, das war und ist für mich die einzige Legitimation von Führung. Alles andere wäre Manipulation – oder Management. Denn Management hat in meinen Augen wenig mit Menschen, sondern eher etwas mit der Steuerung einer Organisation zu tun. Beim Führen wiederum geht um die Menschen innerhalb dieser Organisation. Kurz: Beim Management geht es um Zahlen, Daten, Fakten oder Normen.

Wir leben in einer stark normierten Welt, und genau diese Norm ist letztendlich eine Objektivierung der Subjekte. Mit bestem Wissen und Gewissen haben schon unsere Eltern – meist unbewusst – damit begonnen, aus uns Subjekten, uns kleinen, aber einzigartigen Menschen, Objekte ihrer Vorstellungen zu machen. »Solange du deine Füße unter meinen Tisch stellst«, hieß es bei vielen nur zu häufig. Danach ging das »Einschleifen« weiter, durch ein Bewertungssystem wird uns in der Schule beigebracht, was gut ist und was nicht, was richtig oder falsch – und schon sind wir einmal mehr auf Norm getrimmt und werden angepasst. Die dem Bewertungssystem Entsprechenden sind normal, die anderen verrückt, die passen nicht rein.

Auf der Basis dieser Normierung ist es schwieriger, gelingende, starke und vor allem nachhaltige Beziehungen zu entwickeln. Subjekten gelingen solche Beziehungen besser als Objekten, denn das geht leichter, wenn sich Menschen begegnen und nicht Uniformen oder Positionen. Also besteht die Aufgabe, insbesondere die einer Führungskraft, die Menschen aus dieser Norm in Richtung der eigenen Würde herauszuführen. Sagen wir als Wegbereiter und Begleiter. Die Würde eines Menschen beschreibt ja, was ihm besonders wertvoll erscheint. Bei der Würde geht es um die für einen Menschen wesentlichen Werte. Werte, die seinem Wesen entsprechen und deren Würdigung sogar im deutschen Grundgesetz verankert ist: Der Artikel 1 garantiert die Unantastbarkeit der Menschenwürde.

Die Würde ist also ein Grund- und Menschenrecht, aber es fällt uns in unserer Gesellschaft, vor allem aber in vielen Unternehmen noch schwer, das zu leben, was im Grundgesetz einmal festgehalten wurde. In Deutschland wird der Begriff »Würde« eher als Konjunktiv verwendet. Würde ich das und das tun, würde ich dieses und jenes erreichen. Doch wenn ich den Konjunktiv benutze, belüge ich mich selbst und entferne mich damit von meinen Zielen. Auch wird der Konjunktiv gerne als Höflichkeitsform verstanden. Meiner Wahrnehmung nach hilft »würde« als Konjunktiv hervorragend dabei, dass manchmal böse oder auch traurige Spiel hinter einer höflichen Maske zu verstecken. Wer wirklich mit sich in Verbindung steht, braucht sich nicht hinter dem Konjunktiv zu verstecken. Wer wirklich weiß, wofür er steht und was er will, braucht den Konjunktiv in seinem Sprachgebrauch nicht. Achten Sie doch einmal darauf, wo Sie den Konjunktiv überall hören und wie authentisch und verbindlich Menschen auf Sie wirken, die ihn häufig verwenden.

Im Hinblick auf Würde gibt es aber noch einen anderen Aspekt. Wie Pater Anselm sagte, ist Veränderung kein guter Begriff, weil dieser etwas Beurteilendes und Verurteilendes beinhaltet. Vielfach entsteht bei denjenigen, die erfahren, dass sich im Unternehmensbereich dringend etwas ändern muss, der Eindruck, dass alles Vorausgegangene schlecht war. Die Welt der bisherigen Unternehmensführung wird verurteilt, alles muss neu gemacht werden. Doch das ist weder fair noch angemessen. Ich würdige das, was einmal war. Es ist ungemein wichtig, die militarisierten Unternehmensstrukturen der Gründerzeit, das Arbeiten und Denken in Positionen und Funktionen zu würdigen und anzuerkennen. Ohne diese Bausteine der »alten« Welt können wir nicht die Schritte machen, mit denen wir gerade beginnen. Wir brauchen die genannten Bausteine, da sie die Basis für etwas Neues bilden. Ich persönliche glaube, dass auch viele Unternehmensnachfolgen an einer fehlenden Würdigung des Geschaffenen scheitern. Das Ganze ist als Entwicklungsprozess zu betrachten, es geht hier um Evolution, Wandlung oder Entwicklung und nicht darum, alles auf null zu stellen. Ohne Geschichte keine Zukunft!

In vielen größeren Unternehmen, die ich besuchte, habe ich Angst verspürt. Die älteren Führungskräfte haben Angst, unter anderem davor, aufs Abstellgleis verfrachtet zu werden. Sie denken, dass das, was jahrelang richtig und gut war, plötzlich nicht mehr gewürdigt wird. Im Umgang mit der Geschichte liegt bei allen Beteiligten eine große Verantwortung. Das Gleiche gilt auch für die Zukunft. Diejenigen, die für Neuerungen stehen, müssen das, was bislang aufgebaut worden ist, als etwas Erforderliches sehen, um sich überhaupt bewegen zu können.

Bei Würde geht es also nicht nur um die Würde des Einzelnen, sondern ebenso um die Würdigung dessen, was bisher getan wurde. Wenn wir diese Würdigung offenbaren, wird der Entwicklungsprozess auch einfacher. Die Widerstände werden längst nicht mehr so groß sein, weil Widerstände meist aus einem gekränkten Ego oder einer persönlichen Verletzung heraus entstehen. Eine gute Frage, die ich meinen Führungskräften und mir diesbezüglich stellen kann, ist: »Wie kann ich das bisher Geleistete würdigen?«

Nachdem mir im Kloster bewusst geworden ist, worum es wirklich geht, war kompromissloses und konsequentes Umsetzen angesagt. Ob das richtig oder falsch war, konnte ich nicht beantworten, ich dachte nur, wenn ich meine Dienste in den Erfolg des Menschen stelle, darf ich kompromisslos und konsequent sein. Ich setzte Erfolg ja nicht als absolute Größe fest, sondern wollte jedem Einzelnen überlassen, was für ihn Erfolg bedeutet. Es ging mir sozusagen um den Weg der Individualität. Und einem Mitarbeiter dabei zu helfen, diesen zu finden – dabei wollte ich keine Kompromisse machen.

Was bedeutet Erfolg?

Führungskräfte haben die große Chance, Aufgaben oder Fragen zu formulieren, die Herausforderungen in sich tragen. Aufgaben oder Fragen, bei denen der Mitarbeiter das Gefühl hat, dass das, was er tut, etwas Sinnvolles ist, das sein Bewusstsein entwickelt. Bewusstsein entsteht, indem ich mich Herausforderungen stelle. Dienen allerdings die Herausforderungen nur dazu, dem Unternehmenserfolg zu dienen, empfindet der Mitarbeiter das als wenig sinnvoll. Es bleibt dann im Sollen und er denkt: Das soll ich so und so tun. Doch wenn ich etwas tun soll, ist die Wahrscheinlichkeit nicht sehr hoch, dass sich ein Bewusstsein für das Wofür entwickelt. Es folgt eher die Erkenntnis, dass das, was ich aufgetragen bekommen habe, keinen Sinn macht. Wenn ich jedoch das Wofür kenne und mir dieses sogar sinnvoll erscheint, ist das Aufgetragene viel leichter zu ertragen.

Auch andere Bedingungen können geschaffen werden, um mehr Bewusstsein wachsen zu lassen. Bei Upstalsboom gelingt es uns immer öfter, unseren Mitarbeitern auf Augenhöhe zu begegnen, viele von uns sind per Du und haben schon viel Persönliches voneinander erfahren. Auch gewähren wir ihnen viele Freiheiten, bis hin zum Festlegen des eigenen Gehalts. Natürlich sind wir dabei an Grenzen gestoßen, sie liegen im Grad der Persönlichkeitsentwicklung. Und natürlich gab es zu Beginn unseres Wandlungsprozesses auch Widerstand, gerade auf der Führungsebene. Aber Widerstände sind nichts anderes als eine Herausforderung oder Wachstumschance, mit der es kreativ und konstruktiv umzugehen gilt.

Mancher hat unserem Unternehmen den Rücken gekehrt, weil er mit dem Verlust von Einflussnahme und Privilegien nicht umzugehen wusste. »Nein, das ist nicht meins, ich kündige. Das will ich nicht.« Mancher hat wohl nicht verstanden, wofür es für Führungskräfte überhaupt wichtig und interessant ist, ein neues Bewusstsein zu entwickeln. Andere versuchten es mit der Vorstellung, es ginge schlichtweg um Compliance, eine verordnete und reglementierte Menschlichkeit, die es nur gilt pflichtbewusst zu erfüllen. Sie verstanden aber nicht, dass die Bewusstwerdung ein höchst sinnvoller Prozess ist, bei dem es nicht nur darum geht, andere Menschen zu ermächtigen und erfolgreich zu machen. Bis heute haben wir noch nicht alles und alle erreicht. Und werden es auch wohl nie. Denn in Einzelfällen gibt es immer wieder Führungskräfte, die uns durch ihr Verhalten vermitteln, dass nicht sie den Mitarbeitern, sondern die Mitarbeiter ihnen – respektive ihrem Ego – dienen.

Eine Form der Freiheit ist zum Beispiel die »Vertrauensarbeitszeit«, die wir schon im Emder Bürohaus einführen konnten: Mehr und mehr kommen und gehen die Mitarbeiter nach eigenem Ermessen, die Arbeitseinsätze sind selbstbestimmt, immer weniger schauen auf die Uhr, die Arbeit regelt sich vielerorts von selbst. Wir haben die Erfahrung gemacht, dass in einer menschenorientierten, also starken Kultur gar nicht so viel geregelt werden muss, weil die Mitarbeiter sich bei ihrer gemeinschaftlichen Arbeit gegenseitig unterstützen. In den Hotels an sich ist das schwieriger umzusetzen, aber auf jeden Fall möglich. In unserem Seehotel auf Borkum oder dem Hotel Deichgraf in Wremen haben Mitarbeiter nach Beurteilung der Situation und Belegung damit begonnen, über ihre Personaleinsatzplanung ohne Vorgaben der Führungskraft zu entscheiden. In solchen Teams verzeichnen wir eine höhere Zufriedenheit, als wenn die Personaleinsatzplanung noch von einem Teamleiter gemacht wird.

Auf den Visitenkarten oder in der E-Mail-Signatur vieler unserer Mitarbeiter steht anstelle der Funktion oder des Titels das

Wort »Upstalsboomer«. Dies ist ein Ausdruck dessen, was die Menschen in unserem Unternehmen verbindet, nämlich eine gemeinsame Gesinnung, gemeinsame Werte, gemeinsames Wachsen, eine fast familiäre Zusammengehörigkeit. Folglich gibt es bei uns immer seltener klassische Stellen- oder Aufgabenbeschreibungen.

Ein konkretes Beispiel: Marina hat ihre Bachelorarbeit bei uns geschrieben, und dabei zeigte sich, dass sie sich für das Wohl junger Menschen in unseren Hotels interessierte. Nachdem sie ihr Studium abgeschlossen hatte, fragte sie, ob es möglich sei, bei uns zu arbeiten. Ich wollte daraufhin von ihr wissen, was sie sich denn vorstellen könnte, was sie denn gern tun würde. Und ich stellte weitere Fragen: »Was bedeutet für dich Erfolg? Wann hast du das Gefühl gehabt, einen guten Tag bei uns erlebt zu haben? Wann gingst du mit einem tollen Gefühl nach Hause?« Sie erwiderte daraufhin: »Jedes Mal, wenn ich den jungen Menschen dabei helfen konnte, sich zu entwickeln.« Nach diesem Einstieg erzählte sie, dass sie die Ausbildung bei uns verbessern würde.

Zusammen schauten wir uns die unserer siebzig Auszubildenden an. Sie konnte als ganz ordentlich bezeichnet werden, aber nicht unbedingt als exzellent. Wir kamen darin überein, es zu versuchen, das Niveau der Ausbildung zu optimieren. Einige Zeit haben wir zusammengesessen oder uns mit Auszubildenden getroffen und entsprechende Gedanken dazu aufgeschrieben.

Danach fragte ich Marina ein zweites Mal: »Was bedeutet für dich Erfolg? Wann hast du das Gefühl, erfolgreich zu sein?«

Sie sagte: »Ich habe mir die Situation genau angeguckt, es gibt bei Upstalsboom zu wenig Auszubildende. Darunter leidet die Qualität der Ausbildung. Die Auszubildenden müssen ein und dieselben Arbeiten zum Beispiel zu lange machen, und das bringt sie in ihrer Entwicklung nicht weiter. Überdies sind sie häufig im Arbeitsalltag so sehr eingespannt, dass sie wenig Zeit haben, sich persönlich weiterzuentwickeln. Also: Für mich bedeutet Erfolg, wenn es hier mehr Auszubildende gibt, wenn der Anteil der Auszubildenden an der Gesamtbelegschaft erhöht wird. Jetzt sind es 10 Prozent, aber wenn 20 Prozent der Mitarbeiter Auszubildende sind, gibt es einen guten Fundus, um mit ihnen besser arbeiten zu können, sie noch besser entwickeln zu können.«

»Okay«, sagte ich, »dein erster Erfolgsfaktor ist die Erhöhung des Anteils der Auszubildenden an der Gesamtbelegschaft. Aber was ist für dich noch Erfolg?«

»Wenn die, die zu uns kommen und hier arbeiten wollen, eine super Ausbildung erhalten. Wenn sie sich bei uns aufgehoben fühlen und einen guten Abschluss erzielen.«

»Das kann ich nachempfinden«, sagte ich, insistierte aber weiter: »Deine erste und deine zweite Antwort sind sehr ähnlich, deshalb frage ich noch einmal: Was bedeutet für dich darüber hinaus Erfolg?«

Marina zögerte nicht lange: »Wenn die, die bei uns ausgebildet wurden, bei uns bleiben wollen. Dann haben wir einen guten Job gemacht. Und wenn die, die bei uns bleiben wollen, auch noch einen Platz finden, wo sie sich gut weiterentwickeln, ihrer Persönlichkeit entsprechend einbringen können.«

Marina bewegt sich bei uns im Unternehmen ohne klassische Aufgaben- oder Stellenbeschreibung, für sie reicht es aus, sich ihrer selbst entwickelten Erfolgsfaktoren und Maßstäbe bewusst zu sein und diese ihrem an diesem Thema beteiligten Umfeld zu vermitteln. Mit diesen Maßstäben zieht sie jetzt von Hotel zu Hotel und findet damit vermehrt Freunde. Für die Direktoren und Ausbilder der jeweiligen Häuser ist es nun sehr einfach zu erkennen, wofür sich Marina tagtäglich einsetzt, sie sagen: »Mensch, wenn Marina erfolgreich ist, sind auch wir erfolgreich.« Hätte es allein eine Stellenbeschreibung von ihrem Job gegeben, wäre diese wohl nur von wenigen gelesen worden, und dann wäre die Frage aufgetaucht, wofür brauchen wir die denn? Viele hätten in Marina wahrscheinlich einzig und allein einen weiteren Aufwand gesehen. Aber so entstand ein neuer Job mit sinnvollen Erfolgsfaktoren.

Wir durften erfahren, wie wichtig es ist, allen Beteiligten dabei zu helfen, sich bewusst zu machen, was die anderen, die internen und externen Kunden, davon haben, dass es sie gibt. Und die Frage, die sich jeder stellen kann, lautet: »Was haben die anderen, die Kollegen, die Gäste, der Bereich, das Unternehmen und at last die Gesellschaft davon, dass es mich gibt?«

Diese Frage hat sich auch Sebastian gestellt, der mittlerweile Upstalsboomer mit Direktionsaufgabe unseres Hotels in Wremen ist. Es ist Deutschlands einziges Hotel, das auf einem Deich liegt. Sebastian sagt, es sei das schönste Hotel Europas. Bevor er zu uns kam, war er Topmanager bei General Electric. Kennengelernt hatten wir uns auf einem der Klosterseminare, die ich inzwischen zwei- bis dreimal im Jahr in Verbindung mit dem Team Benedikt gebe. Er hatte von dem »verrückten« Ostfriesen gehört, der mit seinen Teams ins Kloster oder mit seinen Auszubildenden auf den Kilimandscharo geht und die bisherigen Wirtschaftstheorien und deren praktische Umsetzung vollkommen auf den Kopf stellt. Er wollte sich überzeugen, was denn so an dem dran ist, was landauf, landab über Upstalsboom erzählt wird.

Ich erinnere mich sehr gut an meine erste Begegnung mit Sebastian. Er hatte keine Haare auf dem Kopf und offensichtlich ein Faible für Ringe. Denn davon gab es einige an den Ohren und den Händen. Er wirkte auf mich extrem offen, klar und auf eine sehr angenehme Art freundlich. Wie ich später heraushörte, hatte er seine Klarheit auf einigen sehr langen Wanderungen gewonnen, wie zum Beispiel auf dem Fußmarsch von Berlin nach Venedig. Während unseres dreitägigen Klosteraufenthalts fielen mir darüber hinaus seine sehr ausgeprägte Lösungsorientierung und seine Fähigkeit auf, äußerst kluge Fragen zu stellen. Kurzum, er stach durch seine Persönlichkeit hervor, und deshalb freute ich mich auch sehr, als er im Laufe des Seminars zu mir kam und sagte: «Bodo, ich will Upstalsboomer werden. Ich will den Upstalsboom-Weg gehen.«

Gut ein Jahr später griff ich dann zum Telefon. In unserem Hotel in Wremen standen die Zeichen auf Veränderung. Akhim und Sabine, unser dort verantwortliches Direktorenpaar, wollten eine Auszeit, um nach ein paar intensiven Jahren auf dem Deich eine Art unbegrenztes Sabbatical zu nehmen. Wie schon 2012 im Upstalsboom Seehotel, als ich einer Studentin die Möglichkeit gab, als Ferienjob ein Hotel zu eröffnen und zu führen, sah ich auch in dieser Situation eine gute Chance, etwas Neues auszuprobieren. In diesem Fall ging es mir darum, die Gestaltung sinnstiftender Formen der Zusammenarbeit, wie sie der Belgier Frédéric Laloux in seinem Werk *Reinventing Organizations* beschreibt, in der Hotellerie umzusetzen. Meinem Empfinden nach brachte Sebastian mit seiner Persönlichkeit sehr gute Voraussetzungen mit, um dies in Verbindung mit unserem sinn- und menschenorientierten Führungsanspruch erfolgreich umzusetzen.

Es ging also um eine Hundertachtziggraddrehung zu dem, was bisher in der Hotellerie und mancherorts auch noch bei uns gelebt wird. Das galt eben auch für das Hotel Deichgraf. Was Sebastian besonders prädestiniert für diese Aufgabe erscheinen ließ, war, dass er nicht die Last der Fachkompetenz mit sich herumtrug. Bis auf die Tatsache, dass er die Hotellerie aus Sicht eines Gastes erlebt hatte, besaß er keine fachspezifischen Kompetenzen. Somit hatten sich auch keine fachspezifischen Gewohnheiten wie Trampelpfade auf einer Wiese in sein Gehirn gebahnt, die ihn daran hindern könnten, neue Wege zu gehen beziehungsweise zu denken.

Ich griff also zum Hörer, um Sebastian in diese Idee, dieses anstehende Projekt einzuweihen – und ich fand es toll, als ich spürte, dass er sich in diesem Abenteuer zu 100 Prozent wiederfinden konnte. Er brauchte nicht lange zu überlegen, und auch Janine, seine Frau, benötigte nur wenig Zeit für die Entscheidung, die Großstadt Berlin, in der sie zuvor wohnten, zu verlassen. Jetzt leben beide auf dem Deich.

Was mich besonders freut, und ich glaube, das ist Ausdruck unserer Kultur, ist, dass Sebastian und Janine die fachliche Unterstützung nicht nur aus ihrem Kollegen- und Mitarbeiterkreis heraus erhalten, sondern auch von Akhim und Sabine, dem bisherigen Direktorenpaar. Gleichwohl beide Paare eine völlig unterschiedliche Vorstellung von der Führung eines Unternehmens haben, hat sich zwischen ihnen eine Freundschaft entwickelt, in der die vier sich gegenseitig auch gerne einmal auf die Schippe nehmen.

Die zwei Beispiele zeigen, dass die klassische Vorgehensweise »Wir haben eine offene Stelle und suchen jemanden, der dort hineingepresst wird« für uns immer öfter der Vergangenheit angehört. Wir suchen uns weiterbringende Aufgabenstellungen, sehen Chancen oder Herausforderungen und schauen dann, welche Persönlichkeiten sich darin wiederfinden. Deshalb ist es so spannend, wenn uns Menschen mit Ideen aufsuchen, ganz besonders die, die sich vorher mit uns beschäftigt haben und Teil unserer sinn- und menschenorientierten Kultur werden wollen.

Wenn sich genormte oder karriereorientierte Menschen bei uns auf eine offene Stelle oder Position bewerben, ist die Situation völlig anders. Dies sind oft Menschen, die sich noch nicht so bewusst darüber sind, dass das Leben keine Laufbahn, sondern eher eine Aufgabe ist. Nicht selten haben wir dabei die Erfahrung gemacht, dass es sich um Menschen handelt, die einen Beruf gelernt haben, weil andere gesagt haben, dass sie das lernen sollen – Eltern, Lehrer, Arbeitsagenturen –, oder ihnen gerade nichts Besseres einfiel. Menschen, die das leben, was ihnen vorgelebt oder vorgegeben wurde. Manche haben sich für ein bestimmtes Studium entschieden und wollen den eingeschlagenen Weg nun fortsetzen, weil sie glauben, dass sie das, was sie gelernt haben, nun auch anwenden müssen. Sonst wäre ja alles umsonst gewesen. Sie werden sozusagen von den Vorstellungen anderer gelebt. Das führt dazu, dass sie, zum Teil unbewusst, darunter leiden, dass sie Aufgaben erledigen müssen, die nicht ihrer Persönlichkeit entsprechen, die sie nicht begeistern, dass sie Rollen spielen, die sie eigentlich gar nicht spielen wollen.

Wenn diese Differenz zwischen dem, was eigentlich in mir steckt, was meine Sehnsucht ist, und dem, was ich tatsächlich im Unternehmen realisiere, zu groß ist, wird's anstrengend. Dann neige ich auch leichter dazu, von Work-Life-Balance zu sprechen, also zwischen Arbeit und Leben zu differenzieren. Wie frustrierend muss dieses Gefühl sein, nur einen verhältnismäßig kleinen Teil meines Lebens wirklich zu leben. Und weil aus diesem geringen oder fehlenden Selbstbewusstsein heraus das Selbstwertgefühl nicht aus sich heraus entstehen kann, versuchen manche Menschen dann ihr Selbstwertgefühl durch äußere Dinge zu steigern. Das kann die persönliche Profilierung über Titel, Position, Boni oder Status sein.

Aus diesem Grund diskutieren wir gerade im Unternehmen darüber, ob die Anzahl der Mitarbeiter, denen die Titelbezeichnung noch sehr wichtig ist, im Verhältnis zu denen, denen das völlig gleichgültig ist, Ausdruck dafür sein kann, wie ausgeprägt das Selbstbewusstsein eines Teams ist. Dabei geht es auch darum, wie sehr damit einer unserer gemeinsam erarbeiteten Upstalsboomer Sinnthesen (siehe auch S. 193 ff.) – »Wir begegnen uns als Menschen, frei von Position oder Funktion« – entsprochen wird. Wobei: Wir haben es inzwischen immerhin geschafft, dass es bei uns immer weniger Direktoren, Bereichsleiter, Abteilungsleiter, Chef de Rangs oder sonst etwas gibt, dafür umso mehr Upstalsboomer.

Aber wie vermitteln wir das nach außen? Da ist eine weitere Frage, die bei uns sehr intensiv diskutiert wird. Wie wird deutlich, was sich dahinter verbirgt, wenn wir Upstalsboomer suchen? Das zeigt, dass auch wir noch immer in den Positionsbezeichnungen gefangen sind, die aus dem klassischen Berufsfeld kommen. Wir suchen einen F&B-Leiter, also einen Wirtschaftsdirektor, der für die Organisation des Bereichs Food and Beverage (Speisen und Getränke) verantwortlich ist. Derjenige, der diese Stelle haben möchte, kommt mit einem Bild bei uns an, das von der Erwartung geleitet wird, dass er den F&B-Bereich führen wird. Doch bei uns soll er nicht nur den Bereich leiten, sondern Menschen in dieser Disziplin dabei unterstützen, erfolgreich zu sein. Wie kann man das deutlich machen? Wie kann Recruiting in der Zukunft aussehen, wenn die Persönlichkeit des Menschen eine größere Rolle spielt als seine fachliche Kompetenz?

Bemerkenswert ist, wie viel Zeit nicht wenige Menschen auf etwas verwenden, das in der Kompetenzpyramide ganz unten steht. Wir können alle ganz viel, aber wir kennen uns nicht. Aus diesem Grund haben wir oft keine Ahnung, wofür wir dieses ganze Können sinnvoll einsetzen wollen. Zumindest in der Hotellerie, aber auch in anderen, auf den Menschen ausgerichteten Dienstleistungen, ist die Kerndisziplin der Mensch. Die Fachkompetenzen können dann direkt bei uns entwickelt werden. In der Summe bedeutet das, dass es einfacher ist, einem Menschen das fachliche Wissen zu vermitteln, als die Persönlichkeit eines in seiner Geschichte vielleicht ungünstig verwickelten Menschen wieder herauszuschälen.

Das, was wir dafür voraussetzen, ist der unbedingte Wille, sich entwickeln zu wollen. Das hat etwas mit einer Einstellung zu tun, die ich bei bereits etablierten Führungskräften nicht selten vermisse, unabhängig vom Unternehmen. Die Bereitschaft etablierter Führungskräfte, sich entwickeln zu wollen, wäre für mich im Übrigen das positive Gegenstück zu der schon erwähnten Würdigung des Bisherigen durch die jungen Generationen. Auch bei uns erlebe ich es immer wieder, dass Führungskräfte vorgeben, sich entwickeln zu wollen, dies letztlich aber nur aus dem Glauben heraus geschieht, dass die Entwicklung der Persönlichkeit, wie schon erwähnt, bei uns nur eine Art Compliance ist. Gerade die hierarchie- und karrieregetriebene Hotellerie bringt Menschen hervor, die fachlich hoch qualifiziert sind, aber aufgrund autoritärem Gehabe, ausgeprägter Selbstgerechtigkeit, nicht vertrauenswürdiger Führung, Angst auslösender Maßnahmen oder dem Einfluss konturloser Hintermänner menschlich vielerorts auf der Strecke geblieben sind. Ein Teufelskreis, der nur bei einem selbst durchbrochen werden kann. Und gerade in der Hotellerie geht es doch um Gastfreundschaft, also darum, Freund zu sein für jemanden, der bei uns zu Gast ist. Die Fähigkeit, für jemanden Freund zu sein, ist eher etwas Menschliches, Empathisches als etwas Fachliches – und immer eine Frage der Haltung oder Einstellung. Ich habe Hotels erlebt, deren Mitarbeiter hoch professionell sind, dafür aber ohne erkennbare Seele. Aber vor allem die Seele braucht es, um gelingende Beziehungen gestalten zu können.

Die Mitarbeitergewinnung ist also eines von vielen wichtigen Projekten, bei denen wir dieses Thema neu zu denken versuchen. Die Fragestellung, die wir dort haben, lautet: »Was können wir hierbei von Firmen wie zum Beispiel Parship lernen?« Bei dieser Online-Partnerschaftsvermittlung geht es darum, dass sich allein aufgrund von Persönlichkeitsbeschreibungen vornehmlich Menschen und nicht Positionen und Funktionen kennenlernen. Auf unser Unternehmen übertragen bedeutet das: Wie können wir uns so aufstellen, dass ein Mensch nicht nur aufgrund einer offenen Stelle oder Karrierechance mit entsprechenden Aufgaben zu uns kommen will, sondern weil er mit den Menschen, die das Unternehmen ausmachen und zu ihm passen, zusammenarbeiten will? Wie können wir uns nach außen hin so öffnen, dass bestimmte Persönlichkeiten mit einer gemeinsamen Gesinnung zueinanderfinden?

Den Menschen in den Mittelpunkt zu stellen hat bei uns also eine andere Bedeutung als bei einigen anderen Unternehmen. Für uns bedeutet es die Fokussierung auf die Entwicklung seiner Persönlichkeit und Gesinnung. Es geht dabei auch um die Antwort auf Pater Anselms Frage: »Wie finde ich Gleichgesinnte, die die eigenen Vorstellungen weiter mittragen?« Diese Frage befreit uns auch von herkömmlichen Diskussionen und Differenzierungen über das Geschlecht oder das Alter. Bei uns geht es nicht um die Generation X, Y oder Z, nicht um die Differenzierung zwischen Mann und Frau im Beruf. Bei uns geht es um den Menschen!

Der Ansatz einer sinn- und menschenorientierten Führung erübrigt also die gesetzlichen Regulierungsversuche oder Diskussionen zur Frauenquote, genauso wie die Unterscheidung zwischen Arbeit und Freizeit. Es geht um Menschen, die ihr Leben leben wollen – und das nicht nur in ihrer freien Zeit. Menschen das zu ermöglichen, das ist unser Anspruch. Vielleicht ist das auch der Grund, weshalb wir 2014 von der Frauenzeitschrift *Cosmopolitan* die Auszeichnung »frauenfreundlichster Arbeitgeber« erhalten haben. Wobei es mir noch lieber gewesen wäre, wenn auf der Auszeichnung *menschenfreundlichster* statt *frauenfreundlichster* gestanden hätte.

Menschen mit sich und mit anderen verbinden

Wir Upstalsboomer sind auf vielerlei Weise miteinander verbunden. Zuallererst wollen wir uns natürlich als Menschen begegnen. Aus diesen Grund haben wir 2013 gemeinsam unseren Wertebaum entworfen, dessen Äste Werte darstellen, insgesamt zwölf, deren wir uns über einen langen und persönlichen tief gehenden Prozess bewusst geworden sind. Diese Werte wurden zu unserem Verhaltensleitbild und geben uns Orientierung im Umgang miteinander: Achtsamkeit, Vertrauen, Verantwortung, Zuverlässigkeit, Wertschätzung, Vorbild, Offenheit, Fairness, Loyalität, Herzlichkeit, Lebensfreude, Qualität. Wir haben damit die für die Menschen in unserem Unternehmen wesentlichen Werte auch zu den für das Unternehmen wesentlichen Werten gemacht. Damit haben wir eine im wahrsten Sinne des Wortes einzigartige Voraussetzung für eine lebendige und tief miteinander verbundene Gemeinschaft geschaffen.

Außerdem verbindet uns soziales und menschliches Engagement – vom Hilfsprojekt in der Nachbarschaft bis zum Schulbau in Ruanda. In Ergänzung einer sieben- bis zehntägigen Reise nach Ostafrika kann jeder Mitarbeiter mindestens zwei, drei bezahlte Tage im Jahr freinehmen, um sich im Rahmen sozialer Projekte zu engagieren. »Der Norden tut Gutes« heißt das bei uns.

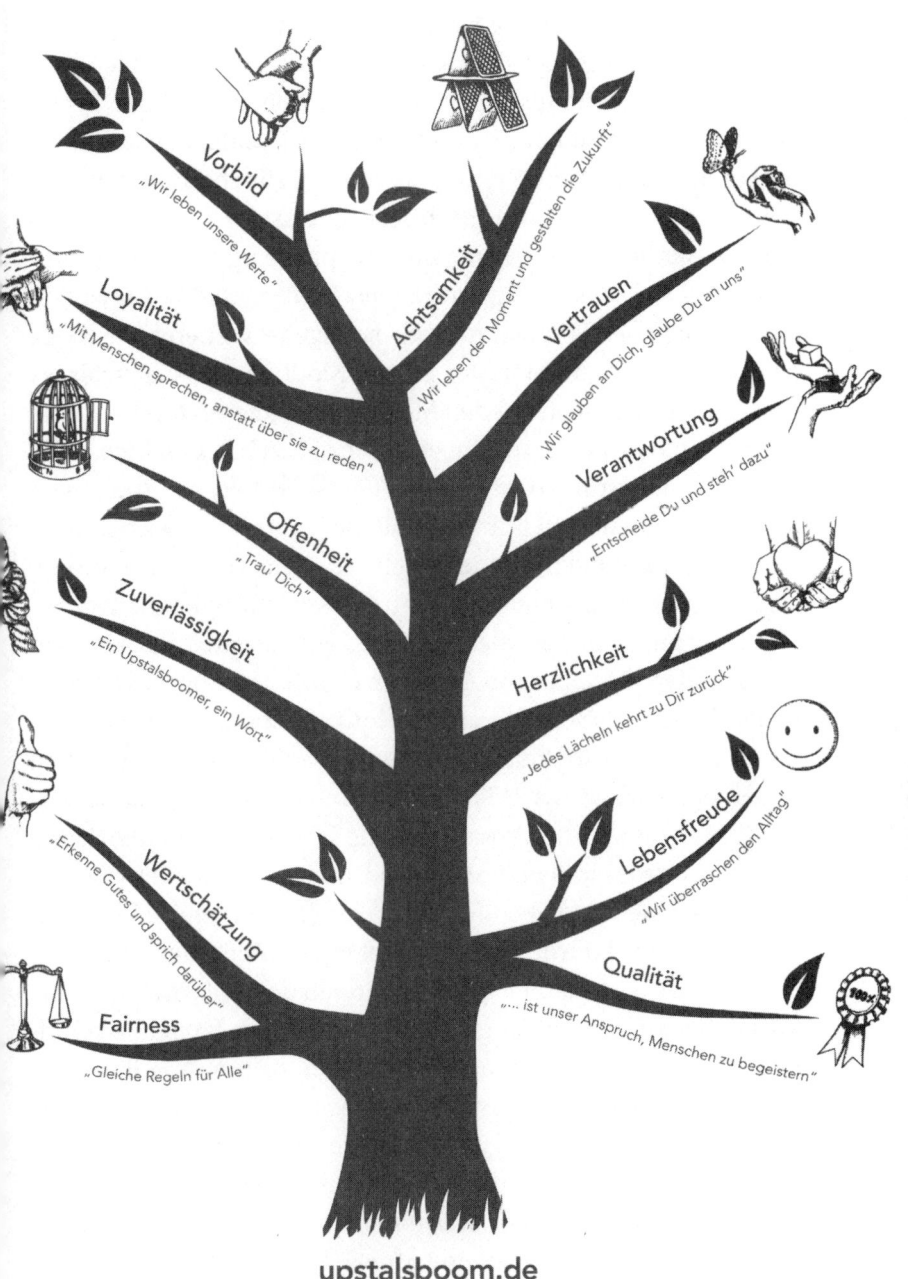

Vorbild
„Wir leben unsere Werte"

Achtsamkeit
„Wir leben den Moment und gestalten die Zukunft"

Vertrauen
„Wir glauben an Dich, glaube Du an uns"

Loyalität
„Mit Menschen sprechen, anstatt über sie zu reden"

Verantwortung
„Entscheide Du und steh' dazu"

Offenheit
„Trau' Dich"

Zuverlässigkeit
„Ein Upstalsboomer, ein Wort"

Herzlichkeit
„Jedes Lächeln kehrt zu Dir zurück"

Lebensfreude
„Wir überraschen den Alltag"

Wertschätzung
„Erkenne Gutes und sprich darüber"

Qualität
„... ist unser Anspruch, Menschen zu begeistern"

Fairness
„Gleiche Regeln für Alle"

upstalsboom.de

Unser Wertebaum

Außerdem gibt es das Upstalsboom-Curriculum (siehe S. 220 ff.), das aus insgesamt sechs bis acht Modulen besteht und letztlich dazu dient, die Herausforderungen des Lebens und der Arbeit besser meistern zu können und selbst ins Handeln zu kommen. Im Hinblick darauf unterstützen wir die Teilnehmer dabei, sich ihrer bisherigen Lebenserfahrungen bewusster zu werden und diese, zusammen mit den von uns im Spannungsfeld von Spiritualität und Wissenschaft gewonnenen Erkenntnissen, sinnvoll in ein persönliches Wachstum und die eigene Weiterentwicklung zu investieren. Gerade in den ersten Modulen des Curriculums geht es ausschließlich um den Menschen. In diesen Modulen versuchen wir, wie Pater Anselm es beschrieben hat, den Menschen dabei zu unterstützen, seiner eigenen Wahrheit ein Stück weit näherzukommen und sein persönliches Leitbild zu gestalten. In den weiterführenden Modulen geht es dann auch um Führung als Dienstleistung und den Aufbau selbstbestimmender Teams.

Unser auf dem Upstalsboom-Weg entwickeltes Bewusstsein ist auf andere Branchen übertragbar. Ganz unbedingt sogar, denn es handelt sich dabei nicht um ein Konzept, sondern um eine Haltung, um eine Einstellung, mit der ich mir und anderen Menschen begegne. Dabei ist der Wille zur persönlichen Entwicklung, wie erwähnt, eine wichtige Voraussetzung für die Weiterentwicklung des Menschen und damit auch des Unternehmens. Der Upstalsboom-Weg steht lediglich als Synonym für eine menschen- und sinnorientierte Führung, dessen Ziel es ist, Menschen innerhalb und – wenn es gut läuft – auch außerhalb des Unternehmens erfolgreicher zu machen. Es geht darum, ihnen die Freiheit zu eröffnen, das im Unternehmen zu leben oder zu tun, was ihnen als Mensch wirklich wichtig ist. Etwas, das ihrer Persönlichkeit entspricht. Das ist auch auf unsere Gäste übertragbar. Wir setzen uns jeden Tag dafür ein, dass sie bei uns die Freiheit haben, sich im Urlaub das zu erlauben, was ihnen als Mensch wichtig ist. Der Upstalsboom-Weg ist also eine Möglichkeit zur Potenzialentfaltung. Seien es die eines Menschen oder des Urlaubs.

Bei den Treffen unseres Culture Clubs, einer Peergroup im Unternehmen, haben wir uns darüber Gedanken macht, was die stärksten oder produktivsten Impulse für die Potenzialentfaltung des Einzelnen sind. Es wurde uns dabei sehr schnell klar, dass sie von den Plattformen kamen, auf denen sich Menschen jenseits ihrer Rangordnung auf Augenhöhe begegnet sind, um sich gemeinsam für etwas Sinnvolles einzusetzen, und dabei emotionale Erlebnisse teilten.

Unser Umdenken erfolgte nicht auf einmal, sondern ging schrittweise vonstatten, und es war schon gar nicht geplant. Nichts von dem, was wir getan haben, war auf lange Sicht geplant. Und wenn wir es zum Beispiel wie ein Budget angegangen wären, hätten wir es nicht erreicht. Denn unsere Vorstellungskraft für die Planung hätte nicht ansatzweise die Entwicklungsmöglichkeiten widergespiegelt, die tatsächlich vorhanden waren. Immer wieder geschieht es, dass wir Dinge aus unserer Haltung heraus anstoßen und uns dann zu einem späteren Zeitpunkt Wissenschaftler darüber aufklären, was wir denn da eigentlich tun. So verhielt es sich mit dem Leading by Meaning genauso wie vor Kurzem mit dem sogenannten Corporate Volunteering. Nun gut, dieses wissenschaftliche Corporate dies und Corporate jenes gehört ja ohnehin nicht mehr so zu unserem Sprachgebrauch. Wir sprechen eher von »Humanpotenzial« und nicht von »Corporate something«.

Wer nicht handelt, der wird gehandelt

Ab 2004 ließen mich meine Eltern in das Familienunternehmen hineinschnuppern. Zeitgleich entdeckte ich die Bücher von Pater Anselm, machte aber zunächst nichts aus diesem daraus gewonnenen Wissen. Damals war mir noch nicht bewusst, dass angeeignetes Wissen wertlos ist, wenn ich es nicht anwende. Ich kenne wirklich viele Menschen, die Seminare bis zum Gehtnichtmehr besuchen und Schränke voller Bücher haben, aber ändern tut sich nichts – außer, dass sie vielleicht am Stammtisch klug daherreden. Doch wer viel redet, der ändert nichts. Das sind dann auch die Menschen, die weiterhin als Zuschauer auf der Tribüne sitzen. Die Frage ist, wie sie es von der Tribüne der Diskussionen auf das Spielfeld schaffen und es wagen mitzuspielen.

Wir wissen genug, wir handeln nur zu wenig danach, genauso, wie wir zu viel managen und zu wenig führen, sowohl uns selbst als auch andere. Aus diesem Grund möchte ich für alle an der Verwirklichung einer sinn- und menschenorientierten Führung Interessierten an dieser Stelle eine Einladung aussprechen: Lesen Sie dieses Buch (oder andere Bücher) und besuchen Sie Seminare mit der Haltung und dem Ziel, die Inhalte und die gewonnenen Erkenntnisse Ihren Mitmenschen zu vermitteln. Ein guter Indikator für eine Verinnerlichung ist ihre Fähigkeit, das Gelernte nicht nur selbst umzusetzen, sondern es Dritten auch so vermitteln zu können, dass sie es verstehen.

Während und nach meiner Zeit als »Klosterschüler« habe ich mir alle vermittelten Inhalte und Übungen so aufbereitet, dass ich meine Mitarbeiter im Rahmen eines selbst zusammengestellten Curriculums an dem teilhaben lassen konnte, was ich dort selbst erlebt und gelernt habe. Der daraus entstandene Effekt war sowohl für mich als auch für unsere Mitarbeiter und Partner deutlich spürbar. Schon das Aufbereiten der Inhalte, aber ganz besonders auch die bei der praktischen Vermittlung entstandenen Diskussionen waren noch produktiver als meine Klosterzeit an sich.

Und auch bei unseren Upstalsboomern auf Zeit konnte ich das beobachten. In den ersten Curricula hatte ich Rosann Waldvogel, die Geschäftsführerin von fünfundzwanzig Alterszentren der Stadt Zürich, und Peter Simmel samt Tochter Vroni und Sohn Andy, die Inhaber der Simmel-Märkte in Bayern und Sachsen, im Teilnehmerkreis, die die durch uns vermittelten Inhalte anschließend auch bei sich als Curricula durchführten. Und das mit sehr ordentlichem Erfolg, wenn ich mir die Rückmeldungen der Mitarbeiter aus diesen Unternehmen anschaue. Zum Beispiel schrieb mir ein Mitarbeiter der Alterszentren anlässlich eines Aufenthaltes in Zürich Folgendes:

Ich bin Mitarbeiter bei den Alterszentren der Stadt Zürich und durfte im Curriculum den Upstalsboom-Weg erleben. Dreißig Jahre lang suchte ich nach dieser Art zu führen, und nun habe ich durch unsere Direktorin mein Leben verändern können. Und das Arbeitsleben meiner Mitarbeiter. Dank Ihnen und meiner Begeisterung konnte ich ein Arbeitsumfeld schaffen, das vielen MitarbeiterInnen zu mehr Sinn und Freude verhalf. Abgesehen davon, dass wir die Umsätze ins Bodenlose steigern konnten.
Freundliche Grüße, Roger Warna

Für mich sind solche Rückmeldungen das schönste Geschenk. Wenn die durch uns in den Curricula gesäte Saat in dieser Form aufgeht, sei es bei Upstalsboomern oder Upstalsboomern auf Zeit, ist das für mich eine sehr hohe, wenn nicht sogar die höchste Form der Wertschätzung.

2007 verunglückte mein Vater bei einem Flugzeugabsturz tödlich. Ich führte die Geschäfte weiter, recht »hemdsärmelig«, und hielt mich selbstverständlich für einen klugen, wenn nicht sogar absoluten Topmanager. Ich war ausschließlich auf Zahlen konzentriert und hatte mich ihrem Diktat unterworfen. Es ging um Leistung, wirtschaftliches Wachstum, die Steigerung liquider Mittel und darum, besser als der Wettbewerb zu sein. Höher, schneller, weiter. Mit allen Mitteln hatte ich versucht, Menschen dazu zu dressieren, Marktanteile zu gewinnen, Umsätze zu steigern, Kosten zu senken und Gewinne zu maximieren. Sehr zum Missfallen meiner Mitarbeiter, von denen sich offensichtlich viele gefühlt haben wie eine ausgequetschte Zitrone. 2010 wollten sie mich als Chef dann ja auch loswerden. Die ernüchternden Ergebnisse einer Mitarbeiter-Umfrage ließen mich endgültig aufwachen. Ich nahm Kontakt zum Team Benedikt auf. In mehreren Kursen begann ich dann, das Führen meiner eigenen Person und das meiner Mitarbeiter zu lernen. Das ist die Basis für alles.

Insgesamt war ich für anderthalb Jahre im Kloster, nicht durchgehend, aber sehr regelmäßig. In meinem Glauben war ich mir nie wirklich sicher, aber in dieser Zeit wurde Gott für mich zu einem Synonym für Vollkommenheit. Wir sind vollständig, aber nicht vollkommen, und wir werden uns nie zu 100 Prozent selbst erkennen – genauso wenig, wie wir zu 100 Prozent Gott erfassen können. Ich habe Pater Anselm gefragt: »Was unterscheidet die Suche nach Gott von der Suche nach uns selbst?« Er sagte: »Nichts! Gott drückt sich in uns aus, in dem, was wir sind und wie wir geschaffen worden sind.«

Ich fing an, über meine Unvollkommenheit zu sprechen. Für die Mitarbeiter war das im ersten Moment irritierend, denn für sie hatte ich auf einem hohen Sockel gestanden und war jemand, der auf alles eine Antwort gefunden hatte und vor allem auch immer die richtige. Ich war für sie im wahrsten Sinne des Wortes ein Vorgesetzter, der alles wusste und zu jeder Sache etwas zu sagen hatte. Aber plötzlich äußerte ich etwas ganz anderes:

»Hört zu, ich habe weder eine Ausbildung noch ein abgeschlossenes Studium ... und in der Schule war ich auch nur unteres Mittelmaß.« Ich legte meine Schwächen und Verfehlungen auf den Tisch, anders als das vielleicht manch eine andere Führungskraft heute tun würde. Viele Führungskräfte tun das nicht, wahrscheinlich aus der Angst heraus, ihre Reputation, ihre Anerkennung und damit das Gefühl, gebraucht zu werden, zu verlieren. Vieles verschwindet in deutschen Unternehmen unter dem Deckmantel der Vollkommenheit.

Je mehr ich anfing, über meine Schwächen, Ängste und Unsicherheiten zu sprechen, desto mehr bekam ich das Gefühl, dass zu und zwischen den Mitarbeitern die Beziehungen besser wurden. Auch hatte ich das Gefühl, je offener die Gemeinschaft wurde, umso größer wurden das Vertrauen und die gegenseitige Unterstützung füreinander. Es dauerte nicht lange, dann fühlten sich auch die Mitarbeiter dazu ermutigt, ihre eigenen Schwächen zu offenbaren.

Uns wurde bewusst, dass keiner von uns perfekt ist, aber wir als Menschen viele Gemeinsamkeiten haben, die uns verbinden. Jeder hat sein Päckchen zu tragen. Das gemeinsam geschaffene Verständnis, dass keiner von uns vollkommen ist, dass keiner von uns besser oder schlechter ist als der andere, war der erste wichtige Schritt zur »Vermenschlichung«, zur Verbesserung der Beziehungen innerhalb unserer Organisation. Immer seltener wurde ich in der Folge als narzisstischer, nicht integrer Business-Macht-Mensch angesehen, bei dem es sicherer war, über ihn zu sprechen, als mit ihm. Denn das wurde uns auch bewusst: Die Ursache dafür, dass übereinander gesprochen wird, dass Gerüchte oder Tratsch entstehen, liegt in gestörten Beziehungen, in einem fehlenden Zusammenhalt. Je stärker der ist, desto schwächer ist die Gerüchte- und Lästerkultur.

Ohne Vertrauen wäre der Wandel nicht möglich gewesen, auch wenn wir in der Übergangszeit von einer durch Angst, Neid, Macht und Konflikten geprägten Kultur zu einer Kultur des Vertrauens, der Zugehörigkeit, Wertschätzung und Selbstverwirklichung das eine oder andere Mal einen hohen Preis zahlen mussten – bis zu dem Verlust eines Hotels. In letzter Konsequenz ist das Gefühl, sich gegenseitig vertrauen zu können, elementar für alle weiteren Schritte. Und aus diesem Grund ist wohl kaum ein Preis dafür zu hoch.

Aber ich kann nur anderen vertrauen, wenn ich mir selbst vertraue. Und mir selbst kann ich nur vertrauen, wenn ich mich selbst kenne. Vor Kurzem habe ich in diesem Zusammenhang zu einem Hotelier, der sich darüber beschwerte, dass ihm die Mitarbeiter dauernd wegrennen, gesagt: »Wenn du willst, dass dir deine Mitarbeiter nicht mehr wegrennen, musst du zunächst damit aufhören, vor dir selbst wegzurennen.« Ein solches Verhalten wird durch persönliche Reflexion gefördert. Das Stehenbleiben und Stillsein kann, je nach Lebensphase, produktiver sein als die Aktion, das Rennen. Gerade jene Menschen, die ungemein aktiv sind, die Ärmel hochkrempeln und meinen, siebzig, achtzig Stunden die Woche arbeiten zu müssen, dabei gern laut und eindringlich herumpoltern und überzeugt davon sind, der Nabel der Welt zu sein, sind nicht unbedingt die Menschen, die sich ihrer selbst sehr bewusst sind und die sich vertrauen. Selbst wenn sie es durch ihr Verhalten ihrem Umfeld vorgaukeln, sind sie eher egozentriert und mit einem geringen Selbstbewusstsein ausgestattet. Für mich persönlich ist die Anzahl der Überstunden einer Führungskraft nur Ausdruck ihrer Unfähigkeit, sich selbst und andere zu führen. Vertrauen entsteht besonders durch Authentizität, und Authentizität wird besonders dann erlebbar, wenn die Haltung eines Menschen (seine Werte) mit seinem Verhalten korrespondiert und er nicht versucht, eine Rolle zu spielen. Jeder kennt das Gefühl, sofort einem Menschen zu vertrauen, wenn dieser bei einer Begegnung authentisch erscheint. Wenn Haltung, Verhalten und Sprache nicht zusammenpassen, ist es so, als ob jemand eine Maske trägt. Und wer traut in unseren Breitengraden schon einem maskierten Menschen? »Menschen hinter Masken«, so nannten wir sie früher in einer Bar in Hamburg, in der ich als Student gearbeitet habe, jene Schickimicki-Leute, zu denen ich mich selbst zählen wollte. Jeder hatte eine Maske aufgesetzt, niemand wusste, wer wirklich dahintersteckte. Viele versuchten, durch ihr Auftreten wichtiger zu erscheinen als andere. Je geringer das Selbstbewusstsein, desto größer oder stärker das Ego. Je stärker das Ego, desto dicker wurde aufgetragen.

Raus aus dem Käfig

Der Wandel erfolgte bei uns nicht abrupt, das ist auch nicht möglich, denn waren einige bereit, sofort etwas Neues zu wagen, so brauchten viele Mitarbeiter noch die klassischen Arbeitsweisen. Aber das war und ist in Ordnung. Es ging nicht darum, um ein Bild zu benutzen, aus jedem Tiger in Gefangenschaft einen Tiger in freier Wildbahn zu machen. Viele Unternehmen gleichen eher einem Zirkus, wo die Mitarbeiter unter Druck mittels Zuckerbrot und Peitsche etwas machen, was sie sonst nie tun würden.

Diesbezüglich hatten wir auch bei den Dreharbeiten zu unserem Film *Die stille Revolution* eine Begegnung der besonderen Art mit einem Zirkusdirektor. Sein Verhalten uns und seinen Pferden (Mitarbeitern) gegenüber war genau durch dieses Bild von Zuckerbrot und Peitsche geprägt. Während seine Pferdchen ein Stück Zucker nach dem nächsten bekamen, drohte man uns während der Dreharbeiten damit, den Strom abzustellen, wenn wir ihm nicht wie bei einer Parkuhr gleichsam alle zwanzig Minuten weitere 50 Euro in die Hand drückten.

Manche Mitarbeiter haben überhaupt nichts dagegen, in einem Käfig zu sitzen, sie wollen gar nicht raus, wenn sich die Tür öffnet, sie brauchen die Sicherheit und finden das Abenteuer Freiheit überhaupt nicht interessant. Herausfordernd wird es nur dann, wenn manche Menschen einerseits die Sicherheit des Käfigs wollen, sich andererseits aber darüber beschweren, was ihnen zum »Fressen« vorgesetzt wird. Der heilige Benedikt nennt das das Murren, das Jammern der Leute. Meistens handelt es sich hierbei um Menschen, die die Zeit im Job als etwas betrachten, das mit ihrem eigentlichen Leben nichts zu tun hat. Sie glauben, ihre Freiheit, wenn überhaupt, nur in ihrer Freizeit finden zu können. Manche macht es aber geradezu auch richtig glücklich, wenn sie jammern können. Auch ich denke, dass es zwischendurch gut sein kann, sich einmal auszuheulen. Allerdings ist es dann sehr wichtig, dass ich mir bewusst darüber bin, weshalb ich mich beschwere. Denn wenn es einen entsprechenden Grund gibt, ist es an der Zeit, etwas gemeinsam neu zu regeln, ähnlich wie in einer Beziehung. Ungünstig ist es, wenn das Meckern einfach nur aus einer Gewohnheit heraus entsteht. Denn das könnte ein Zeichen für eine innere Auflehnung gegen die Mitmenschen und damit gegen sich selbst und das eigene Leben sein. Nicht die Menschen oder Umstände sind das Problem, sondern nur die Einstellung und Gedanken, die wir dazu haben.

Was noch zu bedenken ist: Im Käfig kann ich mich sicher fühlen, aber genauso abhängig bin ich von anderen, vom Zirkusdirektor, vom Chef, vom Shareholder etc. – und desto weniger habe ich die Freiheit, das tun zu können, oder, um im Bild zu bleiben, das zu fressen, was mir schmeckt. Wenn ich in meiner Arbeit keinen Sinn erkenne, empfinde ich sie als mühsam und neige eher dazu, mich zu beschweren. Wenn es dann mehrere Menschen gibt, die in ihrem Tun keinen Sinn erkennen, und diese beginnen sich zu verbrüdern, entsteht korrosive Energie in Form jener schon erwähnten Tratsch- und Lästerkultur.

Mir geht es bei all dem nicht darum, es zu bewerten. Die einen brauchen mehr Sicherheit, die anderen lieben die Freiheit. Einige Menschen fühlen sich wohl damit, einfach ihre Pflichten zu erfüllen, andere wollen sich freier bewegen, sind Freigeister, was nichts mit Alter oder Geschlecht zu tun hat, sondern schlichtweg mit der jeweiligen Persönlichkeitsstruktur oder mit dem Grad der Persönlichkeitsentwicklung. Wichtig ist, dass jeder das für sich rechte Maß zwischen Abhängigkeit und Freiheit findet und das Bewusstsein hat, dass jeder in einem Unternehmen gebraucht wird. Die Frage ist nur, wo und wie derjenige sich entsprechend seiner Persönlichkeitsstruktur optimal einbringen kann.

Das Ganze muss nicht anstrengend sein, selbst wenn es erst einmal so klingen mag. Wenn wir Aufgaben angehen oder uns Ziele setzen, die unserer Persönlichkeitsstruktur entsprechen, müssen wir uns nicht unverhältnismäßig mühen. Ein wesentlicher Grund für frustrierte Mitarbeiter ist, wie beschrieben, der fehlende Sinn. Ein weiterer Grund für Frust und Erschöpfung ist bekanntlich das Verhalten des Vorgesetzten. Oder Situationen, in denen Mitarbeiter in Stellen- und Aufgabenbeschreibungen hineingepresst werden, die nicht ansatzweise ihren Talenten entsprechen.

In unserem Fall ging es zunächst darum, die Menschen erst einmal so zu akzeptieren, wie sie sind. Erst danach wurden sie dazu ermutigt, sich auf das einzigartige Abenteuer einzulassen, sich selbst noch besser kennenzulernen, Grenzen zu verschieben und neue Spielfelder innerhalb oder außerhalb des Unternehmens zu finden. Wenn sie dann sagen, sie möchten es versuchen, haben sie bei uns die Möglichkeit dazu. Diejenigen, die es nämlich erst gar nicht versuchen, werden auch nicht kennenlernen, was ihnen womöglich entgeht; und beginnen irgendwann tatsächlich zu murren. Das tun sie dann allerdings auch an anderen Arbeitsstätten.

Der Sinn unseres Handelns besteht im Anblick eines zufriedenen Menschen. Wir wissen, dass wir niemanden glücklich machen können, aber wir können unseren Teil dazu beitragen, dass Menschen, egal ob Gast, Mitarbeiter, Partner, Kinder oder alte Menschen im In- und Ausland, für sich das finden, was dazu führt, dass sie ein bisschen glücklicher werden.

Schon im Kloster habe ich mich immer wieder gefragt: Was ist das, was mich wirklich zufrieden macht? Mir ist bewusst, dass es nicht unmittelbar darum geht, glücklich zu sein, sondern eher darum, das zu finden, was dazu führt, dass ich glücklicher oder besser, innerlich zufriedener werde. Was rührt mich zu Tränen?

Was ist mein Talent? Welche Bedeutung möchte ich meinem Leben geben? Die Antwort, die ich fand: Ich will meinen Teil dazu beitragen, dass Menschen das für sich finden, was sie noch ein bisschen glücklicher werden lässt. Ich will, dass sie sich so wie ich fühlen, als ich diese Klarheit für mich gewonnen habe. Der Anblick eines zufriedenen Menschen, das ist es, wofür ich jeden Tag aufstehe. Der Satz ist zu meinem Leitbild geworden, zu meiner Vision, die ich nun täglich zu verwirklichen versuche. Auch wenn ich dabei das Gefühl habe, mich manchmal selbst ein bisschen aus den Augen zu verlieren, einfach deshalb, weil ich es nicht immer verstehe, das rechte Maß zu finden oder dem Ego des »alten« Bodo begegne und anschließend gefühlsmäßig völlig verkatert bin. »Musste das jetzt auch noch sein?«

Natürlich ist Glück letztlich eine Frage der persönlichen Definition. Für mich bedeutet Glück, das Leben bedingungslos zu lieben. Es bedeutet, die Freiheit zu haben, dass zu leben, was mir als Mensch wichtig ist. Und der Sinn meines Lebens, um gleich in diesen Dimensionen zu bleiben, besteht darin, glückliche Menschen zu sehen. Ich kann als Unternehmer und als Mensch Bedingungen schaffen, die die Menschen dabei unterstützen, das vorzufinden, was sie innerlich heiterer, humorvoller, gelassener, ein Stück weit glücklicher macht – was dazu führt, dass auch sie das Leben lieben. Dass sie es nicht hassen und nicht hadern, dass sie nicht jammern oder murren, ohne sich wirklich bewusst darüber zu sein. Glückliche Menschen haben mehr Energie, es ist ihrem Gesicht, vor allem aber ihren Augen anzusehen, ob sie ausgeglichen, ruhig und gelassen mit dem umgehen, was ihnen begegnet, oder ob sie durch ständiges Grübeln gezeichnet sind.

Glückliche Menschen, besonders unter dem Aspekt der Freiheit – das war und ist unser gemeinsames Verständnis, das war unwiderruflich unser Anspruch und wird es auch bleiben. Formuliert aus dem Erlebnis, wie gut es sich anfühlt, glücklichen und zufriedenen Menschen zu begegnen.

Abenteuer: Herausforderung statt Bedrohung?

Wir stehen vor der Herausforderung, tagtäglich mit Veränderungen umzugehen. Veränderungen bedeuten Bewegung, und Bewegung wiederum bedeutet erst einmal, dass ich vorübergehend den sicheren Standpunkt ver- und mich auf etwas Neues einlasse. Das empfinden viele Menschen als Bedrohung. Die Frage ist, was ich dafür tun kann, dass Menschen die vermeintliche Bedrohung in eine Herausforderung wandeln und, statt in Angst zu erstarren, in Bewegung kommen. Sie also bereit sind, die Herausforderung anzunehmen wie ein Abenteuer.

Wir sind heute ständig in Bewegung, so wie alles in Bewegung ist. Nur noch selten finden wir die Möglichkeit, zur Ruhe zu kommen, eine Pause zu machen, mit beiden Füßen fest auf der Erde zu stehen. Dafür dreht sie sich in diesen komplexen Zeiten einfach zu schnell, und die Welt, in der wir uns bewegen, wird immer volatiler, unsicherer und komplexer. Häufig können wir an einem Tag nicht absehen, was am nächsten Tag auf uns zukommt. Je mehr meine innere Ruhe von diesen sich ständig ändernden Bedingungen abhängig ist, desto schwieriger wird es für mich selbst, ruhig und gelassen zu bleiben.

Wenn es also heute kaum noch möglich ist, Halt im Außen zu finden, brauche ich eine Alternative. Aber wie sieht die aus? Was ist es, dass mir in einer Welt ständig steigender Chancen und Risiken noch Orientierung schenkt? Fünfjahrespläne? Wohl kaum. Die Halbwertszeit solcher Planungen ist so gering, dass sie häufig mit ihrer Fertigstellung schon wieder obsolet sind. Und dann? Strategie war gestern, ständig etwas Neues auszuprobieren ist heute. So haben wir schon 2016 damit begonnen, unsere Zeit nicht mit dem Schreiben und Kontrollieren von Budgets zu vergeuden. Budgets verlieren schon in dem Moment ihre Berechtigung, in dem die Planung der Zahlen abgeschlossen ist, denn die Bedingungen sind längst andere. Dennoch wird in vielen Unternehmen weiterhin auf der Basis geschriebener Budgets und Kennzahlensysteme argumentiert. Damit bewegen wir uns einzig in der Vergangenheit, nicht einmal mehr in der Gegenwart. Wir haben deshalb die Budgets bei uns abgeschafft, sie wurden ersetzt durch eine rollierende Planung, die innerhalb von bestimmten Zeitintervallen den veränderten Gegebenheiten angepasst wird. Zukunft für Führung bedeutet also: weg von der für den weiten Horizont viel zu konkreten und damit uns einschränkenden Planung, weg von der Problemorientierung und damit von der Frage der Schuld, weg von der reinen und unverhältnismäßigen intensiven Ursachenforschung und Rechtfertigung, hin zu den wirklich relevanten und produktiven Fragen, die einen Entwicklungsprozess mit Lösungen in Gang bringen.

Statt also vermeintlich Orientierung und Sicherheit spendende Strategien zu formulieren, versuchen wir, immer wieder neue Dinge auszuprobieren. Nur wie gehe ich mit dieser aus diesem Verhalten und aus diesen Umständen entstehenden Unsicherheit um? Wie begegne ich diesen stürmischen Zeiten?

Es scheint im wahrsten Sinne des Wortes wieder notwendig zu sein, die Ruhe in sich selbst zu finden. Aber wie? Was brauche ich denn, um in der heutigen Komplexität, in dieser unsicheren und schnelllebigen Zeit Ruhe zu bewahren, gelassen zu bleiben, stark und besonnen zugleich zu sein? Was ist das, wodurch mich andere oder ich mich selbst unter Druck oder in Angst versetzen lasse? Die Angst, nicht genug zu bekommen? Die Angst, nicht zu genügen oder schlechter zu sein als der andere? Die Angst, nicht gebraucht zu werden? Können wir dieses Gefühl von Sicherheit, Ruhe und Gelassenheit wirklich erfahren, wenn wir glauben, unser Glück nur in einer noch besseren Zukunft zu finden? Wie viele Menschen hecheln dem vermeintlich in der Zukunft eintretendem Glück hinterher? »Ich muss nur schnell genug rennen, Karriere machen, immer höher und weiter, und dann wird alles gut.« Oder ist dieses Hecheln nur Ausdruck unserer Angst oder Unfähigkeit, uns selbst zu begegnen? Wir wissen nicht, was in der Zukunft passieren wird, sie ist ein Geheimnis. Vielleicht ist das auch der Grund, weshalb das die Gegenwart beschreibende Adjektiv präsent, als Substantiv ein Präsent, also ein Geschenk beschreibt. Wir brauchen es nur anzunehmen.

Geht es uns besser, wenn wir mit Blick auf die Zukunft das Leben als Laufbahn ansehen, auf der es Ziele zu erreichen gilt, deren Schwerpunkte sich in äußeren und materiellen Dingen manifestieren und uns über den gewonnenen Status von anderen unterscheiden lassen? Liegen die Unzufriedenheit und verschenktes Potenzial denn nicht im dauerhaften, nicht enden wollenden Wettbewerb? Oder zumindest im ständigen Vergleichen? Wenn der andere schneller rennt, Karriere macht, die Ziele eher erreicht und mein Nachbar vor mir das neue Auto fährt? Und was ist, wenn meine Zukunft plötzlich unerwartet schnell endet? Bei mir waren es mit meiner Entführung, den dazugehörigen Scheinhinrichtungen und dem plötzlichen Tod meines Vaters zwei Situationen, aufgrund derer mir bewusst wurde, dass es ziemlich unsinnig ist, auf das zukünftige Glück zu warten oder darauf hinzuarbeiten.

Und genau darum geht es: Halte ich mich an etwas, das in der Zukunft liegt und von dem ich annehme, es erreichen zu müssen, um glücklich zu sein? Oder hält mich etwas, was ich in mir trage, was ein beständiger Begleiter der Gegenwart ist, was mich ruhig bleiben lässt, relativ unabhängig davon, was um mich herum geschieht? Da taucht für mich als Bild der Fels in der Brandung auf, der sich – entgegen dem Fähnlein im Winde – nicht davon beeindrucken lässt, von welchen Seiten und mit welcher Wucht der Orkan und die Wellen auf ihn zurollen. Jeder möchte gern ein Fels in der Brandung sein, wenn es um einen herum stürmt und tobt.

Sandra, eines unserer zahlreichen und vor allem sehr fleißigen Zimmermädchen, arbeitet seit fünf Jahren in der Upstalsboom Hotelresidenz & SPA in Kühlungsborn. Vor ungefähr zwei Jahren war sie kurz davor zu kündigen. Sie hatte das Gefühl, den Anstrengungen beim Housekeeping, also dem Reinigen der Zimmer und der öffentlichen Bereiche, nicht mehr standhalten zu können. Ganz besonders war es das Unvorhersehbare in Verbindung mit einem enormen Zeitdruck, das sie belastete. Viele Gäste verließen ihre Zimmer zur selben Zeit, eine Menge andere kamen auf einmal, und meist passierte das plötzlich, ohne dass es vorher absehbar war. Wie so manche ihrer Kolleginnen wurde Sandra zum Spielball äußerer Umstände. Sie war dadurch unzufrieden mit ihrer täglichen Arbeit, weil diese für sie Stress bedeutete.

Als sie in Münsterschwarzach unseren alljährlichen Kurs mit Pater Anselm besuchte, begann sie, sich mit sich selbst zu beschäftigen. Sie fragte sich: Was schenkt mir Ruhe? Was ist es, das mir Sicherheit gibt? Was macht mich widerstandsfähiger gegenüber den Dingen, die mich so belasten? Denn diese Dinge sind nun mal da, die Arbeit wird sich nicht ändern, sie wird eher noch komplexer. Wie kann ich dem begegnen? Mit den Fragen, die sie sich stellen konnte, weil sie nach eigener Aussage im Kloster abends mal nicht fernsehen konnte, begann Sandra sich selbst zu führen, und sie begann damit auch in ihrem Sinne zu existieren. Denn existieren heißt der lateinischen Herkunft nach: aus sich selbst heraus zu sein, zu leben, zu arbeiten.

Mit dieser persönlichen Auseinandersetzung fing sie an, etwas zu begreifen. Nämlich dass sie die Freiheit hat, sich zu den Dingen so oder so zu verhalten. Und da die persönliche Freiheit und die Verantwortung für sich selbst untrennbar miteinander verbunden sind, lernte sie, dass nur sie und niemand anderes die Verantwortung für sich und ihre innere Einstellung trägt. So wie es seinerzeit Viktor Frankl im Zusammenhang mit seiner Logotherapie beschrieben hat, fing sie an, die Freiheit der inneren Einstellung zu nutzen.

Sandra hat im Kloster mit dem Meditieren begonnen, für sich tägliche Rituale und Räume der Ruhe gefunden, wie sie es von den Mönchen erfuhr. So entwickelte sie das Gefühl, selbstbestimmter zu arbeiten. Die Rituale vermitteln ihr, dass sie etwas tut und nicht etwas mit ihr getan wird. Diese Art des Umgangs mit sich selbst hat sie besonnener und widerstandsfähiger werden lassen. Heute weiß sie, wenn ihr jemand etwas an den Kopf wirft, dass derjenige damit ein Problem hat und nicht sie. Aus der Ruhe heraus war es ihr auch möglich, sich wieder voller Lust mit Sachen zu beschäftigen, die sie vernachlässigt hatte, weil sie in ihren Gedanken immer beim Housekeeping war, dem sie ihrer Meinung nach nie gerecht werden konnte.

Nun, da sie sich auf das Abenteuer eingelassen hat, sich ihrer selbst bewusst zu werden, hat sie erkannt, dass in den Herausforderungen, mit denen sie vorher konfrontiert war und die teilweise auch wirkliche Probleme gewesen waren, eine Chance steckt. Sie weiß: Unser Bewusstsein wächst durch Krisen und fehlgeleitete Entwicklungen. Wir brauchen Krisen, um uns unserer selbst bewusst zu werden. Sie weiß inzwischen auch, dass der Ablauf, wann welche Zimmer frei und wann sie wieder von neuen Gästen belegt werden, nicht grundlegend geändert oder geplant werden kann. Man kann nur ein Zimmer nach dem anderen reinigen, niemals alle gleichzeitig, das ist schier unmöglich. Irgendwann sind dann schon alle geputzt, die in ihrer Verantwortung liegen, doch in welcher Reihenfolge das geschieht, kann sie selbst bestimmen oder in Absprache mit Katrin, der Hausdame.

Dadurch ist sie nicht nur Funktion, die funktionieren muss. Hatte sie zuvor geglaubt, keine Zeit für Muße zu haben, sich nicht mehr für anderes interessieren zu dürfen, weil das ja von ihrer eigentlichen Arbeit ablenken würde, hat sie es geschafft, den Kreis zu durchbrechen. Sie ist aus der operativen Hetze herausgekommen. Sie lässt sich nicht mehr so sehr von der Schwerkraft des Alltags runterziehen. Sie hat sich selbst aus ihrem Dilemma herausgeführt. Ihr Motto: »Nichts ändert sich, bis du dich selbst änderst, und plötzlich ändert sich alles ...«

Die Welt existiert nicht, damit es uns nur gut geht. Und schon gar nicht geht es darum, immer happy zu sein. Das Leben ist nicht nur ein Paradies, es ist da, um Aufgaben zu lösen, an denen ich wachsen kann. Und es liegt an mir, ob es sinnvolle Aufgaben sind, für die ich meine Zeit verwende. Die im Housekeeping hoch anspruchsvolle Arbeit ist für Sandra gleich geblieben, nichts hat sich an ihr geändert, nur begegnet sie ihr und auch anderen Herausforderungen mit einer anderen Einstellung. Was sie in Bewegung gebracht hat, was dazu geführt hat, für sich wieder mehr Verantwortung zu übernehmen, waren Fragen, in ihrem Fall Fragen an sich selbst. Oder besser: Es war die Suche nach den Antworten auf diese Fragen. Wer fragt, führt. Wer fragt, setzt sich oder andere in Bewegung, Wer fragt, beteiligt sich und andere an einer Entwicklung. Durch die Fragen werden somit aus Betroffenen Beteiligte.

Durch Fragen vom Sollen zum Wollen

In vielen Unternehmen wird darüber diskutiert, wie viel Verantwortung die Mitarbeiter übernehmen dürfen und können. Die Frage, die sich kaum jemand stellt, ist, ob die Mitarbeiter überhaupt Verantwortung übernehmen wollen. Wir leben das, was wir erlebt haben, und bisher haben meistens Führungskräfte die Antworten auf die ihnen gestellten Fragen gegeben.

Verantwortung zu übernehmen heißt, Antworten auf konkrete Fragestellungen zu finden, zu denen ich stehe. Verantwortung zu übernehmen setzt voraus, aktiv zu sein. Verantwortung hat etwas mit Beteiligung zu tun. Andersherum würde das bedeuten, dass all diejenigen, die keine Verantwortung übernehmen, nur Betroffene sind, und zwar deshalb, weil sie sich nicht aktiv beteiligen. Sie sind dann Spielball statt Spielmacher.

Unternehmer können Verantwortung natürlich delegieren. Wir geben unseren Mitarbeitern die Möglichkeit, Lösungen für bestimmte Aufgabenstellungen auszumachen. Das ist aber eine Verantwortung, die wir einseitig delegiert haben, ohne zu wissen, ob die Mitarbeiter das wirklich wollen. Aber was kann ich als Führungskraft tun, um die Verantwortungsbereitschaft in der Gemeinschaft zu forcieren? Eine sehr gute Möglichkeit ist es, einfach alles umzudrehen und damit zu beginnen, der Gemeinschaft Fragen zu stellen.

Die Gruppe ist in der Regel klüger als der Einzelne, und mit dem gemeinsam gewonnenen Verständnis auf eine Frage oder Aufgabenstellung ist die Gruppe auch eher dazu bereit, aktiv zu werden und Verantwortung zu übernehmen. Und zwar wirkliche

Verantwortung. Und das ist nicht die Verantwortung, die bei manchen Menschen zu beobachten ist. Die Mitglieder einer Gruppe teilen nach einer Fehlentwicklung mit, dafür die volle Verantwortung zu übernehmen – und nehmen dann ihren Hut. Verantwortung wirklich zu übernehmen heißt, zu Fehlern zu stehen, aber nicht gleich wegzurennen.

Durch die von den Führungskräften gestellte und vom Team beantwortete Frage werden aus betroffenen Mitarbeitern beteiligte Mitarbeiter. Die Beteiligung der Mitarbeiter ist ganz nebenbei auch eine wichtige Voraussetzung dafür, dass sich Menschen dem Team oder dem Ergebnis verbunden fühlen. Verbundenheit ist ein weiteres Grundbedürfnis des Menschen. Also trägt die Frage als Führungsinstrument nicht nur dazu bei, dass die Menschen im Unternehmen Verantwortung übernehmen wollen, sondern sie bewirkt zudem, dass sie sich stärker miteinander verbunden fühlen.

Die aufrichtige, kluge und sinnvolle Frage ist für mich das Führungsinstrument schlechthin. Klarheit und Verständnis erreichen wir über Informationen, Bewusstsein und Bewegung durch das Fragen. Das, was die Menschen wirklich in Bewegung setzt, sind ihnen gestellte gute Fragen. Die wohl wichtigste Fähigkeit oder Eigenschaft, sich selbst und andere zu führen, ist die Fähigkeit, gute Fragen zu stellen. Hinzu kommt die Bereitschaft dazu. Wir haben die Erfahrung gemacht, dass dieser Bereitschaft häufig eine sehr hohe Fachkompetenz, ein geringes Selbstwertgefühl oder ein übermäßig großes Ego entgegenstehen. Wie dem auch sei, eine maßgebliche Aufgabe besteht also darin, das Fragen zu kultivieren. Bei sich selbst und im Unternehmen.

Gebe ich als Führungskraft viele Antworten, steigt die Wahrscheinlichkeit, dass ich um mich herum betroffene und entgeisterte, aber vor allem passive und vielleicht mit tendenziellem Unmut ihre Pflicht erfüllende Jasager versammle, die bei all dem aber keine Lust haben, Verantwortung zu übernehmen. Wieso sollten sie auch, es gibt ja jemanden, der sie übernimmt. Den

Mitarbeitern erscheint das zunächst sogar einfacher und sicherer, nur berauben sie sich dadurch der gemeinsamen Freude, wenn etwas gelungen ist. So freut sich nur einer, und das ist der Chef. Er ist es dann ja auch, der die Belohnung erhält ...

Wenn ich jedoch viele, ehrliche und vor allem kluge und sinnvolle Fragen stelle, beteilige ich die Menschen an einer Entwicklung. Je sinnvoller diese Entwicklung ist, desto begeisterter sind die Menschen. Und begeisterte Menschen sind eher dazu bereit, Verantwortung zu übernehmen. Die Qualität der Entwicklung hängt sehr stark von der Qualität der Frage ab. Das Finden sinnvoller und zielführender Fragen ist Aufgabe einer Führungskraft. Dafür ist sie verantwortlich.

Aber auch hier kommt es auf die Haltung an. Dieselbe Frage ist nicht immer dieselbe Frage. Wenn Sebastian, unser ehemals branchenfremder Upstalsboomer mit Direktionsaufgabe, seinem Team zum Beispiel die Frage stellt: »Wieso macht ihr das so?«, spürt das Team sehr schnell, dass es sich um eine aufrichtige Frage, ein ehrliches Interesse an dem handelt, worum es gerade geht. Das Team fühlt sich durch diese Frage in seiner Kompetenz anerkannt, als Menschen wertgeschätzt und einbezogen.

In einem anderen Hotel, in dem wir zwischenzeitlich einen Direktor mit langjähriger Führungserfahrung in der Kettenhotellerie hatten, der überdies dort auch noch erfolgreich war, entstand bei der gleichen Frage im Team ein ganz anderes Gefühl. In Verbindung mit seinen vor der Brust verschränkten Armen, der sehr ausgeprägten und auch gerne zur Schau gestellten Hotelkompetenz erweckte die gleiche Frage Angst und Unbehagen. Das Team hatte das Gefühl, da kommt einer, der weiß es eh besser, und wenn wir eine Antwort geben, erhalten wir stehenden Fußes von ihm eine Besserwisser-Antwort. So wie in dem Song »Besserwisserboy« von den Ärzten. Ich konnte das Gefühl der Mitarbeiter gut nachempfinden, denn auch ich hatte in Anwesenheit dieses Menschen das Empfinden, nicht zu genügen. Also: Frage ist nicht gleich Frage. Es kommt immer auf die Haltung an, mit der ich sie stelle.

In vielen Unternehmen, aber auch in einigen unserer Hotels oder Abteilungen ist es noch umgekehrt. Der Mitarbeiter stellt die Fragen, die Führungskraft antwortet. Dabei haben die Fragen der Mitarbeiter oft ganz unterschiedliche Motive. Manchmal fragen Mitarbeiter einfach nur, um zu zeigen, dass es sie noch gibt. Sie wollen dann mit teils belanglosen Fragen auf sich aufmerksam machen. Ich selbst habe eine Zeit lang erlebt, dass ein Mitarbeiter regelmäßig zu mir ins Büro kam, um mir einfachste Fragen zu stellen. »Hallo, ich bin noch da. Sollen wir das so oder so machen?« Allein die mit einem Sollen beginnende Fragestellung zeigte mir nebenbei, dass dieser Mitarbeiter den Obrigkeitsgedanken traditioneller Führung noch nicht ganz ablegen konnte. Nachdem ich diesem Mitarbeiter auf andere Art und Weise mehr Aufmerksamkeit geschenkt hatte, indem ich mich zwischendurch immer mal wieder nach seinem Wohlbefinden und seiner Arbeit erkundigt hatte, hörte die Fragerei relativ schnell auf.

Bei anderen Mitarbeitern hatte ich das Gefühl, dass sie eine Frage stellen, weil sie noch nicht dazu bereit sind – unbewusst oder bewusst –, Verantwortung zu übernehmen. Diesen Mitarbeitern bin ich mit dem Hinweis auf unser Leitbild begegnet. Hier heißt es zu dem Wert Verantwortung: »Entscheide du und steh dazu.« Eingefordert habe ich diesen Wert, indem ich mindestens eine Gegenfrage gestellt habe und den Mitarbeiter dazu ermutigte, die durch seine Antwort offenbarten Erkenntnisse auch umzusetzen.

Dann wieder habe ich Mitarbeiter erlebt, die Fragen stellen, um Zeit für andere Arbeiten zu gewinnen. Solange sie noch keine Antwort, keine Entscheidung bekommen haben, ruht die Arbeit im Zusammenhang mit dieser Fragestellung. In den wenigsten Fällen hatte ich das Gefühl, dass die Mitarbeiter fragen, weil sie wirklich nicht weiterwussten oder von meiner Antwort abhängig waren. In den meisten Fällen haben sie schon nach kurzer Bedenkzeit hervorragende Antworten und zielführende Lösungen gefunden. Sie brauchten einfach nur ein bisschen Aufmerksamkeit, Ermutigung und das Gefühl, dass die Welt nicht gleich untergeht, wenn es nicht sofort zu 100 Prozent klappt.

Durch viele dieser mitarbeiterinitiierten Fragen verlangsamen sich Prozesse und geraten ins Stocken. Um das zu beenden oder zu verhindern, kann ich meinen Mitarbeitern Aufmerksamkeit und vor allem Vertrauen schenken. Und das geschieht besonders, indem ich sie frage. Damit haben wir neben der Verantwortung und Verbundenheit einen weiteren wichtigen Grund als Führungskraft, Fragen zu stellen. Und der heißt: Aufmerksamkeit schenken. Bezüglich dieses Werts und des sich daraus ergebenden Verhaltens gab es die Erkenntnis, dass viele Mitarbeiter unzufrieden sind, weil sie als Mensch oder für das, was sie tun, keine Aufmerksamkeit erhalten. Und dabei geht es ganz besonders um die Aufgaben, die wir als selbstverständlich oder einfach ansehen.

Häufig habe ich das Gefühl, dass wir in der Vergangenheit ständig nur den besonderen Leistungen Aufmerksamkeit geschenkt haben. Und dann landen wir schnell wieder bei der antwortenden Führungskraft, die für ihre tollen Antworten und besonderen Leistungen eine außerordentliche Aufmerksamkeit erhält, zum Beispiel in Form eines Bonus. Und der Rest des Teams, das Zimmermädchen, der Spüler und andere fallen hinten runter.

Ganz besonders beeindruckt hat mich bei einem meiner letzten Besuche unseres Hotels Ostseestrand auf der Insel Usedom das Verhalten von Björn, seit zwanzig Jahren Upstalsboomer und mittlerweile Küchenchef in diesem Haus. Dort, wie auch in unseren anderen Hotels, habe ich es mir zur Gewohnheit gemacht, beim Eintreffen oder abends noch kurz in der Küche vorbeizuschauen. Jedes Mal, wenn ich das tat, war Björn entweder dabei, Kartoffeln zu schälen oder Kochtöpfe zu spülen. Unter normalen Umständen genießt ein Küchenchef das Privileg, das nicht mehr tun zu müssen. Aber durch die Übernahme dieser vermeintlich selbstverständlichen Arbeiten hat er seinem Team, vom Spüler bis zum Souschef, das Gefühl vermittelt, dass es auf alle und alles im Team ankommt.

Aber was sind die Voraussetzungen bei mir als Führungskraft, damit es mir leichtfällt, Fragen zu stellen? Je größer meine Fachkompetenz oder meine langjährige Erfahrung auf einem Gebiet ist, desto schwieriger ist es für mich, Fragen zu stellen. Ich kenne die Antwort doch, und wenn ich sie gebe, gelangen wir schnell zu einem Ergebnis, das dann ganz sicher funktioniert. Und die, die nicht so viel gelernt oder Erfahrung haben wie ich, sind eh zu blöd und haben nicht die richtige Antwort. »Komm du erst einmal in mein Alter« ist eines der Totschlagargumente, mit denen viele von uns schon während der Ausbildungszeit konfrontiert wurden. Solche Bemerkungen entwerten mein Gegenüber und geben ihm klar zu verstehen: »Ich weiß alles, du nichts.«

Bei einem Chef entsteht dadurch, wenn auch unbewusst, das Gefühl, gebraucht zu werden, unersetzlich zu sein, bei einem Mitarbeiter genau das Gegenteil. Vielleicht ist das ein Grund, weshalb nach einer Gallup-Umfrage 2014 66 Prozent der Arbeitnehmer in Deutschland »Dienst nach Vorschrift« machten und gut 23 Prozent sich innerlich verabschiedet hatten.

Ich weiß, dass ich nichts weiß

Uns ist bewusst geworden, dass es mit einer ausschließlich hohen Fachkompetenz schwerfällt, andere Menschen in Bewegung zu bringen. Es kann dann schwierig sein, eine Führung umzusetzen im Sinne von: »Wer fragt, führt. Und was kann ich dazu beitragen, dass andere Verantwortung übernehmen?« Mir fällt es dann einfach nicht so leicht, Fragen zu stellen, um Antworten von den Mitarbeitern zu erhalten, weil ich fachlich viel zu kompetent bin. Und wie gesagt, geht es ja auch viel schneller, wenn ich die Antwort gebe. Ein vermeintlicher Vorteil, zumindest kurzfristig, denn dieser kurzfristige Vorteil entwickelt sich zu einem langfristigen Nachteil. Robert, ein Upstalsboomer aus dem Bereich Humanpotenzial, hat sich dazu auf seinem persönlichen Erfolgsprofil einen afrikanischen Spruch notiert: »Wenn du schnell sein willst, dann gehe alleine. Wenn du weit kommen willst, dann gehe in Gemeinschaft.«

Aus diesem Grund bin ich hinsichtlich der Verantwortungsbereitschaft im Team meistens skeptisch, wenn sich in Führungs- und Schlüsselpositionen sogenannte Fachexperten befinden – in unserem Fall wären das hoch qualifizierte Hotelfachleute oder Direktoren mit langjähriger Erfahrung in der klassischen Kettenhotellerie, andernorts hoch spezialisierte Ingenieure oder Ökonomen. Diese enorme Fachkompetenz der Führungskräfte steht der Bereitschaft einzelner Mitarbeiter, Verantwortung zu übernehmen, einfach im Wege.

Das heißt, eine optimale Voraussetzung, um Verantwortung in einer Gemeinschaft zu erzeugen, ist erst einmal der Coaching-

Gedanke: Ich weiß, dass ich nichts weiß. Ich habe keine Ahnung. Entweder weil ich wirklich keine Ahnung habe, oder weil ich gut damit umgehen kann, mich so zu verhalten, als hätte ich keine. Deshalb stelle ich euch jetzt Fragen. Wichtig ist hierbei, ich erwähnte es schon, dass ich als Fragender gute, also richtungsweisende und vor allem lösungsorientierte Fragen formuliere. Dafür ist es erforderlich, dass ich mir der großen Linie des Unternehmens, des Bereichs oder der Abteilung bewusst bin und eine Ahnung davon habe, worauf es ankommt. Wichtig kann hierbei auch ein Bewusstsein für logische und psychologische Zusammenhänge sein.

Je geringer also das Fachwissen einer Führungskraft ist, desto einfacher ist es für sie, mit Fragen zu führen. Oder mit der Haltung eines Coachs in eine Gruppe hineinzugehen: »Wie wollt ihr das lösen?« Das Team wird natürlich nur dann Lösungen finden wollen und ins Tun kommen, wenn es sich um eine angemessene Fragestellung handelt, es die entsprechenden Fähigkeiten dazu hat oder bereit ist, sie zu entwickeln. Die Herausforderung für eine Führungskraft besteht also darin, Fragen zu stellen, die ein Team ermutigen, Lösungen zu finden.

Der konstruktive Umgang mit Fehlern ist wiederum eine Voraussetzung dafür, dass ein Team bereit ist, letztlich Verantwortung zu übernehmen. Läuft etwas schief, wird das nicht als negativ bewertet oder verurteilt, sondern als Möglichkeit, um sich weiterzuentwickeln. Die Unternehmen, die noch mit Budgets arbeiten, könnten in diesem Zusammenhang darüber nachdenken, dass sie die durch Fehlentwicklung entstehenden Kosten nicht einfach dem Innovationsbudget zuordnen. Das hilft dem einen oder anderen, das besser zu verstehen.

Zusammenfassend sind dies die drei wichtigen Aspekte, um in einer Gruppe Verantwortung entstehen zu lassen:

1. Eine wesentliche Aufgabe der Führungskraft besteht darin, richtungsweisende, aufrichtige und sinnvolle Fragen zu stellen.

2. Das Team erhält die Möglichkeit, durch das Antworten auf diese Fragen Teil einer sinnvollen Lösung zu sein.
3. Die Mitarbeiter trauen sich zu, die Lösung eigenverantwortlich umzusetzen, weil potenzielle Umsetzungsfehler nicht sanktioniert werden, sondern als Entwicklungschance angesehen werden.

Daraus wird deutlich, dass heutige Unternehmen nicht mehr die klassische Führungskraft brauchen, die jede Aufgabe an sich reißt, von Besprechung zu Besprechung hetzt, sich über einen vollen Terminkalender profiliert, auf alles eine Antwort gibt und bei der Entwicklung eines Unternehmens einzig von ihr abhängig ist. Gebraucht werden Führungskräfte, die zuhören können, die dazu bereit sind, die eigene Meinung zu relativieren und sich auf Kompromisse einlassen zu können. Führungskräfte, die fachlich viel kompetentere Menschen um sich versammeln und damit beste Voraussetzungen schaffen, Aufgaben loslassen zu können. Das sind Führungskräfte, die dazu in der Lage sind, Potenziale zu erkennen und zu entfalten sowie dem Einzelnen oder dem Team die Sinnhaftigkeit einer Aufgabe zu vermitteln und den Mitarbeitern dabei zu helfen, durch kluges Fragen ein gemeinsames Verständnis und Wege zur Lösung der Aufgabe zu finden. Das setzt wiederum voraus, dass Führungskräfte achtsam sind. Doch das sich in einer ständigen Unruhe manifestierte Verlangen nach mehr, dieses ewige, aus Angst niemals genug Bekommen und gestresste durch die Gegend Hetzen schließt die für die Geführten erforderliche Achtsamkeit schon rein physiologisch aus. Denn im Rausch- oder Fluchtmodus habe ich kein Auge für die Schönheit um mich herum.

Harmonie bis zum Erbrechen?

Wir dürfen nicht dem Irrglauben aufsitzen, dass alles schön ist, dass wir uns alle lieb haben. Kiss me and touch me – und dann ist wieder alles gut. Nein, so ist das bei uns nicht. Eher im Gegenteil. In unseren Curricula diskutieren wir oft über die Risiken der häufig als so wichtig empfundenen Harmonie. Immer wieder erhalten wir auf die Frage: »Was ist für dich wirklich wesentlich?« als Antwort den Wert Harmonie. Wenn wir diesem Wert jedoch konkrete Verhaltensweisen zuordnen und die langfristigen Auswirkungen diskutieren, wird den meisten Beteiligten deutlich, dass ein zu sehr auf Harmonie ausgerichtetes Verhalten kurzfristig zwar seinen Zweck erfüllt, langfristig aber eher zur Unruhe, wenn nicht sogar zum Zerwürfnis führt. Das liegt daran: Wenn ich aus Gründen der Harmonie dauerhaft Dinge »schlucke«, die mir nicht schmecken, die bitter sind, werde ich verbittert. Irgendwann wird mir so schlecht, dass ich spucken muss. Und dann kommt im wahrsten Sinne des Wortes raus, dass ich über einen längeren Zeitraum ein grundsätzlich anderes Verständnis hatte, dass ich Dinge erlebt habe, die mir nicht passten, ich sozusagen nur gute Miene zum bösen Spiel gemacht habe, weil ich keinen Unfrieden stiften wollte. Ganz unbewusst wirkt sich jedoch meine »Übelkeit« auf das gesamte Team aus.

Wir haben die Erfahrung gemacht, dass gerade diejenigen, denen Harmonie unverhältnismäßig wichtig ist, eine wesentliche Ursache für schlechte Stimmung im Unternehmen sind. Das gilt nicht nur im Team, sondern ebenso für den Einzelnen. Wer häufig Ja sagt, wenn er Nein meint, nur um nicht anzuecken oder es allen recht zu machen, kocht irgendwann über, oder wie Pater Anselm schreibt, der explodiert irgendwann wie ein Vulkan.

Die Herausforderungen, denen wir uns grundsätzlich zu stellen haben, werden bleiben, sie werden in Zukunft womöglich sogar noch massiver werden. Bei uns kann es passieren, dass das Ausmaß einer Fehlentwicklung deutlich höher als in herkömmlich geführten Unternehmen ist. Das hängt damit zusammen, dass wir Aufgaben oder Verantwortung nicht gleich redelegieren, wenn einmal etwas nicht so läuft, wie wir uns das vorstellen. Natürlich wäre es für eine Führungskraft angenehmer, sofort zu intervenieren und alles schnell wieder auf Kurs zu bringen. Der Preis, den wir dafür aber zahlen würden, ist der, dass dem Team das Gefühl für Verantwortung verloren geht und die Entwicklung des Hotels damit abhängig von der Fähig- oder Unfähigkeit einzelner Personen wird. Es spielt dann ja keine Rolle, wenn etwas in die falsche Richtung geht, weil uns ja sowieso jemand die Hand unter den Hintern hält.

Wir hatten eine solche Situation in einem unserer Hotels an der Nordsee. Fast eine Dekade wurde es auf Gutsherrenart wirtschaftlich zwar erfolgreich, menschlich jedoch für uns nicht akzeptabel geführt. Der langjährige Direktor des Hauses hatte dem Team mit seinen Antworten, willkürlichen und aus Sympathie zu einzelnen Personen getroffenen Entscheidungen sowie politischen Verhaltensweisen überhaupt keine Chance gegeben, Verantwortung übernehmen zu dürfen, zu können und zu wollen.

Interessant war, dass trotz des durch das Team und uns forcierten Direktorenwechsels die Stimmung laut Mitarbeiterbefragung nicht besser wurde und die Zahlen in eine degressive Richtung gingen. Innerhalb von nur zwei Jahren schmolz das Betriebsergebnis um 30 Prozent, und die Gästezufriedenheit sank von 97 Prozent auf 95 Prozent. Durch den Führungswechsel wurde deutlich, dass das vorherige Management dazu geführt hatte, dass ein Teil der Abteilungsleiter und Mitarbeiter im Hotel aus Sicht der Gäste zwar eine guten, aber letztlich nur einen Job als Gastgeber machten. Dabei bemühten sie sich weniger um gelingende Beziehungen mit ihren Kollegen als um die eigene Person. Deutlich wurde das durch Aussagen wie: »Was habe ich davon?« Durch die über Jahre vorgelebte direktive Führung und das damit verbundene Verhalten konnte das Team aus diesem Haus gar nicht anders, als eine gefühlte Passivität und eine fehlende Bereitschaft, Lösungen zu finden und Verantwortung zu übernehmen, auszustrahlen.

Trotz Hilfe zur Selbsthilfe und ermöglichter Coaching-Ausbildung vereinzelter Mitarbeiter kam in diesem Hotel wenig in Gang. Zwar bemühten sich einzelne Teammitglieder, etwas für die Stimmung und die Verbundenheit im Hotel zu initiieren, aber anhand der Ergebnisse der letzten Mitarbeiterbefragung wurde deutlich, dass sich diese Initiativen ohne Blick auf den sinn- und menschenorientierten Ansatz von Upstalsboom doch eher mit vordergründigen Problemen beschäftigten und damit relativ wirkungslos blieben. Auf mich hatten die auf eine gute Stimmung ausgerichteten Aktivitäten eher den Anschein eines Leistungsnachweises, und dieser ist in der Regel eher ich- als wir-bezogen. »Schaut her, was ich alles für euch tue.« Offensichtlich war auch in dieser Hinsicht das durch die alte Führung entstandene Trauma nicht überwunden.

Ich erinnere mich noch deutlich an den damaligen Direktor. Er war stets darauf bedacht, extrem gut dazustehen. Und aus den Reihen seiner Mitarbeiter hieß es: »Wenn du so funktionierst, wie er es will, hast du keine Probleme. Aber wehe, das ist nicht so. Dann ist er eingeschnappt, benimmt sich wie eine beleidigte Leberwurst, und dann bist du dran.« Vielleicht ist das auch der Grund, weshalb einige der Abteilungsleiter dieses egozentrierte und damit für die Gemeinschaft ebenso wirkungslose wie ungünstige Verhalten nicht abstellen konnten. Wir leben das, was wir erlebt haben. Der einzige Unterschied ist, dass sie nicht um sich schlagen, wenn es nicht so läuft, wie sie es sich vorstellen, oder sie Kritik erhalten, sondern sich zum Opferlamm entwickeln. »Schaut, was ich alles mache! Nur sieht es keiner und weiß es zu schätzen.« So durchdringt dann diese Opferlammstimmung nach und nach ein komplettes Team, obwohl der ursprüngliche Verursacher gar nicht mehr an Bord ist.

Nach gut zwei Jahren war die wirtschaftliche Entwicklung an einem Punkt angelangt, an dem Rechnungen nur noch sehr spät bezahlt wurden und der neue Direktor mich in einem Gespräch bat, zusätzliche, nicht aus dem Hotel erwirtschaftete Gelder zur Verfügung zu stellen, insbesondere für wichtige Investitionen. Ich lehnte die Anfrage ab. Hätte man die Gründe für diese Entwicklung im Markt oder mit außerordentlichen äußeren Umständen begründet, wäre die Entscheidung sicher eine andere gewesen. Aber die Gründe lagen ausschließlich in der bewusst oder unbewusst gelebten Haltung sowohl einiger Führungskräfte als auch von Teilen des Teams.

Aber auch ganz besonders ich musste mich kritisch hinterfragen, durch welches Verhalten ich dazu beigetragen oder etwas verpasst hatte, dass sich die vor Jahren im Hotelteam entstandene Haltung immer noch nicht so gewandelt hat wie in den meisten der anderen Häuser.

Trotz der »Marscherleichterung«, dass wir als Eigentümer dem Unternehmen keinen einzigen Cent für Gewinnausschüttungen entnehmen und die wirtschaftliche Basis im Minimum lediglich dafür da sein muss, unseren Mitarbeitern, Lieferanten und Banken ihr Einkommen zu sichern wie auch Zukunftsinvestitionen zu ermöglichen, haben Haltung und Verhalten der Teams innerhalb und außerhalb des Hotels, inklusive des Direktors und mir, zu dieser Situation geführt. Ich wäre dazu bereit gewesen, dieses Hotel im ungünstigsten Fall zu schließen. Aber die von mir finanziell aufgezeigte Grenze führte bei allen Beteiligten, insbesondere jedoch beim Direktor und seinem Team zu deutlich mehr Bewegung in eine zukunftssichere Richtung.

Die aktive Beteiligung und Auseinandersetzung des Teams mit den Erfolgsfaktoren des Upstalsboom-Wegs nahmen Fahrt auf, und in der Folge entwickelte sich innerhalb des Teams die Bereitschaft, mehr Verantwortung zu übernehmen, kreativer sowie lösungs- und gemeinschaftsorientierter zu agieren. Der Direktor hat nach der finanziellen Abfuhr einen Teil des Teams in aller Offenheit mit der Situation konfrontiert und die Einzelnen dazu befragt, was sie dafür tun wollen, dass es wieder aufwärtsgeht und die ebenso für die Mitarbeiter wichtigen Investitionen durchgeführt werden können.

Bewusstsein entsteht durch Herausforderungen. Der Preis dafür ist manchmal sicher hoch, aber die Lern- und Entwicklungskurve, die Verbundenheit innerhalb des Teams und die Bereitschaft, Verantwortung zu übernehmen, werden nach einer gemeinsam durchgestandenen Krise wesentlich größer sein. Voraussetzung für einen solchen Entwicklungsprozess ist eine nüchterne, möglichst wertfreie und damit ruhige, lösungsorientierte Betrachtung.

Um einen derartigen Prozess nicht nur in Gang zu setzen, sondern auch gut durchzuführen, ist es hilfreich, nicht zwischen gut und schlecht, richtig und falsch zu differenzieren. Schon gar nicht: »Du bist gut, und du bist schlecht. Du bist richtig, und du bist falsch.« Das Wort »richtig« verweist auf ein anderes: »richten« – aber wir Menschen, damit auch wir Führungskräfte, sind keine Richter. Eher sind wir dazu da, über Ursache und Wirkung nachzudenken. Es geht nicht darum, etwas als schlecht, falsch oder doof hinzustellen, sondern die Auswirkungen eines konkreten Verhaltens zu analysieren. Was mit sich bringt, dass wir versuchen, sogenannte Fehler oder ein sogenanntes Fehlverhalten mit anderen Augen zu sehen. Es ist also ganz wichtig, raus aus der Bewertung zu kommen und hin zu einem wertfreien Beschreiben. Wir durften die Erfahrung machen, dass das gerade für einen gelingenden Umgang miteinander sehr förderlich ist.

Bei den Kursen in unserem Unternehmen veranschauliche ich das an einem sehr plastischen Beispiel, für das ich zumeist

Gelächter ernte. Ich verlasse dafür kurz den Raum. Draußen, auf dem Flur, nehme ich ein halbes Glas Wasser – bewusst im Vorhinein an einer bestimmten Stelle platziert – und gieße mir den Inhalt des Glases in den Schritt. Danach kehre ich in den Raum und zur Teilnehmerrunde zurück und sage: »Ich komme gerade von der Toilette.« Im ersten Moment lachen alle, jeder der Anwesenden denkt mit Sicherheit: »Hey, der kann wohl nicht vernünftig pinkeln!« Und das äußere ich auch laut. Ich erkläre dann: »Habt ihr gedacht, der Bodo Janssen kann nicht richtig pinkeln, so ist das eine Bewertung. Hättet ihr nur gedacht, die Hose ist nass, so wäre das eine Beschreibung gewesen.«

Bewerten und beschreiben – das ist ein großer Unterschied. Die Bewertung löst Emotionen aus, die Beschreibung ist eher neutral. Die Hose ist nass. Nichts weiter. Nass eben. Doch ständig bewerten wir. Auch uns selbst, das lässt diese negativen Gefühle entstehen, mit denen sich viele von uns rumplagen.

Wieso bin ich, wie ich bin?

Hier kommt Demut ins Spiel, die ich durch Pater Anselm kennengelernt habe. Demut ist der Mut, in die Tiefen seiner selbst hinabzusteigen und seinem Schatten ins Gesicht zu schauen. Sie, die Demut, führt zu dem Bewusstsein, dass ich nicht perfekt bin, dass ich Gegensätze in mir trage, dass diese Gegensätze aber Teil meiner eigenen Persönlichkeit sind. Ich habe Dinge getan und tue sie immer noch, die ich nicht besonders gut kann. Ich habe Fehler verursacht, Fehler, die aber zu mir gehören. Es ist gut, den eigenen Schatten anzunehmen. Dann verliert er seine Kraft, weil er nicht mehr am Widerstand wachsen kann. Denn über ihn springen, so wie es eine Redensart behauptet, kann ich sowieso nicht. Ich kann nur sorgsam mit ihm umgehen und darauf achten, dass er sich nicht auf zu viele Menschen wirft.

Es erfordert Mut, sich auf den Weg zu begeben und erfahren zu wollen, was mich so fehlbar macht und dies auch anzuerkennen. Bringe ich diesem Anerkennen meiner Fehler Widerstand entgegen – »Ich mache aber gar keine Fehler, ich darf überhaupt gar keine Fehler machen« –, entstehen daraus Emotionen wie Angst, Wut und Unzufriedenheit, wenn etwas nicht perfekt ist. Und diese negativen Gefühle machen mich blind für die Chancen, die aus diesen Fehlern entstehen können. Die Ursachen für diesen Perfektionismus können vielfältig sein.

In unseren Curricula, bei unserer Arbeit am Menschen, haben wir erkannt, dass eine wesentliche Ursache für die Entstehung von Perfektionismus in einer gefühlten Entwertung der eigenen Person im Laufe der frühen Kindheit, vielleicht auch in der Schulzeit oder Ausbildung liegen kann. Eine Teilnehmerin erzählte mir, dass sie sich noch sehr gut daran erinnert, dass ihre Eltern, wohl unbedacht, sich in ihrer Anwesenheit darüber austauschten, wie schwer doch Familie und Beruf unter einen Hut zu bekommen sind und wie anstrengend die tägliche Akrobatik mit den Kindern doch ist. Der Teilnehmerin vermittelte das als Kind das Gefühl, für ihre Eltern eine Last zu sein.

In einem anderen Curriculum reflektierten die Teilnehmer die ihnen im Laufe ihres Lebens vermittelten Glaubenssätze. »Man wird nicht Chef in acht Stunden Arbeitszeit«, »Ohne Fleiß kein Preis«, »Lehrjahre sind keine Herrenjahre«, »Solange du deine Füße unter meinen Tisch stellst ...«, »Komm du erst einmal in mein Alter«, »Was dich nicht umbringt, macht dich nur hart«, »Ein Indianer kennt keinen Schmerz«, »Schau dich an, aus dir wird sowieso nichts«. In diesem Zusammenhang erinnerte ich mich an einen mir überlassenen Brief eines Emder Gymnasiallehrers:

Liebe Eltern der 6f,
nehmen Sie bitte Kenntnis von der Rückgabe des Grammatiktests in der letzten Stunde; mit ordentlichem Ergebnis. 4 Mal 1; 5 Mal 2 ...
Nehmen Sie gleichsam Kenntnis von der Rückgabe des Vokabeltests am heutigen Freitag. 1 Mal 1, 1 Mal 2. Und der Rest war schlicht und einfach eine Symbiose aus Frechheit, Faulheit und souveränem Unvermögen.
Mit besten Grüßen

Solche Glaubenssätze oder die in dem Brief offenbarte Verhaltensweise des Lehrers entspringen einem negativen Menschenbild mit einer verurteilenden, hochmütigen Haltung, die in einer militarisierten Gesellschaft wie die der Gründerzeit Werte wie Gehorsam, Fleiß und Disziplin vermitteln sollten, aber letztlich dazu führten, dass sich die Empfänger entwertet fühlten. Damit war wohl auch dieser Lehrer in seiner Kindheit konfrontiert und »verletzt« worden. Die Herausforderung ist hier der Umgang mit

dem aus diesem negativen Menschenbild entstehenden pädago-
gischen Pessimismus, bei dem Schüler als äußerst defizitäre
Menschen angesehen werden. Zum Glück geht es auch anders,
wie ich in den Schulen unserer Kinder erlebe.

Diese Werte aus längst vergangener Zeit finden aber immer
noch ihre Anwendung, noch immer wird mit ihnen entwertet.
Dieses entwertete Selbstbild kann dazu führen, dass ich eher dieses pessimistische Menschenbild in mir trage und daher immer
wieder versuche, andere kleinzumachen, um mich selbst größer
und besser zu fühlen. Oder ich verankere Fehler stets bei mir und
versuche deshalb, sie zu vermeiden – geboren ist damit der Per-
fektionist, der Ergebnisse anstrebt, die jenseits seiner Grenzen
liegen, um auch noch die letzten fünf von 100 Prozent zu erreichen. Burn-out, ich komme ...

Nehme ich aber meine Fehler an – »Ich bin nicht perfekt, ich
brauche nicht perfekt zu sein, ich bin in Ordnung, so wie ich
bin« –, kann sich daraus eine Kraft entwickeln. Denn so nehme
ich den negativen Emotionen die Grundlage und damit die Kraft.
Ich renne nicht mehr mit dem Kopf gegen die Wand, kann mir
sagen, aus Fehlern vermag ich zu lernen, wenn ich überhaupt
von Fehlern spreche.

Wir sind eher nicht vollkommen, und dazu gehört, dass ich
selbst Eigenschaften habe, die bei anderen weniger oder mehr
ausgeprägt sind. Das ist ein wesentlicher Aspekt bei Führungskräften, bei denen Gefühle wie Neid oder Missgunst vorherr-
schen können. Dann, wenn sie ein inneres Bewertungssystem
haben, das zu dem Schluss kommt: »Der andere ist besser als
ich.« Dieser Bewertung kann ich nur entkommen, wenn ich das,
was um mich herum geschieht, beschreibe, aber nicht bewerte.
Denn sonst liegt die Motivation nur darin, besser zu sein, egal
worin, ob sinnvoll oder nicht. Dieses Rennen kann ich auf Dauer
nicht gewinnen.

Wieso bin ich, wie ich bin? Das ist eine Frage, mit deren Beantwortung ich eine Maske ablegen kann, von der ich mir nicht

bewusst darüber war, dass ich sie überhaupt trage. Auch in unseren Curricula oder bei den Klosterbesuchen ermutigen wir die Upstalsboomer, sich damit zu befassen. Die Beantwortung dieser essenziellen Frage kann helfen, ein klares Menschen- oder Selbstbild – das Ziel der Selbstführung – zu erkennen.

Unser Bild vom Menschen hängt von den Einflüssen ab, die wir täglich in uns aufnehmen, Einflüsse durch die Medien, die Gesellschaft, die Leute, die sich um uns herum befinden. Noch stärker ist das Menschenbild aber vom eigenen Selbstbild abhängig. Das Selbstbild entwickelt sich durch die Erziehung, die ich von den Eltern, Lehrern und meinen Mitmenschen erhalte. Da ist zum Beispiel jemand als Kind nicht in seiner einmaligen Würde ernst genommen worden. Vielleicht hat man seine Gefühle lächerlich gemacht. Vielleicht waren es aber auch die schon beschriebenen Glaubenssätze oder Aussagen wie: »Du taugst nichts. Du bist zu langsam. Du bist mir eine Last. Wie du schon aussiehst. Du bist schuld, dass es mir so schlecht geht.« Manchmal braucht es noch nicht einmal eine solche Aussage. Schon ein dieser Aussage entsprechendes Verhalten bewirkt Ähnliches in mir. Hier kann es schon ausreichen, wenn Eltern in Anwesenheit ihrer Kinder permanent auf ihr Smartphone schauen. Den Kindern wird dadurch vermittelt: Die digitale Welt beziehungsweise dieses kleine Ding ist wichtiger als du. Man sucht sofort die Schuld bei sich, wenn etwas schiefgelaufen ist. Kurzum: Wir werden als Original geboren und werden dann schnell zur Kopie der Vorstellung, der Haltung oder des Menschenbilds der Personen in unserem Umfeld.

Hierzu hatte ich ein Gespräch mit einem Menschen, dem als Kind durch Eltern und Großeltern vermittelt worden ist, nicht gewünscht gewesen zu sein. »Du warst überhaupt nicht geplant, und nun haben wir ein Problem.« Die hieraus entstandene Verletzung ist die des abgelehnten Kindes. Interessant ist es, zu beobachten, wie dieser Mensch nun heute mit Ablehnung umgeht. Er unternimmt unglaublich viel dafür, um sich und anderen das Gefühl zu vermitteln, gebraucht zu werden. Wenn das, wofür er sich eingesetzt hat, eine Ablehnung erfährt – »Das Essen schmeckt mir nicht« –, drückt sich das in entsprechend negativen Emotionen aus. In dem Moment, in dem dieser Mensch aber weiß, warum er auf Ablehnung reagiert, wie er reagiert, ist es viel einfacher für ihn, damit umzugehen.

Wie sich eine Antwort auf die Frage »Wieso bin ich, wie ich bin?« positiv auswirken kann, zeigt ein anderes Gespräch mit einem ehemaligen Praktikanten. Er sagte mir: »Über dreißig Jahre hatte ich das Gefühl gehabt, mein Leben zu leben. Bis zu dem Zeitpunkt, an dem ich während eures Curriculums aufgewacht bin und festgestellt habe, dass es gar nicht mein Leben war, das ich lebte, sondern das meiner Eltern. In meiner Kindheit durfte ich nur wenig selbst entscheiden. Meine Eltern haben mir gesagt, welche Schulen ich zu besuchen habe, welchen Sport ich machen soll, und auch sonst geschah alles nach ihrem Plan, bis hin zu meinem aktuellen Job. Die Erkenntnis, dass das so ist, tat im ersten Moment ganz schön weh, aber das, was ich nun erlebe, kann ich gar nicht in Worte fassen. Ich liebe mein Leben, und Menschen, mit denen ich befreundet bin, erkennen mich nicht wieder, und das in einem sehr positiven Sinne.«

Daher ist es wichtig, dass wir uns über unser wirkliches Selbstbild Gedanken machen. Sowohl über unser bewusstes als auch über unser unbewusstes Selbstbild. Nur wenn wir uns klar darüber werden, wer wir wirklich sind und wir uns unserer selbst bewusst sind, kommen wir zum selbstbestimmten Handeln, anstatt gehandelt zu werden. Je bewusster wir uns unser selbst werden, desto freier werden wir. Selbsterkenntnis ist eine wichtige Voraussetzung für Freiheit!

Spannend ist hierzu auch die Geschichte von André, leitender Mitarbeiter einer Stadtverwaltung, der im Rahmen einer Führungsfortbildung bei uns vier Wochen lang hospitierte. Er begleitete mich in unsere Curricula, zu den Peergroup-Treffen und zu Vorträgen. Seine Entwicklung hielt er in einem Bericht mit der Überschrift »Vom Spunk zum Raumschiff Enterprise« fest: »In der ersten Woche meiner Zeit bei euch fühlte ich mich wie Pippi Langstrumpf mit ihrem neu erdachten Wort ›Spunk‹. Ich hörte Begriffe, Wörter und Sätze, bei denen es mir unmöglich war, diese zu verstehen. Ich bin studierter Betriebswirt mit Praxiserfahrung, aber das, was ich in eurem Alltag gehört und gesehen habe, war mir bis dahin völlig unbekannt.

In der zweiten Woche, in der ich an dem dritten Modul eures Curriculums teilnahm, fühlte ich mich wie in einer Achterbahn. Ich wurde mächtig durchgeschüttelt, war mir aber darüber bewusst, dass ich dort wieder aussteige, wo ich auch eingestiegen bin. Das änderte sich in der dritten Woche mit meiner Teilnahme an dem vierten Modul eures Curriculums. Da fühlte ich mich nämlich wie auf einer Wildwasserbahn. Ich wurde noch mehr durchgeschüttelt, und überdies war ich mir sicher, dass ich nicht dort aussteigen würde, wo ich auch eingestiegen bin.

In der vierten und letzten Woche meiner Zeit bei euch empfand ich mich dann wie im Raumschiff Enterprise. Ich begann unendliche Weiten in mir zu erschließen, die noch kein Mensch vor mir gesehen hat, und mir ist bewusst geworden, worin meine Sehnsucht liegt und wofür ich jeden Tag aufstehen möchte.«

Andrés Entwicklung erinnerte mich sehr stark an das Entwickeln einer Nähmaschinenspule mit extrem hoher Geschwindigkeit. Ich erinnerte mich noch sehr gut an meine erste Autofahrt mit ihm. Damals sprach ich mit jemandem, der auf mich den Eindruck eines typischen Beamten machte – zumindest so, wie ich mir einen vorstelle. »Da hat man dann so und so zu handeln ...« Nur vier Wochen später sah ich einen verwandelten Menschen vor mir sitzen. Sprach er über das, was er in seiner Zeit bei uns in sich entdeckt hat, veränderten sich nicht nur seine Körperhaltung und der Glanz in seinen Augen, sondern auch seine Sprache. Ich sah einem wirklich strahlenden, begeisterten Menschen ins Gesicht. Erzählte er wieder über seine Zeit im Amt, war schlagartig alles an ihm so, wie es vor seiner Zeit bei uns gewesen war. Nun gut, bald wird André den Amtsschimmel absatteln, ihn am Upstalsboom anbinden und sich zur friesischen Freiheit gesellen.

Was ist dein bewusstes Selbstbild? Wie schätzt du dich ein? Wie möchtest du dich selbst beschreiben? Was sind deine Fähigkeiten? Was ist deine Würde? Worin besteht deine Einmaligkeit, dein Charakter, dein Temperament? Das alles sind Fragen, mit denen mich auch Pater Anselm während meiner Klosterzeit anhand von Geschichten aus der Bibel und Übungen konfrontierte. Auch wenn ich meine Erkenntnis nicht wie André innerhalb von vier Wochen gefunden habe, waren diese Fragen doch der Einstieg in die Reise zu mir selbst.

Ein gutes Hilfsmittel war eine Übung, die ich vom Team Benedikt vermittelt bekommen habe und die wir auch in unseren Curricula anwenden:

Übung: Wie wurde ich geführt?

1. Schreibe dir die Namen von drei Personen auf, von denen du geführt wurdest.
✓ _____
✓ _____
✓ _____

2. Notiere dir die konkreten Verhaltensweisen und Aktivitäten der Personen, die du als Führung erlebt hast.

3. Bewerte jedes Verhalten, wie du es im Rückblick siehst:
++   war für mich hilfreich und förderlich
+   war für mich hilfreich
−   war für mich weniger hilfreich
− −   war für mich sehr problematisch
+ −   war sowohl hilfreich als auch problematisch

Verhaltensweise/Aktivität	Bewertung

4. Welche Werte, Prinzipien und Glaubenssätze wurden dir hierbei vermittelt?

_____

_____

_____

_____

_____

_____

_____

_____

Sinnvolle Fragen und der Weg nach Delphi

Nicht nur Zimmermädchen wie Sandra leiden darunter, auch Führungskräfte glauben, dass sie ständig ihrer Arbeit zu Diensten sein müssen. Ganz besonders Führungskräfte, die in ihrer privaten Zeit kaum eigenen Interessen nachgehen, verlieren sich im Vergnügen der ihnen gebotenen Incentives. Ein wirklicher Ausgleich sind sie nicht, sie firmieren unter Unterhaltung, sie sind Roms »Brot und Spiele« für Führungskräfte. Bei Mitarbeitern können es Kickertische, in größeren Unternehmen ein Schwimmbad oder sogar firmeneigene Tennisplätze sein. Diese Dinge gehören für mich zur Bespaßung, lenken von tieferen Dingen ab und sind höchstens dafür gut, vorübergehend über einen innerlichen Frust hinwegzuhelfen, nicht aber dafür, sich mit sich selbst sinnvoll zu beschäftigen. Uns geht es darum, Bewusstsein zu entwickeln – der schwerpunktmäßige Fokus auf Brot-und-Spiele-Aktionen ermöglicht das nicht. Denn übermäßiger Konsum und die ständige Suche nach Vergnügen sind nur Ausdruck einer bestehenden Sinnlosigkeit. Vielleicht hat unsere Wirtschaft und mit ihr die für die Ergebnisse verantwortlichen Führungskräfte ja auch aus diesem Grund ein Problem mit der Sinnfrage.

Derartige Unterhaltungsangebote entfernen uns teilweise eher von uns selbst, denn sie verleiten dazu, dass wir uns eben nicht mit uns selbst beschäftigen. Die Beschäftigung mit uns selbst ist aber ein elementarer Punkt, um Selbstvertrauen zu entwickeln. Was brauche ich denn dazu? Um mein Selbstvertrauen zu entwickeln, um mir selbst etwas zuzutrauen, muss ich wissen, was ich kann. Und um zu wissen, was ich kann, muss ich mich wahrnehmen. Vieles von dem, was wir tun, lenkt uns davon ab, uns wahrzunehmen, weil wir immerzu beschäftigt sind oder werden.

Aus diesem Grund sehen in einigen Bereichen von Upstalsboom die »Spielplätze« schon ein bisschen anders aus. Meditation und sinnvolle Fragen statt Tischkicker und Bespaßung werden immer häufiger zum Motto. Nicht selten geschieht es, dass einige der vielen Menschen, die uns besuchen, völlig überrascht sind, wenn sie gerade nicht firmeneigene »Bespaßungstempel«, sondern eher einfach wirkende Büros vorfinden.

Wir tun ständig etwas, weil wir die Stille, weil wir die Ruhe nicht aushalten. Wir haben, wie Pater Anselm sagt, Angst davor, uns selbst zu begegnen, Angst davor, dass Dinge hochkommen, die für uns unangenehm sind. Dabei ist es aber enorm wichtig, über die Ruhe, über die Stille sich seiner selbst bewusst zu werden, sich seiner Gedanken und Gefühle bewusst zu werden. Aus dem Bewusstsein heraus kann man Selbstvertrauen entwickeln und darüber auch das schon angesprochene Vertrauen in andere. Wenn ich also etwas verändern will, in meinem Bereich, in meiner Abteilung, in meinem Unternehmen, bin ich gut damit beraten, zunächst und ausschließlich bei mir selbst anzufangen. Deshalb ist das, worum es hier geht, nicht nur etwas für Führungskräfte. Es ist etwas für den Menschen an sich.

Vertrauen in mich und andere ist die Grundlage für gelingende Beziehungen in jeder Hinsicht. Und Beziehungen so zu gestalten, dass es anderen innerhalb dieser Beziehungen gut geht, dass sie Glück empfinden, Freude haben an dem, was sie tun, dass sie ruhig sind, ist mehr als entscheidend. Damit Beziehungen gelingen können, ist es wichtig, zu erkennen, wie der andere sich fühlt und was er braucht. Im anderen kann ich das aber erst erkennen, wenn ich mich selbst erkannt habe – und damit auch, was ich brauche. Wenn ich weiß, wie ich zum Beispiel mir selbst auf die Schliche gekommen bin. Das hat mit Achtsamkeit zu tun, sich selbst und anderen gegenüber. Das kann ich erfahren, wenn ich mich nicht ablenken lasse. Was benötigt der andere? Was tut ihm gut?

In Zukunft wird es wohl weniger darum gehen, Menschen zu führen, sondern darum, Bewusstsein zu führen. Seit 2012 beschäftigen wir uns in unseren Curricula mit diesem Thema. Da sprechen wir über das Bewusstsein von Körper, Geist und Sprache, über Zeitbewusstsein, Selbstbewusstsein, Zielbewusstsein und ein Bewusstwerden über unsere persönliche Geschichte. Im Wesentlichen geht es in der Mitarbeiterentwicklung um die Entwicklung des Bewusstseins von Menschen. Meiner Wahrnehmung nach ist auch die einzige Legitimation von Führung, den Menschen dabei zu helfen, sich selbst besser kennenzulernen, sich selbst zu finden. Alles andere ist in meinen Augen Manipulation, also das Vorgeben und Einfordern der Vorstellungen anderer. Deswegen war es so bedeutsam für mich, im Kloster zu erkennen, was es heißt, sich selbst führen zu können, um dann dem, was normalerweise unter Führung verstanden wird, eine für mich neue Dimension zu geben.

Mir ist klar, dass bei der Selbsterkenntnis der Weg das Ziel ist, nie wird es uns gelingen, uns vollständig zu erkennen; nicht in diesem Leben. Das hat man schon am Orakel von Delphi in Griechenland gesehen, jener Tempelanlage, die damals für den Mittelpunkt der Welt gehalten wurde. Am Tempel des Apoll stand folgender Spruch zu lesen: »Gnothi Seautón – Erkenne dich selbst.« Selbsterkenntnis als tägliche Übung sollte der Anfang sein, die Basis für jedes sinnvolle Denken über Gott und die Welt. Es gibt längst ein Leben nach Delphi, dennoch haben wir uns noch nicht völlig erkannt.

Als ich Pater Anselm im Jahr 2010 zum ersten Mal traf, sagte er etwas, das ich bis dahin noch nicht gehört hatte: »Nur wer sich selbst führen kann, kann andere führen.« Ich dachte: Okay, das klingt ja ganz gut – aber führe ich mich überhaupt selbst? Ich erkannte dann sehr schnell, dass ich das nicht tat. Ich führte mich nicht selbst, ich managte meine Aufgaben.

Ich gab meinen Terminen Prioritäten, aber nicht meinen Prioritäten Termine. Das ging auch gar nicht, weil ich mir meiner wirklichen Prioritäten noch gar nicht bewusst war, und das führte dazu, dass ich ohne Sinn und mit nur mäßigem Verstand von Termin zu Termin hetzte. Ich saß in einem Käfig, den ich mir zum Teil selbst gebaut hatte. Allerdings war ich mir nicht klar darüber, dass ich in einem Käfig saß. Ich war dem Diktat der Zahlen und Dinge unterlegen, der Sinn meines Handelns bestand im Erreichen von Zahlen, aber nicht im Handeln an sich. Ich war Gefangener meiner Gedanken und vor allem meines Egos. Dieses Ego passte gut darauf auf, dass ich die Tür meines imaginären Gefängnisses erst gar nicht fand, geschweige denn öffnete. Erst Pater Anselm gab mir Hinweise, dass es so ein Gefängnis gibt und auch, wo sich die Tür dieses Gefängnisses befinden könnte. Und so machte ich mich auf die Suche und entdeckte schließlich eine Tür. Nur den Schlüssel hatte ich noch nicht. Der Schlüssel zu dieser Tür war dann die Reflexion, die Bereitschaft, in die Stille zu gehen und mein bisheriges Verhalten infrage zu stellen. Die Bereitschaft, in die eigene Geschichte einzutauchen, um zu verstehen, wieso ich so bin, wie ich bin. Und so startete für mich ein einzigartiges Abenteuer, und zwar das Abenteuer, mich selbst wiederzuentdecken, mich selbst kennenzulernen.

Es war ein langer Weg, für den sich in den darauffolgenden Jahren dann auch immer mehr Upstalsboomer entschieden haben. »Ich habe mich daran erinnert, wie ich die Welt mit Kinderaugen gesehen habe, was mir wirklich Freude bereitet hat, als ich zufrieden war. Als ich etwas machte, was mich nicht erschöpfte«, erzählte mir ein sichtlich berührter Teilnehmer nach einem Modul unseres Curriculums. »Als meine ganze Aufmerksamkeit bei dem lag, was ich liebte, als ich Dinge tat, die meiner Persönlichkeit entsprachen, als ich Situationen erlebt habe, die ein Gefühl der Leichtigkeit zurückließen. Das hat bei mir immer mit Menschen zu tun gehabt.«

Sehr emotional wurde es häufig, wenn es um die Betrachtung der eigenen Vergangenheit und die Beantwortung folgender Fragen ging: Was war dein erstes Kindheitserlebnis, an das du dich erinnern kannst? Wie war dein Verhältnis zur Mutter, zum Vater etc.? Welche Eigenschaften deiner Mutter/deines Vater hast du bewundert? Welche bedauert? Ganz viele haben sich und ihr Verhalten – ob nun mit einem guten oder einem weniger guten Gefühl – in dem der Eltern wiedergefunden. Sehr häufig waren es auch die besagten Glaubenssätze, die sich in einem eingenistet hatten und die das eigene Fühlen eingegrenzt hatten, die nun ans Tageslicht kamen. Die Teilnehmer im Curriculum lernten dann, zwischen den ihnen vermittelten Glaubenssätzen und dem, was ihnen selbst als Mensch wichtig ist und ihrem Wesen entspricht, zu differenzieren.

Die Kraft der Selbstführung, die Fähigkeit, das eigene Leben selbst zu leben, liegt in der Vereinigung von Verantwortung und Freiheit. In ihr zeigt sich die Bereitschaft, Eigenverantwortung zu übernehmen, Antworten für das eigene Leben zu finden und sie sich nicht durch andere aufzwingen zu lassen. »Lerne doch lieber etwas Vernünftiges, mit Musik verdienst du doch kein Geld.« Die Bereitschaft, Verantwortung zu übernehmen, ist die Voraussetzung dafür, frei zu sein.

Wenn ich nur geführt werde, bin ich abhängig von denen, die mich führen, und von deren Vorstellungen. Dann kenne ich weder mich noch die Situation und verlasse mich blindlings darauf, was andere sagen. Ich bin dann auch abhängig von ihren Antworten und Lösungen und gefangen in der von ihnen manchmal bewusst geschaffenen Intransparenz. Intransparenz ist in vielen klassisch geführten Unternehmen ein probates Instrument, um Macht auszuüben. Auf diese Weise werden Mitarbeiter bewusst »dumm« gehalten, also nicht umfassend informiert. Dadurch werden sie vielerorts zum Spielball. Zumindest so lange, bis sie kaputt sind, denn dann werden sie entsorgt.

Wenn ich aber mich selbst führe, bedeutet das für mich, zu erfahren, wer ich bin und was ich kann, was mir wichtig ist. Und dass ich das, was ich erkannt habe, auch zu leben anfange. Setze ich das um, befreie ich mich aus dem schon zitierten Käfig. Ein schönes Bild dafür ist für mich immer das, was bei den Worten »Macht« und »Ohnmacht« in mir auftaucht. Ohnmacht ist ein anderes Wort für bewusstlos. Wenn ich mir meiner selbst nicht bewusst bin, wenn ich bewusstlos bin, bin ich im übertragenen Sinne auch ohnmächtig. Und wenn ich ohnmächtig bin, bin ich ohne Macht und dann machen andere mit mir, was sie wollen. Und das ist meistens nur für die anderen zum Vorteil.

Betrachte ich das rein physiologisch, entstehen in einem Menschen Stresshormone, wenn er sich einer Situation ausgesetzt fühlt, bei der er nicht mehr Herr der Lage ist. Die Nebennierenrinde, angeregt durch das sympathische Nervensystem, setzt vermehrt Adrenalin und Noradrenalin in die Blutbahn frei. In der Folge steigen Herzfrequenz und Blutdruck. Kommt also der Sympathikus ins Spiel, werde ich auf meine archaischen Grundfunktionen zurückgestuft. Dann kann ich nur noch flüchten oder in Angst erstarren. Es gibt nur diese beiden Alternativen, weitere habe ich nicht – außer ich trete in den Kampf ein, was aber bei derart negativem Stress kaum noch möglich ist. Fast ist es eine Art Totstellreflex, wie ihn Tiere bei Gefahr haben, wenn weder Kampf noch Flucht möglich sind. Und genau dieses Einfrieren bei massivem Stress könnte in der Tat tödlich sein.

Von Hasen und anderen Fluchttieren wissen wir, dass sie sogar tot umfallen, wenn sie einen Stressschub nicht durch Flucht abbauen können. Sind sie in einen Käfig eingesperrt, kommt es zu einer Überflutung mit Stresshormonen, und sie sterben schlagartig. Viele Menschen leben in diesem Dauerstress. Aber ein Reh, das – nur mal angenommen – einem Säbelzahntiger begegnete und seinen Stress durch Flucht abbauen konnte, entspannt sich schnell wieder und äst ruhig weiter. Der Säbelzahntiger ist weg, die Welt ist wieder schön, es widmet sich seelenruhig dem Gras und den Kräutern und verdaut das alles. Der Mensch dagegen hat den Säbelzahntiger im übertragenen Sinn aber ständig vor Augen, ganz gleich, ob er da ist oder nicht. An seine Stelle sind die Gedanken an die nächste Besprechung mit dem cholerischen Chef oder einen anderen Menschen getreten, das nächste Meeting, der vollgestopfte Terminkalender, das herausfordernde Kundengespräch, die hohen Ansprüche, Familie und Beruf in täglichem Einklang zu bringen, die Termine der Kinder, die nächste Rate für das eigene Heim ...

Je größer diese gefühlte Ohnmacht ist, dieses Gefühl, den äußeren Umständen ausgeliefert zu sein, desto stärker nehmen die Gedanken an den Säbelzahntiger und mit ihnen die Produktion von Stresshormonen überhand, sodass wir regelrecht von ihnen besessen sind. Es ist dann nicht der Säbelzahntiger an sich, der uns auffrisst, sondern die Gedanken an ihn, die sich uns einverleiben. Und diese Gedanken bedeuten häufig Gefahr. Meine Gedanken bilden das Hamsterrad, in dem ich mich bewege, und umso schneller meine Gedanken werden, desto schneller dreht sich mein Hamsterrad – und irgendwann fallen wir aus diesem Rad heraus, tot. Wie gesagt, der Säbelzahntiger, also die Gefahr, muss nicht einmal real existent sein, es bedarf dazu nichts Äußeres, es können allein die Gedanken sein, die mich in dieses Rad bringen. Die Frage ist dann: Wie schaffe ich es, dass ich meiner Gedanken wieder Herr werde?

Auch das ist Selbstführung. Sich selbst führen heißt nicht nur, sich von A nach B zu transportieren, sein Verhalten zu entwickeln, sondern ebenso, seine Gedanken zu führen. In diesem Zusammenhang zitiere ich gerne eine Lebensweisheit aus dem Talmud, in dem jüdische Regeln in der Praxis und im Alltag von Rabbinern ausgelegt wurden: »*Achte auf deine Gedanken, denn sie werden deine Worte. Achte auf deine Worte, denn sie werden zu deinen Taten. Achte auf deine Taten, denn sie werden zu deiner*

Gewohnheit. Achte auf deine Gewohnheiten, denn sie werden dein Charakter. Achte auf deinen Charakter, denn er wird dein Schicksal. Letztendlich beginnt die Selbstführung damit, sich seiner Gedanken bewusst zu werden, sich dessen bewusst zu werden, dass die Gedanken häufig aus dem Ego heraus entstehen und nicht aus dem Selbst.

Aber viele sind gar nicht dazu in der Lage, sich mit sich selbst zu beschäftigen. Sie wissen nicht, wie das genau gehen soll. Wie finde ich zu mir selbst, um nicht aufgrund von Angst in diese Starre zu fallen. Um sich nicht womöglich sogar noch von Menschen leiten zu lassen, die behaupten, dass bald die Welt untergehen würde, aber sie hätten die Lösung, man müsse sie nur wählen, dann würde alles gut werden. Wichtiger wäre es, sich selbst ein Bild zu machen von dem, worum es geht. Nur so werde ich nicht abhängig von der Meinung anderer.

Deshalb ist Selbstführung so wichtig, um unabhängiger von der Meinung anderer Menschen und ihren Bildern, den Meinungsbildern, zu sein, und um das eigene persönliche Wohlbefinden nicht von den Glaubenssätzen anderer abhängig zu machen. Wenn ich weiß, wer ich bin und was mich hält, kann ich Verantwortung übernehmen, kann ich für mich Antworten finden. Wenn ich diese Fähigkeit nicht habe, übertrage ich die Verantwortung auf andere, und dann sind immer die anderen schuld. Da heißt es folglich: »Ich selbst will das ja auch, aber die anderen, die ziehen nicht mit.« Wenn etwas nicht gelingt, suchen 99 Prozent der Menschen die Gründe dafür in ihrem Umfeld. Nie bei sich selbst.

Häufig bekomme ich die Frage zu hören: »Ja, Herr Janssen, was kann ich denn tun, wenn die anderen nicht wollen?« Meine Antwort lautet, Sie ahnen es schon: »Wenn Sie angefangen haben, sich selbst zu führen und Sie sich besser kennengelernt haben, werden Sie sich diese Frage nicht mehr stellen. Je näher Sie sich selbst gekommen sind, je mehr Sie Ihren Sinn oder Ihre Sehnsucht erkannt haben, Sie erfasst haben, wofür Sie sich einsetzen wollen, desto weniger suchen Sie bei Entscheidungen nach Gründen. Sie handeln einfach, und das, ohne groß abzuwägen. Dann ist Ihnen auch vollkommen egal, wenn die anderen das nicht wollen. Dann gehen Sie Ihren Weg, ohne auf die zu schauen, die Sie davon abhalten. Eher ist das Gegenteil der Fall, Sie halten Ausschau nach Gleichgesinnten, die Sie auf Ihrem Weg begleiten wollen. Wenn Sie wissen, was für Sie wichtig ist und was Ihnen Zufriedenheit schenkt, wenn Sie Ihre in Ihrer Persönlichkeit liegenden Fähigkeiten konsequent und kompromisslos für etwas einsetzen, das ihnen sinnvoll erscheint, werden sich Gleichgesinnte automatisch dazugesellen.« Nichts anderes geschieht gerade auf dem Upstalsboom-Weg.

Ich kann andere nicht bewegen, ich kann nur mich selbst bewegen. Und durch mich kommen dann andere in Bewegung.

Frithjof Bergmann, ein 1930 in Sachsen geborener Philosoph, ist Begründer der New-Work-Bewegung. Stets den Freiheitsbegriff im Kopf, entwickelte Bergmann ein Konzept von Arbeit, in dem es allein darum geht, einzig das zu tun, was der eigenen Persönlichkeit entspricht. Freiheit ist für ihn keine Wahlfreiheit, also die Freiheit zwischen der einen oder anderen Option. Für den Philosophen ist Freiheit nur dann gegeben, wenn man die Chance hat, das zu tun, was für einen selbst wirklich wichtig ist. Bergmann ordnet diese Freiheit der Handlungsfreiheit unter, sie eröffnet einem bei der »Neuen Arbeit« Freiräume für ein kreatives Tun und für die Entfaltung jener von ihm beschworenen Persönlichkeit. Verfolgt man das bewusst und unnachgiebig, spielen die äußeren Rahmenbedingungen keine entscheidende Rolle mehr, sie sind dann ziemlich gleichgültig.

Selbstführung besteht also darin, herauszufinden, wer ich bin. Es ist ein Kennenlernen der eigenen Person. Dazu gehört auch die Antwort auf die Frage, wofür ich jeden Tag aufstehe. Wenn es einzig darum gehen würde, sich seiner selbst bewusst zu werden, würden sich alle Menschen nur noch mit der eigenen Person beschäftigen, dann würde man nichts anderes brauchen als diese Innenschau. Doch im Leben geht es darüber hinaus. Was bewegt mich so, dass ich nicht nur innere Einkehr halten, sondern etwas bewegen möchte?

Pater Anselm fordert seine Kursteilnehmer dazu auf, sich ein Wort aufzuschreiben, was zum Ausdruck bringen soll, wozu das Leben dient. Ist es Frieden? Ist es Freiheit? Ist es Gerechtigkeit? Ist es Gesundheit? Ist es Menschlichkeit? Ist es Liebe? Wobei diese großen Worte und Vorstellungen nicht in der Zukunft liegen sollen, sondern als täglicher Maßstab meines Handelns aufzufassen sind. Theoretisch könnte ich mir jeden Abend überlegen, ob ich im Laufe eines Tages meinem Maßstab gerecht geworden bin. Sollte das auf Dauer zu anstrengend sein, könnte ich mich auch fragen, ob das, was ich mir vorgenommen habe und was ich erreichen will, überhaupt meiner Persönlichkeit entspricht.

Diesbezüglich ist mir in den vergangenen Monaten wieder etwas Entscheidendes bewusst geworden. Ich habe für mich ja meine Vision von glücklichen Menschen formuliert. Wenn ich Großvater bin, sitze ich in unserem Friesenhaus in meinem Ohrensessel und erzähle meinen Enkelkindern hoffentlich viele Geschichten von glücklichen Menschen. Was ich aber nun verstanden habe, ist, dass es gar nicht darum geht, sich mit dem unmittelbaren Glück zu beschäftigen, womöglich würde die permanente Suche danach mich sogar nur unglücklich machen. Es geht darum, einen Grund für das zu finden, was mich glücklich macht. Die Wortübung von Pater Anselm hat mir geholfen zu erkennen, dass ich für den Wert »Freiheit« stehe. Die Freiheit, das zu tun, was mir als Mensch wirklich wichtig ist. So wie es bei mir die Freiheit ist, mit der ich meinen Beitrag für möglichst viele glücklichere Menschen leisten möchte, gibt es für andere vielleicht andere Kanäle, die als Zugang für den Weg zum Glück dienen.

In der Vergangenheit waren es Vorbilder wie Nelson Mandela, Rosa Parks, Mahatma Gandhi, Wangari Maathai oder Martin

Luther, die sich für Freiheit, Frieden und Menschenrechte eingesetzt haben. Und auch heute gibt es Menschen, die sich täglich
für diese Werte einsetzen. Jeder auf seine Art – ob der Dalai
Lama, Ayaan Hirsi Ali oder Alice Schwarzer. Bei Chade-Meng
Tan, einer der ersten Führungskräfte und Motivatoren bei Google, ist es zum Beispiel der Wert »Friede«. Er glaubt daran, dass
der Weltfriede und damit das Glück größer werden, wenn die
Menschen achtsamer werden, wenn nur alle Menschen meditieren würden. Allerdings passt das für mich nicht so ganz mit den
bei Google etablierten Bespaßungstempeln für die Mitarbeiter
zusammen. Bei den Mitarbeitern der Organisation »Ärzte ohne
Grenzen« ist es die Gesundheit, bei dem Reiseunternehmer Reiner Meutsch und seiner Stiftung »Fly & Help« die Bildung, die zu
mehr Freiheit führt.

Die Fragen hier lauten: Wofür stehst du? Willst du den
Menschen ein Leben in Freiheit ermöglichen, damit sie das tun
können, was für sie wichtig ist, zum Beispiel durch Bildung?
Willst du dich für den Frieden einsetzen, damit Menschen ein
Leben ohne Krieg leben können? Oder willst du dich für die Gesundheit engagieren, um damit eine wichtige Grundlage für
Glück und Zufriedenheit bei den Menschen zu schaffen? Vielleicht ist aber auch die Menschlichkeit oder die Liebe das, wofür
du eintreten möchtest? Was haben die anderen davon, dass es
dich gibt? Was haben meine Mitarbeiter davon, dass es mich
gibt? Was haben unsere Gäste und Mitmenschen davon, dass es
uns gibt? Wichtig ist, dass das, wofür man sich entscheidet, der
eigenen Persönlichkeit, dem eigenen Wesen entspricht.

In diesem Zusammenhang stelle ich mir einen Pinguin vor,
der einen Baum flink wie ein Wiesel hochkrabbeln will. Es ist
nicht von der Hand zu weisen, dass es für ihn eine anstrengende
Angelegenheit werden wird und dass er es leichter hätte, wenn er
seine Kräfte im Wasser entfalten würde. Beides ist dennoch
möglich. Hat der Pinguin ausreichend Willen, schafft er es auch,
irgendwann in der Krone eines Baumes zu sitzen, und wenn

er dafür eine Trittleiter mit anderen organisiert. Bis zu einem gewissen Grad ist vieles möglich. Aber in Anbetracht des Aufwands, den er da betreiben muss, um endlich oben im Blätterdach zu hocken, könnte er sich schon überlegen, ob es nicht andere, für ihn sinnvollere oder zu seinem Wesen und Talenten besser passende Aufgaben gibt. Und solange er sich nicht durch Aussagen wie »Ohne Fleiß kein Preis« oder irgendwelche Tschakka!-Urschrei-Therapien davon abhalten lässt, wird er diese auch finden.

Vom Ego und dem rechten Maß

Es geht letztlich darum, etwas zu entdecken, das zu mir passt, zu meinen Fähigkeiten und Talenten. Dann wird es einfacher. Es sei denn, mein Ego blitzt mal wieder durch. Habe ich allein meinem Ego gedient, merke ich es immer an meiner Erschöpfung. Es ist etwas zu anstrengend geworden, weil es dabei zum großen Teil um Selbstbestätigung gegangen ist. Mochte das Tun an sich noch Spaß gemacht haben, empfindet man doch im Nachhinein eine gewisse Niedergeschlagenheit.

Ein Beispiel dafür sind in meinem Fall bestimmte Vorträge. Wurde ich als Redner von großen Unternehmen mit einem bekannten Namen angefragt, konnte es passieren, dass ich mich hinterher instrumentalisiert fühlte. Vielleicht lag es daran, dass die Gedanken bei meinen Zuhörern schon so eingefahren waren, dass ich das Gefühl hatte, bei ihnen nichts bewirken zu können. Vielleicht aber auch daran, dass ich das Gefühl hatte, dass diese Erkenntnisse nur wieder dazu dienten, antiquierte, auf die Börse ausgerichtete Erfolgskennzahlen zu befeuern. Der Mensch als Mittel zum Zweck *Börsenkurs*. Vielleicht hatte ich aber nur dieses unangenehme Empfinden, weil ich einmal wieder meinem Ego aufgesessen bin.

Für mich wird das Handeln zu einer großen Freude, wenn wenigstens der eine oder andere aus der Zuhörerschaft nachdenklich wird und bestenfalls sogar ins Handeln kommt. Ist das der Fall, weiß ich, dass mein Tun sinnvoll gewesen ist. Da frage ich mich nicht: Wieso hast du das mit dem Vortrag eigentlich gemacht? Hast du dich etwa vor den Karren spannen lassen?

Hättest du die Zeit, die du für dein Referat aufgewandt hast, samt An- und Abreise, nicht sinnvoller mit deiner Familie oder den Upstalsboomern gestalten können?

Tauchen derartige Fragen auf, fange ich an, über Prioritäten nachzudenken. Wenn die Prioritäten, die ich mir selbst gesetzt habe, am Ende einen faden Beigeschmack haben, weiß ich: Drei Tage bin ich nicht bei meiner Frau und meinen Kindern gewesen, und das, weil ich einzig und allein einem Egotrip gefolgt bin. Mich auf der Bühne anerkannter Menschen feiern zu lassen, das ist eindeutig ein Ego-Ding. Aber mit Folgen, denn es kostet Kraft.

Ein wichtiger Mentor, Dr. Friedrich Assländer, der auch zusammen mit Pater Anselm Seminare gibt, schrieb mir per E-Mail folgenden Satz: »Je lauter es um einen herum wird, desto wichtiger wird es, wieder zur Ruhe zu finden.« Sechs Monate nach dieser Mail zog ich mich für drei Monate in eine Art Bewusstseins-silentium, oder wie Pater Anselm sagen würde, in die Wüste zurück. Anlass war, ich gehe später noch darauf ein, dass nach meiner ersten Buchveröffentlichung sehr viele »Hände nach mir griffen«. Hierbei wurde mir auch klar, was für mich Energiespender und was für mich Energiekiller sind (siehe S. 214). Energiekiller sind eindeutig Reisen und Vorträge, insbesondere dann, wenn ich das Gefühl habe, im Sinne einer wirtschaftlich profitablen oder einer Imagekampagne vor den Karren gespannt worden zu sein. Also kein ehrliches Interesse in unserem Sinne besteht. Energiespender sind meine Familie und meine Zeit mit den Upstalsboomern. Hier versammelt sich ein Kreis gleichgesinnter Menschen, es findet ein gemeinsamer und für viele sinnvoller Austausch statt, ein Geben und Nehmen, wodurch wir alle zusammenwachsen. Ein Zusammenwachsen, der Aufbau einer dauerhaft gelingenden Beziehung, findet auf Vorträgen in dieser Form eher nicht statt.

Eine Erkenntnis dieser Energieanalyse war zudem, dass die Dosis das Gift macht. Und so traf ich die Entscheidung – Ego hin,

Ego her –, den anderen Upstalsboomern die Möglichkeit zu bieten, die unseren Weg betreffenden Vortragsanfragen zu übernehmen. So haben wir diese Aufgabe auf viele Schultern verteilt und bekommen dafür verblüffend positive Rückmeldungen. Es hat eine ganz besondere Qualität, wenn nicht der Chef, sondern die Mitarbeiter die Entwicklungen innerhalb unseres Unternehmens aus ihrer persönlichen Perspektive schildern.

Auch mein seit Jahren bestehender Grundsatz, sämtliche Honorare gemeinnützigen oder den Menschen entwickelnden Projekten zukommen zu lassen, machte mir diese Entscheidung wesentlich leichter. Schließlich verfiel ich so nicht auf die Idee, mich aufgrund lukrativer Anreize womöglich wieder dazu verleiten zu lassen, doch eine Einladung anzunehmen. Der Grundsatz, dass ich für derartige Nebentätigkeiten persönlich kein Geld erhalte, gab mir die Freiheit, nur noch Vorträge zu halten, mit denen ich etwas bewirken kann. Mit einer guten Ausbeute: Die Zahl meiner angenommenen Einladungen innerhalb eines Jahres reduzierte sich deutlich, so oft hatte ich im Vergleich zu den vergangenen Zeiten nie Nein gesagt. Solch eine Absage kann sich ziemlich gut anfühlen. Spätestens dann, wenn ich am besagten Termin abends nach Hause komme und den Kindern in die Augen schaue. Bei den Vorträgen jedoch, die ich zusagte, fühlte ich mich hinterher kraftvoll, denn ich hatte bei ihnen meinem Selbst und meiner Vision und nicht meinem Ego gedient.

Je freier ich mich fühle, desto weniger brauche ich ein anderes Gefühl, nämlich das, etwas darstellen zu müssen. Wer glaubt, etwas zu sein, hört auf, etwas zu werden. Kehrt das Selbstvertrauen übers Bewusstwerden zurück, ist es einfacher, mich von den äußeren Dingen freizumachen. Ich selbst hatte die Angst kennengelernt, dass da eventuell nichts mehr sein könnte, wenn am Ende alle prestigeträchtigen Äußerlichkeiten wegfallen. Nur noch ein schwarzes Loch. Fahre ich ein Luxusauto oder sitze ich in einem grandiosen Eckbüro, kann ich in den Glauben verfallen, dass diese Statussymbole nicht nur den Wert meiner Leistung, sondern insbesondere auch meinen Wert als Mensch ausdrü-cken. Unser Verstand kann da ganz schön hemmungslos sein und überlegt immer wieder: Wie kann ich bloß erreichen, dass ich so ein super Auto fahre? Dabei wäre die Frage eher: Wofür mache ich das? Wofür bin ich da? Was kann ich? Je sinnvoller mir mein Handeln erscheint, desto weniger brauche ich auch diese Bestätigung in Form von Boni und Ähnlichem. Wenn ich mich also selbst gefunden habe, habe ich auch nichts mehr zu verlie-ren, ganz besonders keine Anerkennung durch einen Status. Dann werde ich auch nicht mehr gehandelt, denn ich handele ja selbst.

Zusammenarbeit und gelingende Beziehungen

Pater Anselm sprach in den Klosterkursen oft von den Schatten – und meinte damit die Aufforderung, in dem anderen Christus zu sehen. Ich hatte das für mich nicht so interpretiert, für mich ging es darum, sich selbst in dem anderen zu sehen. Ausgangspunkt waren dabei Situationen, die jedem bekannt sind: Wie ein anderer sich verhält, das macht etwas mit mir. Ist die Reaktion positiv, denke ich nicht weiter darüber nach. Im gegenteiligen Fall sieht es anders aus. Als mir das auffiel, begann ich zu überlegen: Wieso greift mich das an, dass der andere sich so verhält, wie er sich verhält? Wieso rege ich mich bloß auf?

Bei einer leitenden Mitarbeiterin wurde das besonders deutlich. Sie ging mir, ehrlich gesagt, ziemlich auf die Nerven. Warum das so war, konnte ich auch beantworten: Ich war überzeugt davon, dass sie mit ihrem Verhalten zum einen auf Anerkennung, zum anderen auf Macht ausgerichtet war. Sie liebte große Autos, ihre Position mit möglichst vielen Mitarbeitern, viel Verantwortung und viel Einfluss – das alles war ihr Ding. Dies führte jedoch dazu, dass in mir durch ihre Art eine gewisse Aggressivität entstand, ein sonderbares Gefühl. Das wollte ich aber nicht einfach stehen lassen. Also überlegte ich weiter: Was sagt mir das? Was ist in mir, was mich an ihrem Verhalten so aufregt? Die Statuten, die sie für sich in Anspruch nimmt – gibt es nicht auch vergleichbare, die für dich Gültigkeit haben? Teure Autos waren zwar nicht mehr so sehr meine Sache, das war in Studentenzeiten noch anders gewesen, aber verlangte ich nicht auch nach unmittelbarer Anerkennung, etwa bei meinen Vorträgen? Wollte ich nicht auch sinnbildlich auf die Schulter geklopft werden, wenn ich meine Erfahrungen und Gedanken öffentlich vortrug, wenigstens von denen, die wirklich etwas mit ihnen anfangen konnten?

Ich musste zugeben: Ich war genauso auf Anerkennung aus und angewiesen wie jeder andere. Auch ich verhielt mich so, dass mein Ego durch den gedachten Applaus der anderen gestärkt wurde. Autos und Vorträge liegen zwar auf anderen Ebenen, aber letztlich hatte ich mich bei dieser Mitarbeiterin über etwas aufgeregt, über das sich andere womöglich bei mir aufregen können, zum Beispiel aufgrund der bisherigen Anzahl meiner Vorträge, Fernsehauftritte oder meines persönlichen Bekenntnisses in Form meines Buchs. Denn auch dazu gab es unter den sonst eher positiven Rezensionen eine, die in diese Richtung ging: »Ziel des Autors ist es, mal wieder sein Ego zu stärken.« Ich war, bin und werde nicht anders sein als andere. Das Einzige, was mich vielleicht von einigen anderen unterscheidet, ist, dass ich mein Verhalten regelmäßig reflektiere, darüber nachdenke, weshalb mich verschiedene Verhaltensweisen anderer emotional anfassen, und immer wieder versuche, den Machenschaften meines Egos auf die Schliche zu kommen.

Seit dieser Erfahrung hatte ich eine Möglichkeit gefunden, mich im anderen zu erkennen, egal, mit wem ich gerade umging. Jedes Mal konnte ich die Fragen stellen: Was macht diese Begegnung mit mir? Wie wirkt sie auf mich? Aus diesem Grund ist die Hotellerie so wunderbar. Wir begegnen ständig Menschen. Für mich war das kein einfacher, aber dafür einzigartiger Lernprozess, bei dem es auch darum ging, sich erneut seiner selbst bewusst zu werden, nebst den Erinnerungen aus der Kindheit und einer Reflexion markanter Meilensteine im eigenen Leben, etwa Berufswechsel, Heirat, eine schwere Krankheit oder die Geburt der Kinder (siehe dazu auch S. 239).

Die Begegnung mit Menschen in einer Beziehung, wie auch immer sich diese gestaltet, kann mir Aufschluss darüber geben, wer ich bin. Was braucht es dafür? Es braucht die Achtsamkeit in der Begegnung, und es braucht die Reflexion, die ein Teil der Achtsamkeit ist. Ich achte auf das, was war und wie es mir geht. Achtsamkeit und Reflexion sind zwei Dinge, die für einen Menschen sehr produktiv sein können, und nach meinen Erfahrungen der letzten Jahre ist die Voraussetzung für diese innere Produktivität eine gelingende Beziehung zu mir selbst. Diese wiederum ist notwendig, damit es zu einer äußeren Produktivität kommen kann, die sich in gelingenden Beziehungen mit anderen manifestiert. Kurz: Die gelingende Beziehung zu mir selbst ist die Voraussetzung für gelingende Beziehungen zu anderen. Wenn ich mit mir selbst nicht einverstanden bin, werde ich mich auch nicht mit anderen verstehen. Dann wird sich mein Problem auf mein Umfeld legen wie ein Schatten – und das kommt einer geistigen Umweltverschmutzung gleich.

Je mehr ich mir aber meiner selbst bewusst bin und dies entsprechend reflektiert habe, desto authentischer und vertrauenswürdiger bin ich. Auch energiegeladener, denn ich muss nicht ständig aufpassen, wie ich mich verhalte, muss mich nicht verstellen, um einer Norm gerecht zu werden, die mir von außen auferlegt worden ist, was aufreibend und erschöpfend ist. Ich darf sein, wie ich bin, und das tut mir gut.

Die Frage ist natürlich, ob auf der Basis von gesellschaftlichen Normen, die mich womöglich nicht zu einem natürlichen, sondern eher zu einem normalen oder normierten Menschen gemacht haben, überhaupt gelingende Beziehungen entstehen können? Insbesondere in Unternehmen? Kann sich eine gute menschliche Beziehung auf der Basis von Organigrammen, Stellen- und Aufgabenbeschreibungen, Leitlinien, Uniformen entwickeln? Kann menschliche Verbundenheit entstehen, wenn die eigene Persönlichkeit am Werkstor abgegeben wird? Wie soll das gehen, wenn wir uns gegenseitig nicht als Mensch wahrnehmen können, sondern nur als Objekte? Bei der Ansprache mit »Herr Direktor« oder der Bezeichnung »Restaurantleiterin« entstehen bei Mitarbeitern andere Bilder, als wenn sie an Marc oder Sandra denken. Wenn wir uns gegenseitig nur als Objekt wahrnehmen und behandeln, erwarten wir immer nur etwas voneinander und betrachten uns gegenseitig aus einem rein egoistischen Blickwinkel. Wenn wir uns aber als Subjekte, als Menschen mit unserer Würde, wahrnehmen, ist unser Verhältnis von Respekt, Freundschaft und Liebe getragen. Das ist eine wichtige Voraussetzung für gelingende Beziehungen, die wir, so wie die Mönche im Kloster die lebendige Gemeinschaft, für uns als Erfolg, als ein wichtiges Ziel unseres Handelns ansehen.

Jedes Jahr erleben ungefähr zwanzig unserer Mitarbeiter eine Lernreise der besonderen Art. Unter dem Motto »Friesenherzen grenzenlos. Moin, moin to Ruanda« fliegen sie ins Land der tausend Hügel, um die von uns finanzierten Schulen einzuweihen. Nachdem sich 2015 für die erste Delegation einzig sechs Upstalsboomer dazu bereit erklärt hatten, gemeinsam mit Reiner Meutsch nach Ruanda zu fahren, sprach sich im Anschluss sehr schnell herum, dass die Reise für die Beteiligten zur Reise ihres Lebens geworden war. Wieso?

Geschichte und Herausforderungen des afrikanischen Landes und die Art und Weise, wie die Ruander damit umgegangen sind und umgehen, war und ist für die Upstalsboomer eine Art Nachhilfeunterricht in Sachen Menschlichkeit. Die Begegnung mit Menschen, die wirklich nichts haben und dennoch glücklich sind, mit Menschen, die sich gegenseitig vergeben konnten, obwohl sie sich vor über dreißig Jahren auf die grausamste Art gegenseitig massakriert haben, das Bewusstsein und die Liebe, mit der sie ihren Mitmenschen und ihrer Umwelt begegnen, haben unsere Mitarbeiter zutiefst berührt. »Ich bin jetzt da, wofür ich da bin«, war die mit Tränen unterlegte Aussage von Anja im Angesicht der gut tausend Grundschulkinder, die durch ihre und die Unterstützung vieler anderer Upstalsboomer nun die Möglichkeit bekamen, zur Schule zu gehen.

Nachdem die Teilnehmer der ersten Gruppe im Februar 2015 wie verwandelt zurückkehrten, entstand ein besonderer Geist in unserem Unternehmen. Immer mehr Upstalsboomer machten sich darüber Gedanken, wie sie die Entwicklung der Schulen und damit die der Menschen in Ruanda unterstützen können. Es blieb nicht bei den Schulen, auch mit Blick auf die medizinische Versorgung begannen sie sich zu engagieren. So sammelte zum Beispiel Marina vom TÜV, dem technischen Überwachungsverein, der technische Sicherheitskontrollen an Autos durchführt, alle abgelaufenen Verbandskästen ein, um sie bei einer weiteren Reise mit zu dem uns bekannten Buschkrankenhaus zu nehmen. Im Mai 2017 kam die dritte Gruppe aus Ruanda zurück, nachdem sie die »Upstalsboom Schulen« Nummer zwei und drei eröffnet sowie das Buschkrankenhaus mit dringend notwendigen medizinischen Utensilien versorgt hatten. Am 30. Mai erhielt ich die ersten WhatsApp-Nachrichten. Kristin aus Berlin schrieb:

Lieber Bodo,

ich liege im Bett des Gorilla Hotel in Musanze, die Sonne geht auf, und ich habe noch gar nicht ganz begriffen, was ich in den letzten Tagen alles gesehen habe. Aber ich bin mir ziemlich sicher, ich werde es nie wieder vergessen. Ich möchte dir danken für diese Möglichkeit. Ich bin tief beeindruckt von Ruanda, von den Menschen hier. Ich habe gesehen, wie sie hier leben, und ich werde mich weiter dafür einsetzen, alles zu sammeln, was hier gebraucht werden kann. Es ist Verbundenheit entstanden. Aber ich werde auch die Lebensfreude mitnehmen, die Musik, das Tanzen und den Stolz. Ich bin dankbar und stolz, Upstalsboomer zu sein und mit dir diesen besonderen Weg zu gehen. Ruanda hat nun für immer einen Platz in meinem Herzen. Danke, Bodo!!!

Liebe Grüße
Kristin

Mich hat das besonders berührt, was auch daran lag, dass die Teilnehmer dieser Reise sich auf eine tiefe Art und Weise verbunden haben, auch mit denen, die schon in Ruanda waren. Ich hatte das Gefühl, dass diejenigen, die diese Erfahrung gemacht haben, etwas miteinander teilen, was nicht in Worte zu fassen ist, etwas, das nur mit dem Herzen zu sehen ist. Sie haben erlebt, worauf es wirklich ankommt. Auch die Begegnung nach ihrer Rückkehr bedurfte nicht vieler Worte, wir haben uns in dem Moment verstanden, in dem wir uns angeschaut haben. Die Menschen in Ruanda haben uns reich beschenkt. Und dafür sind wir sehr dankbar.

Meine Aufgabe als Unternehmer ist es, Wege zu bereiten, damit Menschen zueinanderfinden. Und das unterstütze ich, indem ich immer wieder Plattformen schaffe, auf denen Menschen sich als Menschen begegnen. Unser soziales Engagement in Ruanda oder unsere Projekte im Rahmen von »Der Norden tut Gutes« spielen dabei eine große Rolle. Aber auch innerhalb des Unternehmens ist es wichtig, gemeinsame Platt- und Organisationsformen zu schaffen, die dazu dienen, dass gelingende Beziehungen entstehen können, dass eine gute Gemeinschaft entstehen kann. Deshalb haben wir bei uns immer weniger die üblichen hierarchisch getrennten und klassisch organisierten Besprechungen, bei denen manch einer sich fragt, wieso er gerade an ihnen teilnehmen muss. Hierfür haben wir zum Beispiel im Emder Bürohaus gemeinsam unsere Grundlagen einer sinnvollen Besprechungsorganisation erarbeitet:

- Du kannst Meetings anbieten.
- Dir ist klar, worum es geht und was das Ziel ist.
- Tagesordnungspunkte werden durch lösungsorientierte Fragen ersetzt.
- Du prüfst eigenverantwortlich, initiativ und fokussiert, ob deine Teilnahme sinnvoll ist und ob du zu einer Antwort auf die Frage beitragen kannst.

- Du entscheidest eigenverantwortlich über die Dauer deiner Teilnahme.

Das bedeutet: Jeder kann Besprechungen ansetzen, jeder kann an Besprechungen teilnehmen, egal an welcher. Voraussetzung ist, dass eine Teilnahme für denjenigen sinnvoll erscheint. Um das vor der Besprechung noch einmal abklären zu können, liegen bei uns auf den Tischen in den Besprechungsräumen beschreibbare Kärtchen mit der Frage: »Wofür bin ich heute hier?« So kann es zum Beispiel sein, dass Mitarbeiter aus dem Marketing, Vertrieb oder anderen Bereichen zwischenzeitlich dazukommen, wenn wir über unsere Liquidität sprechen. Allein durch die Frage auf den Kärtchen hat sich die Anzahl der Besprechungen deutlich reduziert.

In Ergänzung hierzu gibt es bei uns unternehmensweit noch temporäre oder dauerhafte Peergroups, ebenso die zweimal im Jahr stattfindende Entwicklungswerkstatt, die jeweils für ein Thema steht. Auch in diesen gilt der Grundsatz der hierarchiefreien Begegnung auf Augenhöhe. Bei der Entwicklungswerkstatt haben wir noch die Besonderheit, dass von Werkstatt zu Werkstatt immer mindestens 50 Prozent der Teilnehmer noch gar nicht oder aber die letzten Male nicht dabei waren. So ist gewährleistet, dass nicht nur die kommen, die sich bislang engagiert haben. Überdies haben noch die Upstalsboomer auf Zeit (Unternehmer, Wissenschaftler, Politiker, Führungskräfte oder Mitarbeiter aus anderen Unternehmen) die Möglichkeit, an unseren Besprechungen, Werkstätten, Peergroups und Schulungen teilzunehmen.

Auch bei der Arbeitsstruktur unserer täglichen Aufgaben wie Menschenentwicklung, Kultur- und Organisationsentwicklung, Kommunikationsentwicklung, Produktentwicklung, Einkaufsentwicklung, die Übernahme sozialer Verantwortung, Verwaltung der Finanzen und Steuerung der Wirtschaftlichkeit geht es darum, möglichst viele Mitarbeiter aus unterschiedlichen Bereichen und Ebenen miteinander in Verbindung zu bringen. Auf der einen Seite ermöglicht das Arbeiten über alle Hierarchien hinweg einer

Menge Menschen, die Entwicklung des Unternehmens mitzugestalten. Auf der anderen Seite fließen die erarbeiteten Ergebnisse über die Beteiligten unmittelbar zurück in die Arbeitsbereiche oder Ebenen.

Durch diese Form der Organisation vermeiden wir, dass eine vermeintlich elitäre und allwissende Führung über die Köpfe anderer hinweg entscheidet, um diese Entscheidung anschließend von oben nach unten zu kommunizieren oder »durchzudrücken«. Diese Vorgehensweise hätte nämlich zur Folge, dass die Mitarbeiter überhaupt keinen Bezug zu der getroffenen Entscheidung haben und dadurch eher betroffen und entgeistert als beteiligt und begeistert sind. Wenn zum Beispiel unsere mittlerweile ehemalige Auszubildende Franzi aktiv an der Entwicklung konkreter Umsetzungsideen zur Kultivierung unserer Werte beteiligt war und die Ergebnisse anschließend in ihren Kreis der Azubis kommuniziert, erhält das Ergebnis durch die auf Augenhöhe erfolgte Kommunikation eine ganz andere Akzeptanz bei den anderen Auszubildenden. Das Prinzip, welches wir hier verfolgen, ist in der Regel des heiligen Benedikt zu finden. Hier steht im Kapitel 3, »Die Einberufung der Brüder zum Rat«, ein Zitat aus Sir 32,19, das Benedikt dem Abt zur Mahnung mitgibt: »Tu alles mit Rat, dann brauchst du nach der Tat nichts zu bereuen.« (RB 3,13)

Kultur-Werkstatt

Beim Culture Club etwa treffen sich zwölf Mitarbeiter, ebenfalls aus allen Ebenen, vom Praktikanten bis zur Geschäftsführung, und beschäftigen sich regelmäßig mit der Unternehmenskultur. Etwa vier bis sechs Mal im Jahr trifft sich diese Gruppe in den unterschiedlichen Hotels, um sich Gedanken darüber zu machen, wie sie noch mehr Menschen für den Upstalsboom-Weg begeistern, wie sie die Menschen dabei unterstützen können, mit sich und den anderen in eine gelingende Beziehung zu kommen. Denn darin liegt der Sinn dieser Peergroup. Die Ziele, mit denen sich die Mitglieder des Culture Club beschäftigen, liegen darin, Klarheit über den Sinn und Erfolg unseres Wegs als Unternehmenskultur für alle Upstalsboomer zu schaffen. Auch gilt es, die Potenziale aller zu erkennen und sie zu entfalten sowie ihnen die Möglichkeit zu bieten, diese auch im Unternehmen einbringen zu können.

Zudem kümmert sich die Peergroup darum, immer wieder Impulse zur Weiterentwicklung der Unternehmenskultur zu geben. Solche Impulse resultieren zum Beispiel aus Fragen: Wie können wir das gemeinsame Verständnis für die tägliche Umsetzung unseres Wertebaumes noch weiter konkretisieren? Wie können wir ein flächendeckendes Bewusstsein dafür schaffen, durch welches konkrete Verhalten wir unserem Werteanspruch im Alltag noch gerechter werden?

Mit den Fragen beschäftigten sich die Teilnehmer des Culture Clubs als Erstes. Wie gingen wir dabei vor? Zunächst machten wir uns Gedanken, mit welcher Methode wir das Bewusstsein weiterentwickeln können. Bei der Methode war es wichtig, dass sie unserem Anspruch der Mitgestaltung möglichst vieler Rechnung trägt und sie bestenfalls ein intuitives und spielerisches Handeln innerhalb einer großen Gruppe bis zu einhundertzwanzig Upstalsboomern möglich macht. Unsere Wahl fiel auf eine Methode, die sich Eigenland® nennt.

Eigenland® ist eine innovative, spielerische Alternative zu üblichen Workshops oder Instrumenten, mit der sich schnell, strukturiert und vor allem mit viel Spaß aller Beteiligten unternehmerische Handlungsfelder intuitiv analysieren und gestalten lassen. Die Voraussetzung für die Nutzung dieses Instruments war, dass wir die in den letzten Jahren gewonnenen Erkenntnisse als Thesen formulierten und Kernfelder zuordneten, von denen wir glaubten, dass sie für die flächendeckende Kultivierung unserer Werte relevant sind. Wir definierten sechs Kernfelder (Erfolg, Zusammenarbeit, Werte, Verbundenheit, Sinn und Verantwortung) und insgesamt sechsunddreißig Kernthesen.

Mit dem Spiel als Grundlage »überraschten« wir gemäß unserem Wert Lebensfreude auf unserer Entwicklungswerkstatt knapp einhundertzwanzig Upstalsboomer, um gemeinsam dieses emotionale und intuitive Spiel zu spielen, kontrovers, aber zielführend, wertschätzend und konstruktiv zu diskutieren sowie in kreativen Gruppen zu arbeiten, um dann letztlich von gut einem Viertel aller Upstalsboomer überhaupt demokratisch über die Ergebnisse abstimmen zu lassen. Nach zwei Tagen hatten wir mit Unterstützung von Jan Oßenbrink und Dr. Dr. Cay von Fournier im Februar 2017 in unserem Landhotel Friesland auf diese Weise aus den sechsunddreißig Kernthesen zweiunddreißig Upstalsboomer-Sinnthesen geschaffen. Und das auf eine Art und Weise, wie es die friesischen Häuptlinge im 14. Jahrhundert auch gemacht haben, als sie sich damals in einer der ersten demokratischen Abstimmungen überhaupt, am Upstalsboom in Ostfriesland, für die friesische Freiheit entschieden haben.

Auch unsere Thesen entstanden aus dem Anspruch heraus, gemeinsam und in Ergänzung zu unserem Wertebaum jedem Einzelnen ein noch klareres Bewusstsein zu vermitteln, was er persönlich zu gelingenden Beziehungen, also einer größeren Verbundenheit beitragen kann, ohne seine eigene Freiheit dabei aufzugeben. In Anbetracht des fünfhundertjährigen Reformationsjubiläums sind für uns unsere Thesen rein symbolisch mit denen zu vergleichen, die Martin Luther 1517 mit lauten Hammerschlägen an die Tür der Schlosskirche zu Wittenberg nagelte. Mit unseren zweiunddreißig Thesen wollen wir die Haltung und das Verhalten der Menschen in unserem und vielleicht auch anderen Unternehmen in Deutschland weiter reformieren, in manchen Bereichen vielleicht sogar revolutionieren.

Die Thesen lauten:

1. Upstalsboom gibt mir Impulse zur Entfaltung meines Potenzials.
2. Ich erlebe und weiß, was für mich Erfolg bedeutet.
3. Wir haben ein gemeinsames Bild davon, was Erfolg für uns als Team und als Unternehmen bedeutet.
4. Unser Erfolg resultiert aus dem verantwortlichen Umgang mit Menschen und Umwelt (Enkeltauglichkeit).
5. Der Sinn unseres Handelns ist der Anblick eines glücklichen Menschen.
6. Wirtschaftlichkeit ist die Basis unserer Unternehmensexistenz und nicht der Sinn des Handelns.
7. Ich begegne Menschen herzlich, kompetent und auf Augenhöhe.
8. Ich übernehme Verantwortung für die weitere Entwicklung unseres Unternehmens.
9. Es ist mein Anspruch, dass sich Menschen bei uns wohlfühlen.
10. Schwierige Situationen und Fehler sehe ich als Chance für unsere weitere Entwicklung.

11. Upstalsboom bereichert die Lebensqualität der Menschen.
12. Upstalsboomer handeln eigenständig.
13. Upstalsboomer wollen, können, dürfen und MACHEN!
14. Ich trage zum Gemeinwohl bei oder habe den Mut zu gehen!
15. Unser Zusammenhalt ist unser Erfolg.
16. Selbstbestimmtes und eigenverantwortliches Arbeiten ist wichtig für unseren Erfolg.
17. Die Regeln unserer Zusammenarbeit gestalten und leben wir gemeinsam!
18. Für eine gelingende Zusammenarbeit gebe ich offenes Feedback.
19. Ich trage mit meinem Verhalten direkt zur Upstalsboom-Kultur bei.
20. Ich bin Botschafter für den Upstalsboom-Weg.
21. Ich wachse durch soziales Engagement.
22. Ich gestalte optimistisch die Zukunft und lade jeden ein, ein Upstalsboomer zu sein.
23. Sich selbst zu führen bedeutet für uns, sich selbst zu erkennen.
24. Es ist wichtig, Fragen zu stellen, um gemeinsam Antworten zu finden.
25. Was ich für andere tue, tue ich auch für mich.
26. Ich nutze Feedback, um mein Verhalten kontinuierlich zu reflektieren.
27. Fachwissen ist für uns keine Garantie für gute Führung.
28. Wir begegnen uns als Menschen frei von Position/Funktion.
29. Unsere Werte verbinden uns.
30. Ich habe die Freiheit, meinen Bereich und den Upstalsboom-Weg mit zu gestalten.
31. Upstalsboom-Zeit = Lebenszeit.
32. Ich fürs Wir und wir für uns.

Im weiteren Verlauf bestand nun die Aufgabe darin, die einzelnen Thesen als Grundlage und Impuls für die Entwicklung von Bewusstsein und konkretem Verhalten innerhalb der Teams zu nutzen. Solche Impulse entstehen bei uns immer öfter durch das Stellen von Fragen. Aus diesem Grund zog sich das Team des Culture Club wieder zurück, um zu jeder These sinnvolle Fragen zu formulieren, die später dann gezielt in den einzelnen Hotelteams gestellt und in kleinen Arbeitsgruppen bearbeitet werden konnten.

Der Zusammenhalt ist ja eine unserer Sinnthesen, die dieser These zum Leben verhelfenden Fragen lauten: Welche organisatorischen und persönlichen Voraussetzungen brauchen wir, damit gelingende Beziehungen entstehen können? Was können wir konkret dafür tun, dass unser Zusammenhalt noch stärker wird und unsere Beziehungen noch besser gelingen? Die Beantwortung dieser Fragen übernimmt nicht wie früher ein Geschäftsführer oder die Führungskraft, sondern das geschieht in bunt gemischten Gruppen. Das sich selbst fragende Team setzt sich in einer Runde mit dieser Fragestellung auseinander und versucht, Antworten zu finden.

All das passiert während der Arbeitszeit, was sehr wichtig ist, denn die Arbeit an der Unternehmenskultur, die Arbeit an ihrer Entwicklung kann nicht aus den Geschäftsprozessen ausgeklammert werden. Sie ist Teil des Ganzen, bei uns sogar der Kern. Sie von den klassischen Unternehmensprozessen zu trennen wäre genauso unsinnig wie die Differenzierung zwischen Arbeits- und Lebenszeit. Bei uns dient das Unternehmen dem Menschen. Und das bedeutet auch, unserem Anspruch gerecht zu werden, nicht mehr zwischen Arbeit und Leben zu differenzieren. Diese Haltung setzt das oben beschriebene Verhalten voraus. Ein anderes Verhalten hieße nichts anderes, als dass ich in der Arbeitszeit arbeite und in der Freizeit lebe. Lebe ich etwa nicht in den Stunden, die ich in der Arbeit verbringe? Oder umgekehrt: Bin ich nur in der Freizeit frei und bei der Arbeit nicht? Eine derartige Trennung halten immer weniger Menschen bei uns für sinnvoll.

Die Arbeit an der Kultur und die Arbeit mit den Menschen ist ein wesentlicher Prozess in jedem Unternehmen, das in stürmischen Zeiten überleben will. Denn das, was dort entsteht, entsteht durch und für Menschen. Und das ist elementar, denn wenn du dich nicht um die Menschen kümmerst, dann verkümmern sie. Und weil das so extrem relevant ist, sind letztlich Peergroups, Entwicklungsstätten oder Erfahrungsreisen jenseits von Funktionen und Positionen die Plattformen, auf denen für uns und jeden Einzelnen weiterbringende Begegnungen auf Augenhöhe möglich sind. Hier wäre die Frage: Durch welches konkrete Verhalten entsteht bei meinem Gegenüber das Gefühl, sich auf Augenhöhe zu begegnen? Über die Plattformen können die Teilnehmer ihre Ideen und Gedanken, die sie als Menschen haben, einbringen. Aber sie dürfen und können das nicht nur, immer mehr wollen das bei uns auch.

Das Können und Dürfen sind sehr rationale Faktoren: Darf ich das? Kann ich das? Es sind Faktoren, die ich als Unternehmer den Menschen in einem Unternehmen zusprechen kann: Ihr dürft euch während der Arbeitszeit sozial engagieren oder Entwicklungsstätten ins Leben rufen, ihr müsst dafür nicht Urlaub nehmen. Das ist das Dürfen. Hinzu kommt die Kompetenz, das Können. Habe ich die Kompetenz dafür, bestimmte Sachen zu entscheiden? Und will ich das überhaupt?

Ohne Moos nichts los – die Sache mit dem Gehalt

Bei diesem Part denke ich an die selbstbestimmten Gehälter bei uns. Es gibt einige Bereiche in unserem Unternehmen, in denen die Mitarbeiter ihre Gehälter selbst bestimmen, mit oder ohne Teamleiter. Andere Teams bestimmen zwar nicht ihre Gehälter selbst, wissen aber, was jeder Einzelne von ihnen verdient. Das scheint sich gut anzufühlen, wenn ich mir die Rückmeldungen so anschaue. Manch einer wird sich vielleicht fragen, wieso sich bei uns die Entwicklungen häufig nur partiell, das heißt in einzelnen Bereichen und nicht flächendeckend vollziehen. Das ist ganz einfach. Unser humanistischer Ansatz lässt den Corporate-Gedanken weitestgehend nicht zu. Es geht eben um Menschen, und deshalb haben wir keine traditionellen Corporate-Standards, sondern schauen, dass sich die jeweiligen Unternehmensbereiche nach den persönlichen Voraussetzungen der Menschen in diesem Bereich entwickeln.

Es ist allerdings nicht so, dass wir grundsätzlich etwas gegen Standards haben. Die Frage ist, dienen die Standards dem Menschen oder dient der Mensch den Standards. Wenn Standards letzteren Anspruch verfolgen, können wir gut auf sie verzichten. Denn die Zeiten, in denen Mitarbeiter bei uns kontrolliert wurden, sie über Zeiterfassungssysteme, Zielvereinbarungen und rigide Qualitätsaudits gesteuert wurden, sind weitestgehend vorüber. Unserem Verständnis nach ist eine Überregulierung durch zentral entwickelte Compliance sehr gut dafür, um in komplexen Zeiten auf der Strecke zu bleiben. In diesem Zusammenhang hat sich bei uns zum Beispiel im E-Commerce gezeigt, dass Bereiche umso schnellere und höhere Innovationssprünge haben, desto weniger regulierende oder kontrollierende Vorgesetzte im Spiel sind. Das führt dazu, dass wir mittlerweile nicht nur zu den beliebtesten Arbeitgebern in Deutschland, sondern seit Kurzem auch zu den innovativsten Unternehmen gehören. Was mich freut, denn es zeigt die Sinnhaftigkeit, hierarchische Strukturen aufzuweichen, und auch, dass sich altes Wissen und neues Wissen nicht weiter gegenseitig bekämpfen sollen. Denn das ist ein Grund für fehlende Innovationen.

Das Offenlegen und Selbstbestimmen von Gehältern gehört für mich zur Königsdisziplin. Das ist ein extrem komplexer Prozess. Dies gilt insbesondere für die persönlichen Voraussetzungen (Bewusstsein) im Umgang mit potenziellen Differenzen. In dem Moment, in dem das Selbstwertgefühl eines Menschen abhängig von seinem Gehalt ist, kann das Offenlegen zu erheblichen Problemen im Team führen. Und auch bei der Gehaltsfindung oder -entwicklung ist es sehr wichtig, sich über die Maßstäbe bewusst zu werden. So haben Klassiker wie zum Beispiel die Betriebszugehörigkeit für mich keine erhebliche Relevanz, da sie überhaupt nichts darüber aussagen, was der Einzelne zu gelingenden Beziehungen und persönlichem Wachstum im Team beiträgt. Diese Aufgabe erfolgreich umzusetzen hat wirklich sehr viel mit Reife, mit Kompetenz, aber noch mehr mit der inneren Haltung aller Beteiligten zu tun. Stelle ich Menschen unvorbereitet vor eine solche Aufgabe, ist die Wahrscheinlichkeit groß, dass es im Chaos endet. Wenn sie versuchen, mit einer bestehenden Haltung neue Verhaltensweisen zu leben, wird's schwierig, wenn nicht sogar unmöglich.

Es geht also erst einmal darum, an der Haltung der Menschen zu arbeiten, was auch hierbei nichts anderes heißt, als dass sie sich ihrer selbst bewusst werden. Das wiederum bedeutet, dass sie ihr Selbstwertgefühl nicht mehr so sehr davon abhängig machen, was sie im Vergleich zu anderen verdienen. Kurzum: Es geht darum, dass Selbstwertgefühl des Einzelnen von der Höhe seines Gehalts, insbesondere im Vergleich zum Gehalt der Kollegen, emotional zu entkoppeln. Aber wir selbst kommen aus den hierarchischen Strukturen eines klassischen Unternehmens, und auch bei uns war und ist der Vergleich mit anderen in weiten Teilen noch Realität. In diesem für viele normalen Fall identifizieren wir uns oder bewerten uns selbst durch den Vergleich, durch die Größe eines Büros oder eben die Höhe des Gehalts.

Es entstehen aus diesen hierarchischen Strukturen aber immer öfter Biotope, in denen der Nährboden durch das spürbare Leben, das wirksame Umsetzen unserer menschenorientierten Kultur für bestimmte Entwicklungen günstig ist. Bettina Cramer, die der Eigentümerbereuung unserer Ferienwohnungen und Aparthotels in unserer Emder Unternehmenszentrale vorsteht, hatte selbst zu dieser offenen Gehaltsverhandlung angeregt. Als es im Dezember 2016 um Gehaltszuschüsse für die sehr gute Entwicklung in ihrem Bereich (die Zufriedenheit der Mitarbeiter mit der Führung des Bereichs lag zum Beispiel bei weit über 90 Prozent und dass bei einer Beteiligung von 100 Prozent) ging, wollte sie »nicht einfach in den Topf langen, sondern eine Diskussion anstoßen«. Sie fragte ihre sieben Mitarbeiterinnen, was sie als ein »faires Gehalt« empfinden würden. In einer ersten Gesprächsrunde war der gemeinsame Nenner schnell gefunden: Alle hatten die gleiche Ausbildung absolviert, alle erledigten nicht die gleichen, aber gleichwertige Arbeiten, folglich waren auch die äußeren Voraussetzungen gut, im Hinblick auf das Gehalt einen gemeinsamen Nenner zu finden. Auch wenn sich die Spanne der Betriebszugehörigkeit zwischen einem und zwanzig Jahren bewegte.

In einer zweiten Runde wurden die Lohnzettel auf den Tisch gelegt. Bettina Cramer beobachtete ein Zögern, überlegte im Stillen: Hat sich bei ihnen der Gedanke breitgemacht, wie mich die anderen hinterher sehen? Dann aber wurden die Zahlen offenbart. Die Mitarbeiter waren sehr überrascht, aber es gab keinen Neid darüber, dass zwischen dem höchsten und dem niedrigsten Gehalt eine Differenz von etwa 20 Prozent bestand. Die gewünschte Anpassung der Stundenlöhne erforderte nun eine unterschiedliche Anhebung der Gehälter. Die dienstälteste Kollegin mit dem bislang höchsten Gehalt erhielt vorerst keinen Aufschlag. Sie war nicht erfreut, hatte aber Verständnis und war gemeinsam mit ihren Kollegen zufrieden darüber, dass sie nun eine faire und vor allem klare Basis geschaffen hatten.

Spannend war auch, dass das Team sich über die Höhe und Anpassung der Gehälter hinaus auf einen weiteren Umgang mit ihrem Gehalt verständigt hat. Zukünftig wollen sie sich einmal im Jahr zusammenfinden, um gemeinsam zu klären, ob der aktuelle Stundenlohn noch angemessen ist. Wie schon bei der Findung der nun ermittelten Gehaltshöhe wollen sie dafür die Lohnentwicklung am Arbeitsmarkt, die wirtschaftliche Situation des Unternehmens, aber insbesondere auch die Entwicklung ihres Unternehmensbereichs bei der Justierung ihres Gehalts berücksichtigen. Das bedeutet, dass nun in regelmäßigen Abständen der gemeinschaftliche Stundenlohn den wirtschaftlichen Verhältnissen selbstbestimmt angepasst wird. Geht es aufwärts, empfinden es künftig alle sieben Mitarbeiterinnen als fair, ihren Stundenlohn zu erhöhen. Und wird die ökonomische Situation schwierig, verzichten sie so lange auf einen Teil, bis die Situation wieder besser wird.

Im Nachhinein war die Teamleiterin davon überzeugt, dass die Entscheidung richtig war, ihre Mitarbeiterinnen in die wirtschaftliche Diskussion einzubeziehen. Beindruckt hat sie die offenkundige Fähigkeit zum rechten Maß und der besonnene Umgang ihrer Kolleginnen mit diesem unglaublich sensiblen Thema. Mir zeigte dies zudem die Wirksamkeit unserer Curricula bei der persönlichen Entwicklung dieser Menschen.

Neben der Einstellung der Mitarbeiter war es aber auch besonders das Verhalten von Bettina, mit dem sie über zwei, drei Jahre ihren Teil dazu beigetragen hat, dass die Menschen in ihrem Bereich so weit waren, eine derart anspruchsvolle Aufgabe zu lösen. Sie hat, ohne großes Aufsehen zu erregen, die im Curriculum gewonnenen Erkenntnisse beharrlich für sich und die Menschen in ihrem Bereich angewandt. Spannend war, dass sie die Entwicklung in ihrem Bereich zu 90 Prozent über das Thema der achtsamen Sprache vorangebracht hat. »Im Anfang war das Wort«, so auch bei Bettina und ihrem Bereich der Ferienwohnungen.

Durch das Curriculum hatte sie erkannt, dass sie sehr häufig das unbestimmte Personalpronomen »man« benutzte, hauptsächlich dann, wenn sie sich selbst meinte. Dieser Sprachgebrauch führt dazu, sich von sich selbst zu entfernen, fremdbestimmt und zum schon zitierten Spielball seines Umfelds zu werden. Mit anderen Worten: Ich stelle meinen eigenen Dienst, mein eigenes Handeln unter den Deckmantel der Allgemeinheit. »Man macht das so ...« Und weil man es so macht, mache ich das natürlich auch. Benutze ich das unbestimmte Personalpronomen in dem Moment, wenn ich mich selbst meine, stelle ich mich als ohnmächtig dar. Dann mache ich das, was andere von mir wollen, aber nicht das, was ich selbst will.

Aufgrund dieser Erkenntnis achtete Bettina fortan nur auf dieses eine Wort, begann nach und nach auf seine Verwendung zu verzichten und begegnete ihren Mitmenschen dadurch klarer, verbindlicher und mit mehr Authentizität. Damit war der erste Schritt für diese einzigartige Entwicklung in ihrem Bereich getan.

Folglich wollte ich ihr auch den Freiraum geben, für sich zu entscheiden, welches Gehalt sie für ihren Beitrag als angemessen empfindet. Als ich sie dazu einlud, darüber nachzudenken, war sie offensichtlich überrascht, nahm diese herausfordernde Aufgabe aber an. Wie schon ihr Team versuchte sie, im Markt herauszufinden, was ein gutes Maß für ihren Einsatz ist. Da sie für sich kaum Vergleichsmöglichkeiten gefunden hat, wählte sie eine andere und vor allem sehr außergewöhnliche Vorgehensweise. Sie fragte ihre Mitarbeiter, was ihnen ihre Führungsdienstleistung wert sei. Ihr Team diskutierte die Frage aus und kam zu dem Ergebnis, dass es das Doppelte ihres Stundensatzes als angemessen für Bettinas Dienstleistung erachten würde. Sie gaben ihr die Antwort, die sie für sich mit einem guten Gefühl annehmen konnte.

Inzwischen überlässt sie dem Team auch das Einstellen weiterer Mitarbeiter. Der Grund: Es spürt am sichersten, wer ins Gefüge passt und wer nicht. Es ist unglaublich, zu erleben, wie sich die Lebendigkeit, die Energie und Zufriedenheit mit zunehmender Bereitschaft und der Fähigkeit, Entscheidungen selbst zu treffen, steigert.

Bei der Führung von Teams ist es daher wichtig, gemeinsam Antworten auf die Frage zu finden, welcher Voraussetzungen oder welcher Atmosphäre es bedarf, damit Menschen bereit dazu sind, Verantwortung zu übernehmen oder, salopp gesagt, ihren Kopf hinzuhalten.

Die höchste Priorität hat dabei das Gewissen und mit ihm die Antwort auf die Frage, was eine Entscheidung mit mir und den anderen macht. Hat sie mehr Lebendigkeit, mehr Freiheit, mehr Frieden oder Liebe zur Folge? Sichert sie unsere Existenz? Oder treffe ich meine Entscheidung, um mein Verlangen nach Geld, Macht und Anerkennung, also mein Eigeninteresse oder Ego, zu befriedigen? Insbesondere dann, wenn wir überdenken, welche Auswirkungen mein Entschluss auf mich persönlich hat, ist es sinnvoll, den Maßstab des Gewissens anzulegen. Wir wollen uns ja selbst führen und nicht von anderen führen lassen – und zu den anderen gehört auch das eigene Ego. Und wir wollen nicht die äußere Norm als Grundlage unserer Entscheidungen nehmen. Auch wenn uns einst Sätze wie »Was sollen die Nachbarn denken?« vermittelt haben, wie wichtig es sei, seine Entscheidungen von dem möglichen Eindruck, den Dritte haben, abhängig zu machen. Welche Erfahrungen ich auch gemacht habe, und das nicht nur im Unternehmen, sondern ebenso in der Familie, so sollte ich mir doch darüber bewusst sein, dass nicht getroffene Entscheidungen ein wesentlicher Grund für eine aggressive, ängstliche und lähmende Atmosphäre sind.

Ermuntert durch die selbstbestimmte Gehaltsfindung im Ferienwohnungsteam, durch die in den Medien immer wieder aufflammende Gehaltsthematik bei sogenannten Topmanagern und die diskutierte Lohntransparenz in deutschen Unternehmen, spürte auch ich das Bedürfnis, mal nachzuschauen, wie es sich so mit meinem Gehalt verhält. Als geschäftsführender Gesellschafter beziehe ich wie die Mitarbeiter ein Gehalt. Auf zusätzliche Gewinnausschüttungen oder Boni verzichte ich aus der Überzeugung heraus, mich nicht kaufen, mich nicht dressieren oder mich durch mein Ego zu etwas verpflichten lassen zu wollen, hinter dem ich sowieso nicht stehe. Freiheit ist ja mein wichtigster Wert, und ich möchte mich nicht dem Diktat des Geldes unterwerfen oder mich womöglich von ihm versklaven lassen. »Lieber tot als Sklave« beschreibt die friesische Freiheit, die auch meine ist. Häufig genug habe ich Menschen gesehen, die sich zugunsten des Geldbeutels gegen ihre eigene Familie, gegen Gesundheit, Freiheit, Lebendigkeit oder Frieden entschieden haben.

Nach einigen Recherchen habe ich schließlich herausgefunden, dass die Höhe meines Gehalts ungefähr ein Viertel der Gehaltssumme beträgt, die ein geschäftsführender Gesellschafter in einem Unternehmen unserer Größenordnung normalerweise erhält. Ich war überrascht, wie viel Geld manche Menschen brauchen, um sich wohlzufühlen. Gerne schaue ich nach Ländern wie Schweden, wo Einkommen ab einer bestimmten Höhe derart massiv besteuert werden, dass sich ein höherer Verdienst kaum noch lohnt. Wie würde es in unserer Gesellschaft aussehen, wenn es nicht nur einen Mindestlohn, sondern auch eine Lohnobergrenze gibt? Wie würde sich die stets weiter auseinanderdriftende Schere zwischen Arm und Reich entwickeln?

Am Fluss meditieren – oder wenn die Gedanken Urlaub haben

Entscheidend ist das Wollen. Wir haben herausgefunden, dass die Mindestvoraussetzung für gelingende Beziehung die Bereitschaft des Einzelnen ist, sich entwickeln zu wollen. Das hat etwas mit Einstellung zu tun. Will ich das überhaupt? Ist es sinnvoll? Ist es sinnvoll, dass wir unsere Gehälter selbst bestimmen?

Das Wollen hat bekanntlich nur oberflächlich etwas mit der Ratio zu tun. Eher mit Bewusstsein: Ist das, was ich angehen will, überhaupt sinnvoll? Die Ratio fragt nach dem Wie, das Bewusstsein nach dem Wofür. Und ist mir das Wofür bewusst und empfinde ich es als sinnvoll, ist das Wie auch leichter zu ertragen.

Können, Dürfen und Wollen sind für mich die drei Voraussetzungen, dass Menschen ins Handeln kommen. Das Können und Dürfen kann jeder lernen, das kann ich als Unternehmer einem anderen beibringen, wenn ich entsprechende Bedingungen schaffe. Mit dem Wollen sieht es etwas anders aus. Um das Wollen geht es letztlich immer: Will ich das überhaupt? Welcher Voraussetzungen bedarf es, dass die Menschen etwas wirklich wollen?

Das Wollen wird entscheidend durch die Sinnhaftigkeit bestimmt. Beim Wunsch, die Sinnhaftigkeit zu erkennen, spielt Ruhe eine wesentliche Rolle. Die Auszeit, der Urlaub – in dem Wort »Urlaub« steckt, sich etwas zu erlauben, was ich mir sonst nicht erlaube – sind gute Möglichkeiten, um Ruhe zu finden. Aber letztlich sind diese arbeitsfreien Zeiten nur Bedingungen,

Ruhe finden zu können. Eine dauerhafte Ruhe wird durch sie nicht aufkommen, weil diese nur in einem selbst entstehen kann. Habe ich diese innere Ruhe nicht, kann ich noch so viele Urlaube an der Ostsee oder in der Karibik machen, sie wird sich nicht einstellen.

Ist in mir Unruhe, schleppe ich sie überall mit hin, so wie ich auch meine Unzufriedenheit mitnehme, ganz gleich, wo ich mich aufhalte. Viele Menschen sind der Meinung, sie wären zufriedener, würden sie sich an einem anderen Ort befinden. Die Kirschen in Nachbars Garten sind vermeintlich immer die süßeren. Wenn sie nur einen anderen Arbeitsplatz oder einen anderen Arbeitgeber hätten! Aber es würde nicht lange dauern und die alte Unzufriedenheit sowie die frühere Unruhe würden zurückkehren. Ich spüre keine Ruhe in mir, weil es häufig meine Gedanken sind, die von mir Besitz ergreifen und mich an einen anderen Ort oder in eine andere Zeit tragen, in der es meistens viel zu tun gab oder gibt. Die Gedanken kreisen, da spielt es keine Rolle, wo ich mich gerade aufhalte, ob am Flughafen, in einem Meeting oder auf einer Liege im Garten. Wenn keine Ruhe vorhanden ist, ich also unruhig und gestresst bin, kann ich auch nicht wirklich etwas wollen, dann funktioniere ich nur noch im Autopiloten. Dafür, einfach nur noch zu funktionieren, sorgt dann schon mein sympathisches Nervensystem.

An diesem Punkt kommt die Meditation ins Spiel.

Ich kann meinen Geist beruhigen, indem ich mir meiner Gedanken bewusst werde und ihnen weiter keine Aufmerksamkeit schenke. Indem ich mir das erlaube, mache ich sozusagen Urlaub von meinen Gedanken. Im Urlaub ruht die Arbeit, und im Fall der Meditation auch der sich verselbstständigende Gedanke. Ich kann das trainieren wie einen Zehn-Kilometer-Lauf. Ein wunderbares Training, um den Geist zu beruhigen, ist die Meditation. Es geht dabei nicht nur darum, über die eigenen Gedanken zu bestimmen, sondern auch darum, diese nicht mit dem Selbst zu verwechseln. Unsere Gedanken sind nämlich etwas äußerst Eigenständiges, sie können, sie müssen uns aber nicht berühren. Ob sie da sind oder nicht, das kann in einem gewissen Moment völlig gleichgültig sein.

Meditation hilft auch dabei, zwischen automatischem und zielgerichtetem Denken zu unterscheiden. Zielgerichtetes und bewusst auf ein Thema ausgerichtetes Denken kann sehr sinnvoll und produktiv sein. Aber das Zermürbende und Ermüdende sind die automatischen Gedanken, mit denen wir uns befassen oder die uns besetzen. Mit der Meditation können wir uns von ihnen ein Stück weit befreien. Da ist sie wieder, die Freiheit. In diesem Fall die Freiheit, sich von den eigenen Gedanken nicht beherrschen zu lassen.

Wenn ich an einem Fluss sitze und in diesem Moment schwimmt ein Gegenstand an mir vorbei, eine Flaschenpost oder etwas, das so ähnlich aussieht, tendieren wir dazu, das Objekt der Begierde aus dem Fluss zu fischen. Ich lasse nicht locker, bis ich es zu fassen bekomme. Ich bin vollauf damit beschäftigt. Anders ist es beim Meditieren. Da geht es darum, das, was im Fluss vorbeiströmt, einfach vorbeiziehen zu lassen. Keineswegs muss ich mich dazu verleiten lassen, in den Sog hineingezogen zu werden, in dieses alte Spiel, dem Fluss der Gedanken zu folgen.

Die Fähigkeit, sich nicht von den automatisch auftauchenden Gedanken vereinnahmen zu lassen, ist tatsächlich reine Trainingssache, sogar eine mit einem hervorragenden Ergebnis: Durch Meditation kann es gelingen, mich von (emotionalen) Missständen fernzuhalten. Letztlich entstehen unangenehme Gefühle einzig durch gedankliche Interpretationen einer Situation, eines Verhaltens oder Gesprächs. So gesehen existieren kaum objektive oder reale Probleme, denn nur in meinem Kopf wird eine Situation zu einem Problem – indem ich sie bewerte.

Häufig sind also die Gedanken in meinem Kopf der Auslöser für Stress oder innere Unruhe. Meine Interpretation einer Situation bestimmt darüber, wie ich mich fühle. Durch sie empfinde ich Freude, Trauer, Wut oder Angst. Das heißt: Meine Gedanken sind dafür verantwortlich, wie es mir geht. Nicht umsonst heißt es im Talmud, ich zitierte es schon: »Achte auf deine Gedanken, denn sie werden deine Worte. Achte auf deine Worte, denn sie werden zu deinen Taten ...« Aus diesen Gründen liegt auch uns sehr viel an der Fähigkeit, wie Pater Anselm es formuliert, in die Stille gehen zu können. Das gilt ganz besonders für Führungskräfte, aber ebenso für Mitarbeiter. Meditation ist für uns bedeutsam, denn achtsam zu sein im Umgang mit Menschen ist wichtiger, als Grips zu haben.

Meditation bedeutet keineswegs Verdrängung, das wird häufig verwechselt. Das Verdrängen oder das Widerstehen, der Widerstand, sind Ursachen dafür, dass die Gedanken sich intensivieren. Etwas wächst oder entwickelt sich, wenn es einem Widerstand ausgesetzt wird, so wie der Muskel, wenn er Gewichte hebt. Beim Meditieren verhält es sich ähnlich, nur wollen wir uns eher von den gedanklichen Interpretationen befreien als sie uns zusätzlich aufladen. Es ist nicht so wie bei der Ausübung anderer Aktivitäten, wie zum Beispiel dem Herumdaddeln auf dem Handy, von dem wir glauben, uns damit zu entspannen. Diese Tätigkeiten sind höchstens dafür gut, alles Mögliche zu verdrängen. Es geht beim Meditieren wirklich darum, in die Stille zu gehen, in sich und nicht außer sich zu sein.

Ein Effekt von Meditation ist die Fähigkeit, Impulsen bewusst begegnen zu können und daraus ein selbstbestimmtes Handeln abzuleiten. Eigentlich erhalten wir ständig Impulse. Laut einer Untersuchung der Universität Heidelberg strömen pro Sekunde mehr als elf Millionen Bits, also Informationseinheiten, von unseren fünf Sinnen zum Zentralnervensystem. Das Auge sendet davon pro Sekunde zehn Millionen Bits, die Haut rund eine Million, ein kleiner Rest betrifft das Ohr, die Geschmacksnerven und den Geruchssinn. Unser Verstand kann aber höchstens 40 Bits pro Sekunde verarbeiten. Der Impuls, von dem beim Meditieren ausgegangen wird, ist letztlich, den Gedanken, der durch ein

Handeln entsteht, bewusst zu steuern. Das ist seine besondere Qualität. Es geht darum, weniger etwas aus dem Effekt heraus zu machen, nicht unbewusst etwas in Gang zu setzen. Sehen wir jemanden, der mal wieder aus seiner Haut fährt, können wir ihm empfehlen, öfter in sich zu gehen. Bei uns im Unternehmen haben wir das Meditieren über die Jahre immer stärker kultiviert. Häufig nutzen wir gemeinsame Anlässe, um es zu praktizieren, in ganz unterschiedlicher Form – von der Sitz- über die Geh- bis hin zur Gongmeditation ist alles möglich. In unserem Curriculum meditieren wir zum Beispiel dreimal am Tag für fünfundvierzig Minuten. Sogar dem Begehren der Mitarbeiter, die Meditation in den Berufsalltag zu integrieren, wird mancherorts Rechnung getragen.

Ein Manager, der getrieben ist von Umsatzzahlen, Terminen oder Aufgaben, kann sich durch das Meditieren Inseln der Ruhe schaffen, auf denen er die Zahlen oder andere Themen einfach an sich vorbeifließen lassen kann. Wenn ich mich durch die Meditation vorübergehend vom unbewussten Verhalten befreien kann, entsteht ein Raum, in dem zielgerichtete, mich persönlich betreffende Fragen ihren Platz finden. Was passiert, wenn ich die angestrebten Ziele nicht erreichen sollte? Ist es überhaupt sinnvoll, diese Vorgaben zu erfüllen? Für das Unternehmen sicher schon, da stellt sich eine solche Frage nicht. Aber ist es sinnvoll, wenn ich mich zugunsten der Firma kaputt arbeite? Dient das meinem Leben? Dient das meiner Familie, meiner Frau und meinen Kindern? Meiner Gesundheit? Meinem inneren Frieden? Wozu oder wofür arbeite ich eigentlich? Worauf kann ich verzichten, um nicht abhängig von meiner Position zu bleiben? Wie fühle ich mich, wenn ich das Haus, in dem ich wohne, nicht mehr behalten kann? Brauche ich womöglich noch ein zweites Haus? Oder lege ich mich für etwas krumm, von dem ich glaube, dass es mich nicht glücklicher werden lässt, weil es auf Dauer nur zusätzliche Arbeit bedeutet? Wie groß ist der Koffer eigentlich, den ich ständig mit mir herumschleppe?

In diesem Zusammenhang fällt mir eine Geschichte ein, die mir einmal erzählt wurde: Als der Vater eines kleinen Jungen erschöpft am Abend nach Hause kam, fragte ihn dieser, wie hoch sein Stundenlohn sei. Der Vater wiegelte erst ab, schließlich wollte er von seinem Sohn wissen, wozu denn diese Information für ihn wichtig sei. Der Junge beharrte aber auf eine Antwort, partout wollte er wissen, wie hoch der Stundenlohn des Vaters ist.

Nach einigem Hin und Her erklärte der Vater, dass er einen Stundenlohn von 40 Euro hätte. Nach einem Moment des Schweigens fragte der Sohn, ob er, der Vater, ihm 20 Euro leihen könne. Er würde ihm das Geld auch wieder zurückzahlen. Erneut überlegte der Vater, forderte aber letztlich seinen Sohn auf, ins Bett zu gehen.

Bedrückt und mit Tränen in den Augen ging der Sohn in sein Zimmer. Nach einiger Zeit kam der Vater, um ihm eine gute Nacht zu wünschen. Er fragte ihn aber auch, wofür er denn die 20 Euro bräuchte. Der Sohn griff unter sein Kopfkissen und holte einen 20-Euro-Schein hervor. »Schau, Papa, dieses Geld konnte ich schon sparen. Wenn ich von dir jetzt noch 20 Euro geliehen bekomme, habe ich 40 Euro. Das ist genug, um sie dir zu geben, sodass wir eine Stunde miteinander verbringen können.«

Mich erinnert diese Geschichte an die einer Mitarbeiterin. Im Rahmen ihrer Bewerbung für die Reise nach Ruanda berichtete sie mir, dass sie als Kind von ihren Eltern alles bekommen habe, Spielzeug, Geld, die Möglichkeit vieler Freizeitaktivitäten, nur nicht das, was sie wirklich gebraucht hätte: Körperkontakt, Wärme, Geborgenheit, bedingungslose Liebe, Aufmerksamkeit, Anerkennung und persönliche Unterstützung. Ihre Eltern hatten sich offensichtlich mit materiellen Dingen die Ruhe erkauft, die sie benötigten, um ihre eigenen Angelegenheiten voranzubringen. Heute ist es sogar noch ein bisschen einfacher für Eltern, da übernehmen iPad & Co. die Aufgabe, sich mit den Kindern auseinanderzusetzen. Was mich besonders traurig an dieser Geschichte machte, ist, dass auch ich mich manchmal in ihr wiederfinde.

Nicht als Sohn, sondern als Vater, der abends erschöpft oder gar nicht nach Hause kommt, weil es wieder irgendetwas gab, das wichtiger war. Das für sich zu erkennen und daraus Konsequenzen zu ziehen, ohne sich dabei selbst aufzugeben, ist eine anspruchsvolle Aufgabe.

Aber es ist möglich, wie ich erleben durfte. Und mit wunderbaren Folgen. Seit unsere Kinder zur Schule gehen, fragen meine Frau und ich sie am Mittag oder Abend, wie es in der Schule war und was sie gemacht haben. Stellte ich unserem Sohn diese Fragen, brachte er nur, wenn überhaupt, ein Wie-immer-alles-Mögliche hervor. So unbefriedigend diese Antwort war, so normal schien sie mir, weil vererbt, denn schon meine Eltern mussten mir als Kind alles aus der Nase ziehen. Und so war mein Bemühen, meinem Sohn mehr zu entlocken, auch überschaubar.

Im Sommer 2017 wechselte er aufs Gymnasium, und damit ließen auch der erste Elternabend und die Elternsprecherwahl nicht lange auf sich warten. Als nach Freiwilligen Ausschau gehalten wurde, entstand der bekannte Anblick der gesenkten Köpfe. Wie auch in den anderen Klassenstufen wollte die Mehrheit der Eltern damit wohl zum Ausdruck bringen, für diese Tätigkeit nicht zur Verfügung zu stehen. Ich saß da, und tausend Dinge schossen mir durch den Kopf. Die gesenkten Köpfe machten mich betroffen, und ich fragte mich, wofür wir hier waren? Es ging doch um die Entwicklung unserer Kinder? Dieser heranwachsenden Menschen, die uns am nächsten und wichtigsten waren. Wieso war das Interesse so gering, sie dabei auf diese Weise zu unterstützen? Ich erinnerte mich daran, dass unser Sohn meiner Frau vorsichtig vermittelt hatte, wie toll es doch wäre, wenn Papa der »Klassensprecher der Eltern« werden würde. Und ich erinnerte mich an die 20-Euro-Geschichte und die Gefühle, die dadurch bei mir entstanden waren. Da meldete ich mich. Noch während sich meine Hand nach oben bewegte, spürte ich, wie sich das Gefühl der Betroffenheit in ein Gefühl der Freunde und Begeisterung verwandelte. Meine Frau blickte mich mit großen Augen an. Und ich blickte mit großen Augen zurück. Die Wahl war bei der geringen Anzahl von Interessenten nur eine Formalität. Als wir nach Hause kamen, war unser Sohn noch wach und erfuhr gleich, dass ich Elternsprecher geworden war.

Als er am nächsten Tag aus der Schule kam, geschah etwas Merkwürdiges. Ich brauchte meine obligatorischen Fragen gar nicht erst zu stellen, da sprudelte es schon aus ihm heraus: dass er einen total coolen Deutschlehrer hätte, er mit seinen Schulkameraden in den Pausen Rundlauf spiele und welche AGs ihn interessieren. Er wollte wissen, welche Eltern sich schon auf der Klassenliste eingetragen hatten, und gemeinsam schmiedeten wir einen Plan, wie wir auch noch die letzten dafür gewinnen konnten. Es war unglaublich zu erleben, wie sich das Verhalten unseres Sohnes über Nacht ins Gegenteil verkehrt hatte.

Was war geschehen? Ein Wunder? Immer wieder dachte ich darüber nach, was der Grund für diesen Sinneswandel gewesen sein mochte. Ich erinnerte mich an eine Aussage in der Regel des heiligen Benedikt. Da hieß es in etwa, er mache alles Heilige mehr durch sein Leben als durch sein Reden sichtbar. Und plötzlich fiel bei mir der Groschen: Die gewohnten kurzen Fragen hatten unserem Sohn offensichtlich nicht das Gefühl vermittelt, dass ich ein aufrichtiges Interesse daran hatte, zu erfahren, was ihm wichtig war. Ebenso knapp waren seine Antworten ausgefallen. Und erst als ich ihm mit der Wahl zum Elternsprecher das Gefühl gegeben hatte, dass ich mir tatsächlich Zeit für sein Anliegen nehmen würde, änderte sich alles. Eindrucksvoll erfuhr ich, dass Lippenbekenntnisse bedeutungslos waren, wenn sie nicht mit dem entsprechenden Verhalten korrespondierten. Mahatma Gandhi sagte einmal: »Ein Gramm Praxis ist wertvoller als eine Tonne Theorie.« Wie wahr.

Im Spannungsfeld zwischen Reflexion und Aktion

Aus diesem Grund habe ich mich ja Anfang 2017 für drei Monate in eine Art persönliches Silentium begeben, in dem ich mich intensiv mit Selbst-Führung beschäftigt habe. Es war eine Zeit, in der ich mich mit meinem Bewusstsein für Körper, Geist und Sprache beschäftigt habe, eine Zeit voller Meditation, Sport, gesunder Ernährung und schriftlicher Reflexion. Pater Anselm nennt eine solche Zeit auch Wüstentage.

Es waren mehrere Gründe, weshalb ich mich dazu entschlossen hatte, mich dieser temporären Askese zu stellen. Einer der Gründe war, dass unsere, aus mancher Sicht durchaus verrückte, also nicht normale Kultivierung einer sinn- und menschenorientierten Führungs- und Arbeitskultur für Aufmerksamkeit sorgte. Diese große, vielleicht zu große Aufmerksamkeit tat mir nicht gut. Selten habe ich dem Saulus, dem alten Bodo, in dieser Zeit so häufig wieder ins Gesicht gesehen, selten war ich wieder so oft Gefangener meines Egos. Mit der Folge, immer häufiger erschöpft zu sein.

Dieser äußeren und innerlich stetig größer werdenden Unruhe galt es, mit Stille zu begegnen.

Ein weiterer Grund für das Silentium war, dass ich mir darüber Gedanken machte, wie ich die Upstalsboomer noch besser dabei unterstützen konnte, ihre im Curriculum gewonnenen Erkenntnisse in ihren Alltag zu integrieren. Wie konnte auch ich persönlich dem permanent wiederkehrenden Verhaltensmuster des Rennens, des Zu-viel-Tuns, des Verlierens an Bodenhaftung erfolgreich begegnen?

Ich wusste: Es braucht dazu Rituale oder Gewohnheiten, die mir bewusst machen, was ich gerade tue, wie es mir im Moment geht. Das hieß: Ich musste eine Handlungsweise finden, die eine Brücke zwischen dem guten Vorsatz und dem tatsächlichen Handeln baut, ein Instrument, das die anderen und mich dabei unterstützt, ins bewusstere und sinnvollere Handeln zu kommen.

Ich erinnerte mich an die Vorgehensweise bei der neunzig Tage währenden Challenge von Mark Lauren. In seinem Buch *Fit ohne Geräte* erhält der sportwillige Leser ein herausforderndes Trainingsprogramm, das neben sportlichen Einheiten auch Themen wie Ernährung, Schlaf und sich auf die Gesundheit auswirkende Verhaltensweisen behandelt. Darüber hinaus entsann ich mich eines Gesprächs mit dem Benediktiner-Bruder Stephan, der von den »fünf Quellen für eine gute Lebensenergie« gesprochen hatte, aus denen auch die Mönche schöpfen. So nähren diese ihre Energie über den Glauben hinaus mit genügend Schlaf (Erholung des Körpers), Meditation, Ernährung, Bewegung und Verbindung zu anderen (Gemeinschaft).

In mir reifte ein Gedanke: Ich wollte die durch die Challenge von Mark Lauren und die im Kloster gewonnenen Erkenntnisse zu einer strukturierten Grundlage für eine persönliche Askese zusammenführen. Und so entwickelte ich den ersten Entwurf einer auf drei Monate begrenzten Selbstführungs-Challenge. Mir war klar, dass ich sie erst einmal selbst ausprobieren musste, bevor ich meine Mitarbeiter damit konfrontieren wollte. Mit der Selbstführungs-Challenge konnte ich, wenn alles gut ging, sozusagen zwei Fliegen mit einer Klappe schlagen: Zum einen nach dem ganzen Trubel und der sich daraus entwickelnden Unzufriedenheit selbst wieder in die Stille finden, und zum anderen Erfahrung mit einer Methode sammeln, die vielleicht gut dafür ist, die Upstalsboomer bei der Selbstführung zu unterstützen. Und so entstand eine Vorlage, die wie folgt aussah:

Selbstführung
Teil I
Körper und Geist

Vorlage zu täglichen Reflexion meiner Selbstführung:

Name:_____ Wochentag:_____ Datum:_____

Heute...		1	2	3	4	5	6	7	8	9	I
						(1=niedrig,10=hoch)					
1.	...habe ich wie gut geschlafen?										
2.	...habe ich drei Mal meditiert" • Morgens 20 min sitzen (2') • Mittag 10 min. „7 minds" (1) • Abends 15 min sitzen (1,5) • Bonusaufgabe Buddha-Kalender (0,5)"	_/5					Notiz:				
3.	...habe ich mein Morgenritual absolviert" • Dao-Massage (1)	_/1									
4.	...habe ich meine ML-Einheit[2] absolviert" O Training O Tagesaufgabe	_/4									
5.	...habe ich mich bewusst und gesund ernährt" • Dreimal täglich eine Mahlzeit mit dem Fokus auf biologische und nicht industriell gefertigte Lebensmittel • Min. 3 Liter täglich getrunken	_/3									
6.	...habe ich 7 h pro Nacht geschlafen	_/7									
7.	...habe ich meinen Tag reflektiert" • Wie geht es mir? • Wofür möchte ich danken? • Was habe ich gelernt?	_/2									
8.	...betrug mein durchschnittlicher Energielevel										
9.	...ist mein Wohlbefinden										
Tageswert				_/52			_/100%				
Tagesnotiz											

---

1 pro 10 min. Meditation einen Punkt
2 Mark Lauren 90 Tage Challenge

Nachdem ich diese Vorlage entwickelt hatte, traf ich die Entscheidung, die dort aufgeführten Punkte für jene festgelegten drei Monate konsequent und kompromisslos in mein tägliches Leben zu integrieren. Die einzige Ausnahme, die ich gelten lassen wollte, war die monatliche Anpassung der Liste aufgrund von im Umgang mit ihr gemachten Erfahrungen. Es ging ja nicht nur um meine Askese, sondern auch darum, ein Instrument oder Hilfsmittel für die Mitarbeiter zu entwickeln. Um einen Maßstab für die eigene Entwicklung zu erhalten, führte ich zusätzlich ein Bewertungssystem ein. Mit ihm wollte ich herausfinden, ob sich die Möglichkeit, eine bestimmte Anzahl an Punkten zu erreichen, positiv auf die Motivation in vielleicht auftretenden Umsetzungstiefs auswirkt.

Die Erfahrungen, die ich mit der anhand dieser Liste umgesetzten Askese gemacht habe, waren sehr vielfältig. Das Erste, was ich erlebte, war, dass das aufgeführte Pensum eine außerordentliche Disziplin erforderte. Aber nun gut, Disziplin heißt ja nichts anderes, als das eigene Leben in die Hand zu nehmen. Das Bewertungssystem diente tatsächlich zu Beginn immer mal wieder der Motivation, sich nach einem anstrengenden Tag ans Tagebuch zu setzen. Weiterhin erlebte ich, dass sich die Fokussierung auf genügend Schlaf, gute Ernährung, Sport und Meditation sehr positiv auf meinen Energielevel, mein Wohlbefinden und die Entwicklung eines bewussteren Umgangs mit meinem Körper und meinem Geist auswirkte. Auch die tägliche, schriftliche Reflexion half mir dabei, mir meiner selbst, meiner Gefühle, meines Umfelds und meines Handelns bewusster zu werden. Durch die schriftliche Dokumentation lernte ich zum Beispiel noch genauer, welche Aktivitäten mir Energie stehlen und welche mir Energie spenden.

Sehr rasch merkte ich, dass nicht ausreichender Schlaf, wenig Bewegung und unregelmäßiges sowie ungesundes Essen sehr viel Energie kosten. Auch registrierte ich erneut, dass das viele Reisen unverhältnismäßig große Kraft verbrauchte. Das, was mir viel Energie spendete, war in erster Linie ein geregelter Tagesrhythmus im Kreise mir vertrauter Menschen. Ich erinnere mich noch gut daran, dass ich eines Morgens mit einem Energielevel von maximal vier zu dem Modul unseres Curriculums reiste. Nachdem ich den Tag mit zwei Dutzend Upstalsboomern und Upstalsboomern auf Zeit verbracht hatte, stieg mein Energielevel auf gefühlte neun bis zehn an.

Weiterhin lernte ich mich und die Ursachen einiger meiner Verhaltensmuster durch die mit der Askese einhergehende intensive Reflexion besser kennen. So wurde mir zum Beispiel bewusst, dass mein immer wiederkehrendes Muster des Rennens, des Zuviels und des Verlusts des rechten Maßes eine Menge mit der Beziehung zu meinem Vater zu tun hat. Ich erinnerte mich an zwei konkrete Situationen, in denen ich wohl unbewusst einen »Auftrag« angenommen hatte, den ich dann im weiteren Verlauf meines Lebens auch zu erfüllen versucht hatte.

Nicht nur für mich, sondern auch für viele andere Menschen gab mein Vater zu Lebzeiten ein recht großes und beeindruckendes Bild ab. Er war ein sehr willensstarker Mensch, für den es erst beim dritten Nein interessant wurde. »Geht nicht, gibt's nicht«, war seine Devise. Seine unbändige Stärke, Eloquenz, Kreativität und Fähigkeit, Menschen zu begeistern, führten im Verbund mit den Stärken meiner Mutter zu einer außerordentlichen Unternehmensentwicklung, über die bis über die Grenzen Ostfrieslands hinaus gesprochen wurde.

Die erste Situation, an die ich mich nun entsann, hatte mit mir unmittelbar nichts zu tun. Meine Mutter berichtete mir eher beiläufig von einer Begebenheit aus dem Jahr 1989. Gemeinsam mit anderen Unternehmern hatte sich mein Vater für ein Führungskräfteseminar beim SchmidtColleg angemeldet. Ein weiterer Teilnehmer war Klaus Kobjoll, der in den darauffolgenden Jahren mit der außerordentlichen Entwicklung seines Hotels Schindlerhof in Nürnberg für viel Aufsehen gesorgt hat. Mit Kobjoll war mein Vater damals wohl ins Gespräch gekommen, es ging dabei um die Fragestellung, wie mein Vater das mit zehn

Hotels umsetzen könnte, was sich Klaus Kobjoll – im Nachhinein sehr erfolgreich – mit einem Hotel vorgenommen hatte.

Die zweite Situation, die in mir auftauchte, stand im Zusammenhang mit dem Tod und der Beerdigung meines Vaters 2007. Zwar bewegte sich unser Unternehmen nach der Insolvenz im Jahr 2001 Schritt für Schritt nach vorne, dennoch gab es 2007 nicht ansatzweise eine Perspektive, geschweige denn die Sicherheit, dass es je wieder richtig Fahrt aufnimmt. Dafür standen einfach immer wieder zu viele Themen auf der Kippe. Im Rahmen der Trauerarbeit gab ich meinem verstorbenen Vater dann das Versprechen, das Unternehmen in die Unabhängigkeit zu führen. Und dann ging es los, das Rennen ...

Was mir bis zu meiner dreimonatigen Askese-Phase nicht bewusst war: Ich war wohl von dem starken Bild meines Vaters sowie von den beiden Situationen und den daraus unbewusst übernommenen Aufträgen »besessen«. Es scheint, als wäre ich in den letzten Jahren immer diesem großen Bild und der Erfüllung dieser Aufträge hinterhergelaufen.

Drei weitere Situationen verschafften mir dann einen Ausweg aus diesem unbewusst existierenden Hamsterrad. Als wir in der Öffentlichkeit für unsere Art der Unternehmensführung mit ersten und später unzähligen weiteren Preisen ausgezeichnet wurden, erinnerte ich mich daran, wie ich im Stillen zu meinem Vater sagte: »Siehst du, Vatz, es ist auch mit zehn Hotels und über 600 Ferienwohnungen möglich, das zu erreichen, was ein anderer Hotelier mit nur einem Hotel geschafft hat.« Als ich die Verbindung zwischen dem Gespräch meines Vaters und dem Gewinn der Preise erkannte, bekam die Teilnahme an irgendwelchen Awards eine völlig neue und vor allem andere Bedeutung. Ich betrachtete sie auf einmal mit ganz anderen Augen, eher unter dem Aspekt der Sinnhaftigkeit und eines für uns relevanten Bewertungssystems, als aus der Perspektive eines vielleicht unbewusst »verletzten Kindes«, das versucht, seine Verletzungen über die Anerkennung von außen zu heilen.

Die zweite Situation hängt zusammen mit der wirtschaftlichen Entwicklung unseres Unternehmens. In dem Moment, wo sich durch unsere operative Entwicklung und den erfolgreichen Abschluss einer langjährigen Verhandlung die Bonität der Muttergesellschaft sprunghaft nach oben entwickelte und wir mit unserem Unternehmen wieder Kurs in Richtung einer ökonomischen Unabhängigkeit fuhren, fühlte ich mich plötzlich wie in einem Vakuum. Ja, ich hatte meine Vision von glücklichen Menschen, aber im Unternehmenskontext empfand ich mit dem Wissen, dass das Unternehmen nunmehr unabhängig war, eine gewisse Leere. Bis zur Reflexion war mir nicht bewusst, dass damit mein zweiter, im Zusammenhang mit meinem Vater übernommener Auftrag abgeschlossen ist.

Die dritte Situation, meine Askese, führte überhaupt erst dazu, dass ich mir intensiver der Beziehung zwischen meiner eigenen Geschichte, den Begegnungen mit den Menschen in ihr und meinem heutigen Handeln bewusst wurde. Meine Geschichte ist die Quelle für die Antwort auf Fragen wie: Wer bin ich? Wieso bin ich so, wie ich bin? Wieso handle ich so, wie ich handle? Den Zugang zu meiner Geschichte habe ich dann mehr und mehr über die Stille, das schriftliche Reflektieren und ganz besonders auch über die Gespräche mit meiner Frau Claudia gefunden.

Viele Menschen glauben, alles zu haben. Oder sie meinen zu wissen, was sie alles benötigen, um glücklich zu sein. Das, was dennoch einigen von ihnen fehlt, ist die Erkenntnis über sich selbst. Diese wiegt im sehr positiven Sinne viel schwerer als der materielle und immaterielle Ballast, an dem vielleicht unser Ego wächst, aber durch den vieles andere auf der Strecke bleibt, zum Beispiel die Familie, die Gesundheit, die Freiheit oder der innere Frieden. Wer aus der persönlichen Geschichte nicht lernt, läuft Gefahr, dass sie sich wiederholt.

Nachdem ich die besagten Aufträge erledigt habe, liegt für mich die Verantwortung nun in einem neuen Auftrag, einem Auftrag, der meinem Wesen gerechter wird und nicht im Erreichen wirtschaftlicher Unabhängigkeit oder irgendwelcher Preise: Ich möchte der sinnvollen Symbiose zwischen Mensch, Umwelt und Wirtschaft näherkommen. Aber dazu später mehr.

Eine weitere, nicht weniger wichtige Erkenntnis aus der Challenge war, dass dieses intensive Um-sich-selbst-Kreisen in diesem Umfang nicht dauerhaft mit dem Familienleben, mit der Gemeinschaft kompatibel ist. Spätestens nachdem ich im Wohnzimmer Tagebuch schreibend neben meiner Frau saß, wurde mir klar, dass ich aus Sicht meiner Familie in dieser Zeit zwar physisch anwesend, aber geistig nicht präsent war. So schrieb ich einmal auf, bei wem ich mich für diesen Tag alles bedanken wollte. Natürlich waren meine Frau und meine Kinder dabei. Und nun ertappte ich mich, wie ich neben meiner Frau sitzend in mein Buch schrieb, dass ich ihr für etwas danke. Ich hätte es ihr auch einfach sagen können, dann hätten wir beide etwas davon gehabt.

Außerdem schlief in diesen drei Monaten meine Frau abends häufig ohne mich ein und wachte morgens ohne mich auf, weil ich am Meditieren war. Dem Familienleben tat also diese Zeit nicht besonders gut, und wir alle waren froh, als die Askese vorüber war. Sehr passend war die Bemerkung meiner Frau: »Wir sind hier ja nicht im Kloster.« Berührt hat mich auch die Aussage meiner Kinder: »Endlich ist Papa wieder da.« Kinder haben ein sehr feines Gespür dafür, ob jemand nur da oder wirklich anwesend ist. Ich hatte mich bei meiner Aktion nur um mich selbst gedreht und eine wichtige der fünf Quellen aus dem Kloster, nämlich die Gemeinschaft, aus dem Auge verloren. Da blitzte es noch einmal auf, mein Thema mit dem rechten Maß. Aber ich versuche daraus zu lernen und die Erkenntnisse in meinem eigenen, zukünftigen Verhalten besser zu berücksichtigen. Aber auch bei der Upstalsboom-Challenge, die ich für die am Upstalsboom-Curriculum teilnehmenden Mitarbeiter vorbereitete.

Kleine Schritte, große Freude – große Schritte, kleine Freude

Ein großer Teil unseres Handelns erfolgt unbewusst. Ich denke, das ist auch ein Grund dafür, weshalb das etwa in Seminaren gewonnene Verständnis, wenn überhaupt, nur zu einem Bruchteil angewandt wird. Wollen wir dieses Verhältnis ändern, bedarf es entweder eines bewussteren Handelns, oder die gewonnene Erkenntnis muss durch Übung zur Gewohnheit werden. Einfacher wird es, wenn ich versuche, Menschen zu bewegen, indem ich sie berühre. Auch das Berühren ist etwas, was ich, im praktischen Sinne des Wortes, mit der Übung des Aufrichtens (siehe S. 61) im Kloster gelernt habe. Die Berührung hilft den Menschen dabei, sich mit sich selbst zu beschäftigen, mit dem Sinn ihres Lebens. Die Frage, die sich in diesem Fall stellt, ist: Wie kann ich Menschen berühren? Berühren findet weniger am Schreibtisch statt, während ich eine E-Mail schreibe. In unserem Unternehmen versuchen wir einzigartige Erlebnisse zu ermöglichen, die unter die Haut gehen.

Um den Menschen und somit unseren Mitarbeitern sowie in kleinen Teilen auch Externen weiterhin zu dienen, haben wir auch unser seit 2012 bestehendes Curriculum weiterentwickelt und zurzeit auf sechs Module mit dazwischen stattfindenden Aufgaben erweitert, den sogenannten Upstalsboom-Challenges. Hier sind insgesamt vier dieser sechs Module relevant. Es sind die Module zwei (Bewusstsein für Körper, Geist und Sprache), drei (das persönliche Leitbild), vier (gelingende Beziehung) und fünf (Führung ist Dienstleistung). Die weiteren Module heißen »Der Upstalsboom-Weg« und »sinnstiftende Formen der Zusammenarbeit«. Aktuell denken wir darüber nach, noch ein siebtes Modul mit dem Titel »Storytelling« zu entwickeln. In diesem Modul wollen wir, dass die Teilnehmer ihre im Curriculum gewonnenen Erkenntnisse schriftlich aufbereiten, sie das Handwerkszeug dafür bekommen, ihre Vision und ihre Geschichte bei uns im Unternehmen oder ihre persönliche zu formulieren. Weiterhin haben wir darüber nachgedacht, »Kulturreporter« und »Persönlichkeitsjournalisten« auszubilden. Es ist beeindruckend, welche einzigartigen und zum Teil auch unglaublichen Lebensgeschichten Mitarbeiter unseres Unternehmens haben. Der Persönlichkeitsjournalist wird genau diese Menschen dabei unterstützen, ihre Entwicklung schriftlich zu formulieren. Bestenfalls in nur einem Satz beschrieben, so wie bei Mirco, dem jungen Hotelmanager, der unter Panikattacken in seine bisher größte Krise geraten ist, die daraus entstandene Not aber als Chance erkannt hat, an seiner Haltung zum Leben und zum Beruf zu arbeiten, und daraus die Erkenntnis gewonnen hat, sich für menschliche Entwicklungen einzusetzen. Wir stellen uns dabei vor, dass jedes Jahr eine Art Buch entsteht, in dessen Kapiteln sich die Mut machenden Geschichten einzelner Mitarbeiter wiederfinden.

Ich selbst habe gemerkt, wie wertvoll die schriftliche Auseinandersetzung mit sich selbst und der eigenen Geschichte ist. Was ich auch gemerkt habe, ist, dass ganz besonders die Interviews, die mit mir geführt wurden, egal ob von einem Studenten für die Bachelorarbeit oder von einem etablierten Journalisten, dazu beigetragen haben, mir bestimmter Themen bewusst zu werden und mich und das Unternehmen weiterzuentwickeln. Das dabei wohl wichtigste Instrument waren die jeweils gestellten Fragen. Je klüger die Fragen, desto stärker war der Effekt für mich. Da Journalisten und Reporter es nun mal gelernt haben, Sachverhalte anhand gezielter Fragen herauszuarbeiten, um diese dann schriftlich in Form einer Geschichte aufzubereiten, ist es sehr sinnvoll, diese Fähigkeit und Kompetenz für die Menschen im Unternehmen zu erschließen.

Im Kloster und bei meiner persönlichen Challenge hatte ich erfahren, wie wichtig die Gemeinschaft mit Gleichgesinnten für die gegenseitige Ermutigung bei der Bewältigung anspruchsvoller Aufgaben ist. Matthias, Souschef in der Upstalsboom Hotelresidenz & SPA in Kühlungsborn, sagte mir in diesem Zusammenhang einmal einen, wie ich finde, sehr klugen Satz, den ich nie vergessen werde: »Wenn du weißt, wer hinter dir steht, ist es egal, was vor dir liegt.« Passender konnte er es nicht ausdrücken, und das ist auch genau das, was uns Upstalsboomer sehr stark macht. Gleichgesinnte können ihre Erfahrung mit uns teilen, können uns bei Problemen zur Hand gehen, gemeinsam mit uns etwas durchstehen oder Nähe, Vertrauen und Trost spenden. Alles Punkte, die uns Ruhe und Kraft schenken.

Natürlich ist das keine zwingende Voraussetzung, ein Alleingang ist ebenso denkbar, aber in unseren Curricula haben wir die Erfahrung gemacht, dass der Umsetzungsgrad übernommener Aufgaben oder gewonnener Erkenntnisse deutlich höher ist, wenn dies in der Gemeinschaft bewältigt wird. Ein Beispiel: Für den Zeitraum zwischen dem zweiten und dritten Modul erhalten die Teilnehmer den ersten Teil der neu entwickelten Upstalsboom-Challenge. Die Teilnehmer können dann für sich entscheiden, ob sie diese eins zu eins umsetzen wollen oder nur als Leitfaden oder Orientierung nutzen möchten.

Bestandteil dieser Challenge ist neben der praktischen Auseinandersetzung mit Meditation, schriftlicher Reflexion und bewusster Ernährung auch das besagte Sportprogramm von Mark Lauren. Bei der gemeinsamen Reflexion wurde dann deutlich, dass gerade diejenigen, die eine Sportgemeinschaft gebildet hatten, die Challenge deutlich konsequenter, disziplinierter und vor allem mit viel mehr Freude umgesetzt hatten als die »Alleingänger«.

Die Erfahrungen haben gezeigt, dass sich die Wirksamkeit erhöht, wenn sich zwischen den Modulen sogenannte Peergroups bilden, die sich in regelmäßigen Abständen treffen oder updaten und sich gegenseitig Fragen stellen: »Wie geht es dir? Wie läuft es? Wo bewegst du dich gerade? Wo siehst du Herausforderungen? Wie gehst du damit um?«

Wenn Menschen sich gegenseitig kennen und sich gemeinsam für etwas einsetzen, was ihnen als sinnvoll erscheint, haben wir die Voraussetzung für gelingende Beziehungen. Es gibt etwas Verbindendes, und so entsteht aus der Verbundenheit heraus persönliches und gemeinsames Wachstum. Zusammenwachsen, in doppelter Hinsicht.

Das hätten wir nicht erreicht, wenn wir nur eine Checkliste verteilt hätten, anhand derer sich die Mitarbeiter kontrolliert hätten. Sowieso ist das mit Checklisten genauso wie mit Standards so eine Sache. Auch hier können wir wieder die Frage stellen: Dient die Checkliste dem Menschen oder der Mensch der Checkliste? Ich habe Teilnehmer erlebt, die sich selbst als perfektionistisch charakterisiert haben und sich durch eine Checkliste unter Druck gesetzt fühlten. Für diese Menschen ist es sinnvoller, eine Liste – damit ist ebenso unsere Challenge gemeint – (wenn überhaupt) eher als lockere Orientierung oder Leitfaden zu betrachten.

Ich hätte ihnen auch ein leeres Blatt hinlegen und sagen können: »Überlegt euch mal selbst, was euch dabei unterstützen könnte, selbst tätig zu werden, selbst in Bewegung zu kommen.« Ich kann als Führungskraft Menschen Werkzeuge an die Hand geben, Pläne, nach denen sie zum Beispiel ein Schiff bauen können, um hinaus aufs Meer zu fahren. Oder ich lehre ihnen die Sehnsucht nach dem Mee(h)r, dann werden sie etwas entwickeln, damit sie hinaus aufs Meer gelangen. Die Frage, die sich für den Einzelnen hier nur stellt, ist: Was ist mein Mee(h)r? Und um das zu finden, bieten wir mit dem Curriculum dann doch ein Werkzeug, um sich seiner Sehnsucht anhand einer auf deren Klärung ausgerichteten Gewohnheit bewusster zu werden.

Der Versuch, die eigene Sehnsucht zu entdecken, ist wie ein Abenteuer, auf das ich mich einlassen muss. Ein Abenteuer, dessen Ausgang offen ist. Ein Abenteuer, das mich immer wieder aus meiner Komfortzone führt und mich mit meiner Geschichte, meinen Eigenschaften, meinen Träumen und Emotionen konfrontiert. Ein Abenteuer, das unter die Haut geht, manchmal schmerzt und mich manchmal vor scheinbar unlösbare Herausforderungen stellt. Ein Abenteuer, bei dem ich mir meiner selbst mit jedem Schritt ein bisschen bewusster werde und mich dadurch mit jedem Schritt auch ein bisschen freier fühle. Wer sich auf dieses Abenteuer begibt, kann immer mehr auf oberflächliche Bespaßung verzichten, ganz einfach, weil es so spannend ist, sich zu entdecken. Raus aus dem Käfig, aus der Manege und dem Zirkus, in dem Dompteure versuchen, mich zu etwas zu bewegen, was ich von mir aus nie tun würde. Raus aus dem Hamsterrad und raus aus dem Gefängnis meiner Gedanken. Rein in meinen persönlichen Dschungel.

Entscheidend ist dabei, sich nicht nur auf diesen abenteuerlichen Weg zu sich selbst einlassen zu wollen, sondern es auch tatsächlich zu tun. Und dafür braucht es neben der Antwort auf die Frage, wofür ich mich auf den Weg mache, auch die dazugehörigen, bestenfalls zielführenden Verhaltensweisen, die ich mir zur Gewohnheit machen kann. Nur so kann ich einen klaren Fahrplan für mich entwickeln. Nennen wir es einmal das persönliche Leitbild, von dem ich, je nachdem, wie es meiner ursprünglichen Persönlichkeit entspricht, überhaupt nicht mehr abweichen möchte.

Es ist wissenschaftlich erwiesen, dass es ungefähr sechs Wochen dauert, um etwas zu einer Gewohnheit werden zu lassen – wenn man es tagtäglich praktiziert. Aus diesem Wissen heraus haben wir in Ergänzung zu den inhaltlichen und emotionalen Impulsen eines Moduls diesen Aufgabenkatalog entwickelt, der tagesrationiert ist. Diejenigen, die sich daran halten, kommen auf diese Weise ins Handeln, in eine zielgerichtete Bewegung – das ist der Anfang aller Entwicklung. Und unserem Verständnis nach haben die Menschen ein wichtiges Ziel erreicht, wenn sie die Freiheit gefunden haben, das zu leben, was ihnen als Mensch wirklich wichtig ist. Und das dann auch tun. Egal ob es sich dabei um die Sehnsucht handelt, der Nachwelt etwas Gutes zu tun oder das eigene Können weiterzugeben.

Ein Beispiel dafür ist Nathalie, seit vier Jahren Empfangsmitarbeiterin und Teilnehmerin der Ruandareise 2017. Vor dieser Tour wurde ihr Dasein im Jahr 2014 durch eine schwere Krankheit getrübt. Ihre Krankheit machte ihr so zu schaffen, dass sie, wie sie selbst einmal sagte, verlernt hatte, wie sich Glück anfühlt. Erst in Ruanda fand sie im Angesicht der Kinder wieder Zugang zu diesem Gefühl. Sechs Wochen nach ihrer Rückkehr erhielt ich von ihr eine E-Mail:

Moin Bodo :),

auf diesem Wege danke ich dir für die wundervollen Lebenserfahrungen, die ich in den letzten vier Jahren in der Ausbildung auf Usedom sowie im Praxisjahr in Kühlungsborn machen durfte.

Vor allen Dingen die Reise nach Ruanda sowie zum Kloster Münsterschwarzach werden stark zu meiner weiteren Persönlichkeitsentwicklung beitragen. Darin findet meine Dankbarkeit keinen Ausdruck, und das Erlebte ist für mich kaum in Worte zu fassen. Durch meine Erlebnisse in Ruanda sowie im Kloster rücken für mich nun Glück, Familie und Heimat in einen anderen Fokus ...

Nach vier wunderbaren Jahren bei Upstalsboom möchte ich den nächsten beruflichen Schritt im Rahmen eines Hotelbetriebswirtschafts-Studiums ab dem 1. Oktober 2017 an der Wihoga (Wirtschaftsschule für Hotellerie, Gastronomie, Handel und Dienstleistungen) in Dortmund wagen. Die Wihoga bietet die besten Voraussetzungen in der Hotellerie, mich weiterzuentwickeln ...

Toll fände ich es, weiterhin ein Teil der Upstalsboom-Familie zu bleiben. Während des Studiums möchte ich gerne in Teilzeit arbeiten, vorzugsweise im Rahmen einer Home-Office-Tätigkeit. Falls die Möglichkeit dazu besteht, würde ich mich freuen, weiterhin für Upstalsboom zu arbeiten. Vielleicht zu Themen der Ausbildung zur Hotelfachfrau.

Ich danke dir für diese Jahre und freue mich jetzt schon auf deine Antwort.
Nathalie

Sie erhielt von mir folgende Antwort:

Liebe Nathalie!
Deine Zeilen machen mich mit Blick auf deine Entwicklung bei uns sehr dankbar. Das, was du für dich bei uns mitgenommen hast, ist der Grund, wofür ich jeden Tag aufstehe. Deine Bereitschaft, dich nun auch fachlich noch weiterentwickeln zu wollen, wird deinem zukünftigen Lebensweg dienen. Sehr gut! Und mit der Schule in Dortmund hast du eine sehr gute Wahl getroffen. Die Menschen, die in ihrem Herzen das verinnerlicht haben, worum es uns geht, werden meinem Empfinden nach immer Upstalsboomer sein, egal wo sie sich aufhalten. Und jeder Upstalsboomer ist für sein Umfeld ein Geschenk. Und so wird es auch bei dir sein, wenn du in Dortmund bist und du deine Mitmenschen an dem teilhaben lässt, was du bei uns erlebt hast. Was deine Frage angeht, auch weiterhin Teil unserer Upstalsboom-Familie bleiben zu wollen, mag ich dir sagen, dass für dich unsere Türen immer offen sind. Melde dich, wenn dir danach ist. Und nun mag ich auch dir noch einmal Danke für alles sagen und wünsche dir für die kommende Zeit alles Gute.

Nach dem Einführungsmodul, das einen Tag lang dauert, geht es im zweiten Modul darum, sich darüber bewusst zu werden, wie sehr man selbst handelt oder gehandelt wird. Jeder kennt die Situation: Ich habe mir etwas vorgenommen, und später stelle ich dann fest, dass der innere Schweinehund mal wieder stärker war als der eigene Wille. Viele kennen auch das: Erst einmal sind natürlich die Umstände oder andere Menschen »schuld«, wenn etwas nicht so läuft, wie ich es mir selbst vorgestellt habe. Wenn ich ganz anders verstanden worden bin, als ich es gemeint habe.

Oder dass die Menschen im Umfeld etwas anderes getan haben als das, was ich glaubte, ihnen vermittelt zu haben.

Der Schwerpunkt dieses Moduls liegt darin, sich dadurch seiner Gedanken (Geist), Worte (Sprache) und Taten (Körper) bewusster zu werden. Wer nicht weiß, wie er ins Handeln kommen soll, hat hier eine Option, zu erfahren, was er tun kann, damit das passiert. Wir versuchen den Mitarbeiter dabei zu unterstützen, den inneren Autopiloten einfach auszuschalten. Das ist eine unserer Führungsdienstleistungen. So haben wir bei uns im Unternehmen nicht die Situation, wie sie in Fitnessstudios häufig zu beobachten ist: Ich gehe dahin, doch ich weiß nicht, was ich dort machen soll. Was bringt mich denn nun ans Ziel? Die tausend Möglichkeiten, die sich auftun, diese vielen unterschiedlichen Geräte, sie verwirren nur.

Sage ich jemandem: »Hey, jetzt meditier mal!«, wird sich derjenige vielleicht ein Jahr lang damit beschäftigen, welche Möglichkeiten es gibt, um das zu bewerkstelligen. Und je länger er sich damit auseinandersetzt, desto weniger kommt er in die Aktion. Aus diesem Grund haben wir uns für eine fokussierte Form entschieden, um den Einstieg zur Entwicklung von Bewusstsein zu optimieren.

Und so sieht eine Tagescheckliste zur Selbstführung für die Upstalsboomer aus:

Selbstführung
Teil II
Körper und Geist

Heute...		1	2	3	4	5	6	7	8	9	
							(1=niedrig,10=hoch)				
1.	...habe ich wie gut geschlafen?										
2.	...habe ich • die „7 minds" Meditation durchgeführt	_/5				Notiz:					
3.	...habe ich meine ML-Challenge absolviert O Training O Tagesaufgabe	_/5									
4	...habe ich 7 h pro Nacht geschlafen	_/7				Notiz:					
5.	...betrug mein durchschnittlicher Energielevel										
6.	...ist mein Wohlbefinden										
Tageswert		___/47				___/100%					
Tagesnotiz:											

Bei vielen Positionen ist eine Antwort erforderlich, die auf einer Skala von 1 bis 10 eingetragen werden sollte. Eine Frage lautet: »Wie gut habe ich geschlafen?« Aber warum fragen wir das ab? Ist das nicht ein bisschen banal? Vermeintlich ja. Die Erfahrung zeigt jedoch, dass 80 Prozent der Teilnehmer das Einmaleins für ein gesundes Leben nicht kennen oder als unwichtig empfinden. Sie wollen sich bei ihrer Entwicklung statt mit dem Einmaleins, dem »Laufenlernen«, lieber gleich mit den binomischen Formeln oder dem Besteigen eines Viertausenders beschäftigen. Dies gilt ganz besonders für einige Führungskräfte. Auch Bettina stellt sich damals die Frage: »Ich bin jetzt achtundvierzig, wieso soll ich mich da noch einmal mit mir beschäftigen?«

Gerade bei der Entwicklung einer Persönlichkeit ist es wichtig, zunächst kleine Schritte zu gehen. Ein erster kleiner Schritt, dann folgt ein zweiter, und mit jedem weiteren Schritt werden wir sicherer und entfernen uns langsam und vorsichtig aus dem Käfig unserer unvorteilhaften Gewohnheiten. Je unübersichtlicher der Weg, desto kleiner die Schritte. Und Widerstände lauern schon auf den ersten Metern. Einer unserer Kursteilnehmer, Stefan, ein Upstalsboomer auf Zeit, berichtete von völlig unterschiedlichen Erfahrungen, die er bei seinen anfänglichen Schritten gemacht hat. Die erste war, dass er, hoch motiviert, zu Beginn einfach zu schnell losgerannt und dann voll auf die Schnauze gefallen ist. In Bezug auf den Sportteil der Challenge endete dieses Rennen mit einer Blockade in der Wirbelsäule und einem gebrochenen Zeh. Und Stefan bildet da bestimmt keine Ausnahme.

Die Teilnehmer erhalten außerdem die Einladung, während der Challenge einmal zu versuchen, auf Alkohol zu verzichten. Gerade bei diesem Punkt sind sie einem ganz besonderen Druck, nämlich dem der Gesellschaft, ausgesetzt. Stefan ist Mitglied bei der Freiwilligen Feuerwehr. Als er bei einer Feierlichkeit die Einladung auf ein Bierchen ablehnte, ging der Spießrutenlauf für ihn los. »Wirst du jetzt komisch, oder was?« Gerade bei dem Versuch, die ersten eigenen Schritte zu gehen, erleben unsere Teilnehmer immer wieder Situationen, in denen ihnen bewusst wird, dass sie ganz schön häufig von anderen geführt werden, sie also ihre Entscheidung von der Meinung, den Weltbildern oder den Traditionen anderer abhängig machen.

Genau aus diesem Grund beginnen wir mit den vermeintlich einfachen Dingen, beginnen wir damit, wieder das selbstständige Gehen oder das klare Sprechen zu lernen und uns damit »stapje bi stapje« von der »Hundeleine« namens Gesellschaft zu befreien. Um das Wissen der klösterlichen fünf Quellen anzuwenden, um unsere körperliche und geistige Vitalität wiederzufinden. Jeder weiß, wie es sich anfühlt, nicht ausgeschlafen oder unfit zu sein. Eine wenig erholsame Nacht mindert unsere Fähigkeit, mit Stress umgehen zu können, erhöht das Risiko für viele körperliche und seelische Erkrankungen und drückt damit deutlich auf die Lebensqualität. Unausgeschlafen sehe ich die Welt auch mit anderen Augen – und meistens nicht positiv.

So gehört es für uns zu einer wichtigen Führungsaufgabe, unseren Mitarbeitern Wege zu Verhaltensweisen aufzuzeigen, die ihre Energie erhalten oder sogar zusätzliche Energie spenden. Denn wie bei der Achtsamkeit, hatte ich auch beim Energielevel das Gefühl, dass es wichtiger ist, hellwach zu sein, als nur Grips zu haben. Gehen müssen sie diesen Weg allerdings selbst. Und zur Beruhigung: Hier werden keine hochphilosophischen oder wissenschaftlichen Voraussetzungen erwartet. Es geht um Regeln wie das »*ora et labora*« der Mönche, um einen Rhythmus und klare Strukturen, die jeder für sich finden kann.

Am Ende eines jeden Tages wird der Energielevel eingeschätzt, das eigene Wohlbefinden. Wie war das heute für mich? Was habe ich gemacht und wie habe ich mich dabei gefühlt?

Es ist die Entwicklung dieser zielorientierten Routine, die einen weiterbringt. »Achte auf deine Gedanken, Taten und deine Sprache, denn sie werden zu deiner Gewohnheit ...« Auf den ersten Metern meines Abenteuers funktioniert dieser Teil des Talmuds wie ein Mantra, das mich dabei unterstützt, mich aus dem alltäglichen Tiefschlaf hinauszubugsieren. Mit der Unterstützung durch die Challenge bewegen sich die Mitarbeiter im Zeitraum zwischen den Modulen immer wieder im Wechsel zwischen Aktion und Reflexion, entwickeln so Gewohnheiten, die Voraussetzung für einen wirksamen Wandel sind. Gewohnheiten, die mich den Dingen im Leben anders gegenüberstehen lassen. Gewohnheiten, die mich unglaublich stark machen und mich nicht erschöpft und deprimiert auf der Strecke zurückbleiben lassen.

Genauso verhält es sich mit meiner Sprache. Aus diesem Grund bekommen alle Teilnehmer im Verlauf der Challenge etwa die Aufgabe, ihr spezielles Füllwort zu finden, das »Wischiwaschi-Wort«. Füllwörter, so wissen wir, tragen häufig zu Missverständnissen bei, und zwar deshalb, weil bei ihrer Verwendung Informationen nicht klar übermittelt werden, sie gleichsam vernebelt oder verwässert werden. Jeder Gesprächsteilnehmer interpretiert dann die Information so, wie es für ihn selbst gut und richtig klingt. Der eine meint, etwas Bestimmtes formuliert zu haben, der andere ist da aber ganz anderer Ansicht. So kommt es zu Verwechslungen, Fehldeutungen bis hin zu Zerwürfnissen. Füllwörter nehmen also einer Aussage die Klarheit, sie vernebeln diese – und so bewegen auch wir uns im Nebel. Diese Auswirkung bezieht sich im Übrigen nicht nur auf andere. Meine Sprache wirkt auf mich genauso wie auf andere. Das bedeutet, dass ich mich auch selbst durch meine Sprache verunsichern kann. Es spielt also keine Rolle, ob ich mit jemanden anderen spreche oder Selbstgespräche führe.

Genauso gilt es, bewusst hinzuhören, wie häufig meine Mitmenschen Füllwörter benutzen. Habe ich das lange genug getan, passiert etwas Wundervolles: Ich höre sie nämlich nicht nur mehr bei anderen, sondern plötzlich auch bei mir selbst. Bei uns im Unternehmen erlebe ich ständig, wie Mitarbeiter mitten im Satz abbrechen und ihn noch einmal beginnen, ohne Füllwörter. Das ist Teil unseres Prozesses.

Aber der Körper ist nicht nur von unseren Gedanken und unserer Sprache beeinflusst, sondern auch von dem, was wir essen und wie wir uns bewegen. Du bist, was du isst. Dein Körper kann ein richtiges Kraftwerk sein, vorausgesetzt, du fütterst ihn mit guten Dingen und betankst ihn nicht mit »Schweröl«. Und zum Sport: Dreimal in der Woche kann jeder zwanzig Minuten Zeit dafür haben. Wohl 70 Prozent der Menschen haben, laut verschiedenen Umfragen, Angst davor, krank zu werden, aber ein weitaus größerer Teil der Menschen verhält sich so, dass kein Weg an einer Krankheit vorbeiführt.

Zur Challenge gehört natürlich auch die Meditation. Die zunächst nur siebenminütige Meditation ist eine Möglichkeit, um im Sinne von Pater Anselm für sich einen heiligen Raum zu schaffen. »Heilig« kommt auch von »heilen«, und heilig ist eine Zeit für mich, wenn sie nur für mich da ist, wenn das ganze sonstige Drumherum weggelassen wird. Diese Zeit ist mir so heilig, dass ich mir diesen Raum schaffe, in dem nur ich selbst stattfinde. Einen Raum, in dem ich frei von den Erwartungen anderer bin, in dem ich ohne Schuldgefühle bin, in dem ich authentisch bin, in dem ich heil und ganz bin. Einen solchen Raum in den normalen Alltag einzubauen, ganz gleich ob für Mitarbeiter im Servicebereich oder für Führungskräfte, ist ein wichtiger Teil der Challenge.

Mit der nach Modul zwei gewonnenen Vitalität und Achtsamkeit habe ich dann auch gute Voraussetzungen, um das nächste Abenteuer anzugehen.

Das ganz persönliche Leitbild

Jede Verwandlung benötigt ihre Zeit, und mit dem zweiten Modul und der damit einhergehenden Challenge haben wir durch die Entwicklung unseres Bewusstseins und unserer Vitalität die Voraussetzungen dafür geschaffen, mit dem dritten Modul, »Das persönliche Leitbild«, das nächste Abenteuer erfolgreich anzugehen. Die Erarbeitung des persönlichen Leitbildes ist ein herausforderndes und emotionales, aber auch sehr befreiendes Unterfangen, das im Ergebnis Antworten auf die wesentlichen Lebensfragen in Bild oder Schrift festhält. Rein optisch ähnelt es einigen Unternehmensleitbildern, die ja auch Antworten auf die Fragen zur Identität des Unternehmens geben sollen.

Das persönliche Leitbild dient der Lebensorientierung. Es zeigt mir, was ich als sinnvoll empfinde, welche Werte und Ziele ich vertrete. Besonders wichtig ist dabei ja das Bewusstsein für das Wofür, das meinen Sinn beschreibt. Das Wort »Sinn« basiert auf der indogermanischen Wurzel »sent«, was so viel bedeutet, wie einer Spur oder einer Fährte folgen. Welcher Fährte folge ich denn? Mark Twain sagte einmal sinngemäß: Es gibt zwei Tage im Leben, die die wichtigsten sind. Der Tag, an dem man geboren wurde, und der, an dem man begreift, warum oder wofür das geschehen ist.

Bei dem persönlichen Lebenssinn geht es also gleichsam um die Fährte, der ich in meinem Leben folgen möchte. Mit dem Gehen meines persönlichen Weges hinterlasse ich im besten Fall Spuren, nicht Staub. Die Antwort auf das Wofür dient besonders in stürmischen Zeiten dazu, stark sein zu können, weil ich meine

Entscheidungen danach ausrichten kann, ob sie dazu führen, dass ich mich lebendiger, freier oder gesünder fühle, ob sie dafür gut sind, dass in mir ein innerer Friede entsteht. Es hilft, diesbezüglich eine Orientierungsgrundlage zu haben, denn richtig stressig wird es für einen Menschen, wenn er Ja sagt und Nein meint. Nur wann sage ich Ja? Wenn andere mir das Gefühl geben, Ja sagen zu müssen? Oder wenn ich etwas für mich als wichtig empfinde?

In Ergänzung zu meinem Sinn hilft mir auch die Verbildlichung oder Verschriftlichung meiner Werte und Ziele sowie das Bewusstsein über meine Talente und Fähigkeiten. Dabei helfen Fragen wie: Was ist für mich wirklich wesentlich, und wie verhalte ich mich dementsprechend? Welche Talente und Fähigkeiten stehen mir zur Verfügung, um das im Alltag zu leben, was mir als Mensch wichtig ist? Wie schätze ich mich ein? Wie möchte ich mich selbst beschreiben? Was ist meine Würde? Worin besteht meine Einmaligkeit? Was sind meine Werte, was gibt mir Halt?

Einige Gedanken von Pater Anselm, um für sich Antworten zu finden:

Jeder Mensch hat bestimmte Werte, die sein Denken und Reden, sein Handeln und Verhalten bestimmen. Denn jeder bewertet sich und die Menschen, denen er begegnet. Und er hat bestimmte Maßstäbe, aus denen er heraus handelt. Oft sind wir uns unserer Werte nicht bewusst. Aber alles, was uns begegnet, bewerten wir. Wenn wir in einen Raum kommen, bewerten wir Menschen. Die einen entwerten wir, um uns selbst aufzuwerten. Die anderen schätzen wir hoch ein, um uns selbst abwertend zu beurteilen.

Das deutsche Wort »Wert« fragt danach, was mir etwas wert ist. Und es hängt mit dem Wort »Würde« zusammen. Die Werte, nach denen ich lebe, zeigen, welche Würde für mich der Mensch hat, welches Menschenbild hinter allem steht, was ich tue. Das englische Wort für Wert (value) kommt vom lateinischen valere. Valere heißt einmal: gesund sein, sich wohl befinden, dann aber auch: etwas gelten, kräftig sein, Einfluss haben, einen Wert haben.

Wert ist also etwas, das eine Kraft in sich hat und das der Gesundheit des Menschen dient. Ohne ein Bewusstsein, was für mich wertvoll ist, was meine Werte sind, kann ich nicht gesund leben. Meine Werte tragen stark dazu bei, dass mein Leben gelingt. Aber welche Werte entsprechen meinem Wesen, meiner Persönlichkeit? In unserem Alltag erleben wir immer wieder, wie ermüdend es sein kann, wenn ich mich nicht entsprechend meiner Haltung, meiner Werte und Würde verhalte, wenn ich eine Rolle spiele. Wie beim besagten Pinguin, der versucht, wie ein Wiesel einen Baum hochzuklettern. Das Hochklettern entspricht nicht der Persönlichkeit eines Pinguins, er ist in die Rolle eines Wiesels geschlüpft und gefangen, was für ihn nur frustrierend und erschöpfend ist. Auch wenn er es vielleicht mit ganz viel Anstrengung schafft, da hochzukommen, wird der Preis dafür sehr hoch und die Wahrscheinlichkeit, sein Leben zu versäumen, sehr groß sein.

Jeder muss überlegen, in welchen Rollen (Führungskraft, Kollege, Teamplayer, Freund/Freundin, Ehepartner, Vater/Mutter) er selbst ist, in welchen er nur etwas darzustellen versucht. Ganz deutlich wurde das bei Robert, einem unserer Upstalsboomer aus dem Humanpotenzial, der bei unterschiedlichen Aufgaben von sich selbst und anderen unterschiedlich wahrgenommen wird. In Besprechungen oder bei den klassischen, eher diskreten Aufgaben eines Personalers hat er das Gefühl, dass er sich samt seiner wahren Persönlichkeit in ein Schneckenhaus zurückzieht. Auf sich und die anderen wirkt er dann steif, distanziert, kühl, verschlossen und ziemlich rational. Er selbst hat dann auch das Gefühl, von den anderen nicht so verstanden zu werden, wie er es gemeint oder sich gewünscht hat.

Ganz anders verhält es sich, wenn er seiner Aufgabe nachkommt, als Trainer Menschen im Unternehmen zu schulen oder als Referent Zuhörer zu begeistern. Dann wandelt sich das Bild vom Schneckenhaus in das einer schönen Kindheitserinnerung, in der er auf der Theaterbühne stand und seinen Mitmenschen mit viel Humor, Empathie, Freude und vor allem viel Talent begegnete. Die Rückmeldungen, die wir bekommen, wenn Robert eine Schulung durchgeführt oder einen Vortrag gehalten hat, sind bemerkenswert. Bei diesen Aufgaben ist es offensichtlich, dass er mit sich selbst in Berührung ist und dadurch für sein Umfeld zu einer Bereicherung wird.

Die Auseinandersetzung mit diesen persönlichen Fragen nach dem Wofür, Was, Wie und Womit sind wichtig, weil sie uns dabei helfen, uns wieder als Individuen, als menschliche Wesen, und nicht als Objekte wahrzunehmen und zu begegnen.

Ist klar, was uns wichtig ist (Haltung) und wie wir dieses täglich leben (Verhalten), geht es darum, in einem nächsten Schritt zu klären, was unsere Fähigkeiten sind. Aber nicht nur die, die uns jetzt schon bewusst sind, sondern auch jene, die in uns schlummern. Wir starten aus diesem Grund einen Rückblick aufs eigene Leben.

Dazu gibt es folgende Übung:
Male deine Lebenslinie auf einen DIN-A4-Bogen. Markiere nun auf deiner Lebenslinie wichtige Schlüsselereignisse (zum Beispiel Beziehungen, Gesundheit, Bildung und Qualifikationen, Erfolge, Krisen, geschichtliche Ereignisse). Welche privaten oder beruflichen Schlüsselereignisse waren zu welchem Zeitpunkt wichtige Entwicklungsschritte? Markiere jedes wichtige Ereignis mit Bezeichnung des Ereignisses oder einem Symbol und mit einer Jahreszahl auf deiner Lebenslinie:
Frage dich nun bei jedem einzelnen Ereignis:

- Wie habe ich diesen kritischen Moment erfolgreich überwunden? Welche meiner Fähigkeiten hat mich diese Krise überwinden lassen? Durch welches konkrete Verhalten konnte ich die Krise überwinden?
- Welche meiner Fähigkeiten haben mir dieses erfolgreiche Ereignis beschert?
- Welches konkrete Verhalten hat in diesem Fall zum Erfolg geführt?
- Welche erkannten Fähigkeiten können dir heute bei der Bewältigung deiner Aufgaben helfen?
- Welche Fähigkeiten hast du wiederentdeckt? Welche Fähigkeiten willst du noch entwickeln?

Timeline

mein Leben

GEBURT

KRISE

Das nehme ich mit?

LIEBE

GLÜCK

HEUTE

in 30 JAHREN

Vision

?!

Das hilft mir weiter

In einem unserer letzten Klosteraufenthalte ging es bei einer Klosterführung mit Bruder Jakobus auch um die Frage, weshalb manche Menschen an einer Krise zerbrechen, während andere an einer Krise wachsen. Eine Erkenntnis war, dass das wohl damit zusammenhängt, ob und, wenn ja, wie über die Krise nachgedacht wird. Unterstützend für die eigene Weiterentwicklung ist es, wenn diesem Nachdenken eine sinnvolle Fragestellung vorausgeht: Was habe ich gelernt? Was ist mir dadurch möglich geworden, dass ich diese Krise erlebt, dass ich diesen oder jenen Fehler gemacht habe?

Krisen können wir auch als Widerstand oder Gegenwind bezeichnen. Das Interessante ist, dass das ganze Leben aus Widerständen besteht und wir auch Widerstände brauchen, um zu wachsen. Das merkt jeder beim Sport. Dadurch, dass Widerstände überwunden werden (z. B. Gewicht des Körpers bei den Liegestützen), wird jeder Sporttreibende kräftiger und fitter, vorausgesetzt, sie sind nicht so groß, dass ich daran zerbreche, oder so klein, dass ich sie überhaupt nicht wahrnehme. Um zu wachsen, ist es also stets wichtig, Widerstände zu suchen, sie zu finden und zu überwinden. So werden wir immer stärker – körperlich und geistig. Der Mensch kann also dankbar sein für jeden Fehler, den er begeht (vorausgesetzt, er macht den gleichen Fehler nicht zweimal), und jede Krise, die er überwindet. Also liegt auch in einer Krise ein Sinn, und zwar der, dass wir uns während einer solchen besonders nah sind und wir uns mithilfe der Reflexion unserer ganz persönlichen Fähigkeiten und Eigenschaften noch bewusster werden können.

Eine Aussage, die im Zusammenhang mit uns öfter fällt, lautet: »Führung ist Dienstleistung.« In den ersten beiden Modulen wurde deutlich, dass eine dieser Führungsdienstleistungen darin besteht, als Impulsgeber, Wegbereiter und Begleiter Menschen auf ihrem Weg zu sich selbst zu unterstützen. Es geht letztlich für sie darum, aus der Norm herauszutreten, um wieder eine Beziehung mit ihrer Würde, mit sich selbst aufzunehmen. Und diese Beziehung zu sich selbst ist eine wichtige Voraussetzung, um mit anderen Menschen eine gelingende Beziehung einzugehen. Daraus ergibt sich eine weitere Führungsdienstleistung, nämlich zu versuchen, die Würde jedes Einzelnen in einer Gemeinschaft zu kultivieren und zwar dort, wo der Einzelne und die Gemeinschaft optimal voneinander partizipieren. Für einen Menschen in einer Gemeinschaft ist es sehr wichtig, einen Platz zu finden, der seinem persönlichen Leitbild gerecht wird.

Zusammengefasst geht es bei der sinn- und menschenorientierten Führung als Erstes darum, die Mitarbeiter dabei zu unterstützen, ihre wahre Persönlichkeit zu entwickeln und mit sich selbst wieder stärker in Beziehung zu kommen. Wie gesagt fungieren wir dabei als Wegbereiter und -begleiter auf dem Weg nach Delphi zum Tempel des Apollo. Es geht darum, die Mitarbeiter in ihre Kraft zurückzuführen, indem ihnen unmittelbar klar wird, wofür das gut ist, was sie da tun und was ihnen dafür an persönlichen Ressourcen zur Verfügung steht.

Als Zweites, und damit beschäftigen wir uns in unserem vierten Modul »Gelingende Beziehungen«, geht es darum, die Menschen in einer Gemeinschaft dabei zu unterstützen, in gelingende Beziehungen miteinander einzutreten. Einen Mitarbeiter erfahren lassen zu können, wozu er in einer Gemeinschaft gebraucht wird. Es geht um ein Gefühl der Zugehörigkeit, also darum, den eigenen Platz in unserer Gemeinschaft gefunden zu haben.

97 Prozent aller Führungskräfte halten sich einer Studie zufolge für gute Vorgesetzte. Aber Kündigungsgrund Nummer eins in Deutschland ist der Vorgesetzte! Wie passt das zusammen? Menschen entscheiden sich für Unternehmen, sie verlassen einen Menschen. In der Regel den Vorgesetzten. Nicht gut funktionierende Beziehungen führen zum Exodus aus den Unternehmen, den Abteilungen oder vielleicht auch aus der eigenen Wahrheit und damit aus dem Leben. Genau diese Symptome zeigen, weshalb die Auseinandersetzung damit so sinnvoll ist. Die Exodus-Geschichte, der Auszug, die Flucht aus Ägypten, ist beispielhaft für die heutige Zeit. So wie seinerzeit das israelitische Volk vor der Unterdrückung, Unfreiheit und Herrschaft der Ägypter flüchtete, flüchten wir alle auch heute noch, jeder auf seine Art und in ganz unterschiedliche Richtungen mit ganz unterschiedlichen Zielen. Sei es als Flüchtling vor mir selbst und meinem eigenen Schatten, aufgrund einer durch Verletzungen und Missverständnisse geprägten Kindheit oder Jugend. Sei es aus Unternehmen, in denen Verhaltensweisen an den Tag gelegt werden, die uns an diese Ver-

letzungen erinnern, oder in denen im übertragenen Sinne Verhältnisse wie im Alten Ägypten herrschen. Das, was seinerzeit die Bewegung auslöste, waren Zustände und Verhaltensweisen, die Ausdruck einer weder existierenden noch gelingenden und schon gar nicht lebendigen Gemeinschaft waren.

Noch heute ist das zu beobachten. Wie häufig habe ich erlebt, dass Mitarbeiter in ihren Vorgesetzten ihren Vater oder ihre Mutter wiedererkennen oder unter ihrem eigenen Anspruch oder der politischen Willkür ihrer Vorgesetzten zerbrachen. Derzeit sieht die Flucht nur ein bisschen anders aus als damals. Heute drückt sie sich in Form eines übermäßigen Strebens nach einflussreichen Positionen und Funktionen aus, nach Wohlstand, Konsum, Drogen, Alkohol, Medikamenten oder sozialen Plattformen. Rette sich, wer kann.

Als ich einigen Mitarbeitern diese Zusammenhänge aufzeigte, waren viele sehr überrascht. Überrascht, weil es bei dem von uns praktizierten Ansatz der sinn- und menschenorientierten Führung im Wesentlichen um die Fragestellung geht, wie kann ich den einzelnen Menschen an sich und in der Gemeinschaft stärken. Ich fragte die Mitarbeiter, wozu es denn überhaupt erforderlich sei, sich für gelingende Beziehungen einzusetzen, wozu denn eine gelingende Beziehung, ganz gleich ob als Paar, Familie oder einer anderen Form der Gemeinschaft gut sei?

Die Antworten drückten eine tiefe Sehnsucht nach Geborgenheit aus, danach, als Mensch gebraucht zu werden, sich weiterentwickeln zu können, Sicherheit zu empfinden, zu überleben, vertrauen und sich austauschen, sich orientieren und gegenseitig ermutigen, aber auch trösten zu können. Viele dieser Punkte führen aus physiologischer Sicht dazu, dass das sogenannte Wohlfühl- und Glückshormon Oxytocin auf Hochtouren produziert wird. Damit ist eine gute Voraussetzung für einen aktiven Parasympathikus – der Teil unseres Nervensystems ist und der unserer körpereigenen Erholung dient – geschaffen. Und das sind wiederum gute Voraussetzungen für ein gesundes, glückliches und womöglich auch längeres Leben. Wieso werden Mönche im Schnitt älter als ihre »irdischen« Mitmenschen?

Es geht um eine Gemeinschaft. Eine Gemeinschaft, die aus lauter gelingenden Beziehungen besteht. Im Grunde könnte man auch auf die Frage, worum es in der gesamten Bibel geht, mit einem Wort antworten: Gemeinschaft! Von der ersten bis zur letzten Seite werden Beziehungen dargestellt: die Beziehung Gottes zu den Menschen, die Beziehungen der Menschen zu Gott, der Menschen untereinander und zu sich selbst.

Aber was sind die Bedingungen gelingender Beziehungen? Was brauche ich für sie? Auch diese Frage lässt sich ebenso mit wenigen Worten beantworten, genau genommen mit zwei: bedingungslose Liebe: Aber das ist dem einen oder anderen zu abstrakt oder zu spirituell – zumindest gemessen an der Reaktion vieler Zuhörer, wenn ich einige meiner Vorträge damit beende.

Natürlich fragte ich auch die Upstalsboomer und ihre Gäste im vierten Modul nach ihrem Verständnis von gelingenden Beziehungen. Die Antworten fielen sehr unterschiedlich aus. Werte wie Achtsamkeit, Offenheit, Toleranz, Empathie, Vertrauen, Verantwortung, Respekt, Demut oder Wertschätzung wurden geäußert. Aber auch Handlungen formuliert: miteinander sprechen, sich gegenseitig Fragen stellen, am anderen Interesse zeigen, Feedback geben, Nähe zulassen, sich gegenseitig ermutigen oder trösten.

Wichtig waren ihnen aber ebenso die Bedingungen und Regeln, die einer Gemeinschaft zur Ordnung verhelfen. Sie meinten, dass es einer Ordnung bedarf, die der Gemeinschaft zur Orientierung verhilft. Dabei waren sich alle darüber einig, dass die Ordnung dem Menschen oder der Gemeinschaft dienen muss und nicht der Mensch oder die Gemeinschaft der Ordnung. Gerade die Upstalsboomer auf Zeit spielten damit auf die in weiten Teilen noch bestehende Überregulierung an, dem Joch der Bürokratie, die kaum noch jemanden Sinn erkennen und die Luft zum Atmen lässt. Für mich persönlich ist diese Überregulierung nur ein Symptom dafür, dass Menschen keine Verantwortung übernehmen wollen oder können und deshalb versuchen, diese auf irgendwelche Checklisten, Standards, Compliance oder Zertifikate abzuwälzen.

Weiterhin wurden gemeinsame Ziele und vor allem ein gemeinsames Verständnis dafür, wofür wir uns als Gemeinschaft einsetzen, genannt. Die Gruppenteilnehmer brauchten ein bisschen Zeit, um zu erkennen, dass ihre Gedanken die gleiche Struktur haben wie jene, die zur Erarbeitung ihres persönlichen Leitbilds führten.

Eine entscheidende Quelle für eine lebendige Gemeinschaft ist eben jenes Leitbild, das der Einzelne für sich selbst entwickelt hat. Das betrifft sowohl Form als auch Vorgehensweise. Mein persönliches Leitbild, mein Verständnis, meine Antworten auf die Fragen »Wer bin ich? Was will ich? Was kann ich?« sind eine hervorragende Basis, um mit mir selbst in eine gelingende Beziehung zu treten. Gleiches gilt für eine Gemeinschaft. Hat eine Gruppe ein gemeinsames Verständnis dafür, wofür sie sich einsetzt – bei den Benediktinern ist es die Suche nach Gott –, und was ihre Ziele, Werte und Regeln sind, so hat sie optimale Voraussetzungen, dass sie als Gemeinschaft mit einem gemeinsamen Verständnis wächst.

Hier kommen wir zu einem Punkt, an dem sich unsere Vorgehensweise sehr deutlich von der vieler anderer Unternehmen unterscheidet. Wie entsteht denn dieses gemeinsame Verständnis? Dadurch, dass eine Werbeagentur, eine Zentrale, ein Vorstand oder Chef ihr Verständnis vorgeben? Wohl eher nicht, denn das führt dazu, dass die Menschen nur das machen, was sie sollen. Dass sie maximal ihre Pflicht erfüllen, aber überhaupt keinen Sinn erkennen in dem, was sie da tun, und deshalb auch keine Verbindung dazu haben. So entsteht dann das Verständnis, dass man einzig und allein arbeitet, um Geld zu verdienen. Begriffe wie Work-Life-Balance sind Ausdruck einer gefühlten Sinnlosigkeit bei der Arbeit. Denn wenn wir unseren Beruf oder unsere dortigen Aufgaben nicht als sinnvoll ansehen, betrachten wir die Zeit in unserem Job als etwas, was mit unserem »eigentlichen« Leben nichts zu tun hat. Wenn wir den Sinn in unserer Arbeit vermissen, vermissen wir auch das Leben in unserer Arbeit.

Ohne uns all der Zusammenhänge voll bewusst zu sein, lief bei uns die Entwicklung unseres Unternehmensleitbilds, unseres Selbstverständnisses in einem vor allem persönlichen Prozess ab. In der Zeit von 2012 bis 2013 haben wir den Mitarbeitern in Form des Curriculums eine Plattform geboten, auf der sie ihr persönliches Leitbild formulieren konnten. Das damals existierende Curriculum hatte zwar noch nicht das Ausmaß wie das heutige, aber schon damals ging es darum, dass die Teilnehmer sich ihrer selbst und besonders ihrer Werte als Mensch bewusster wurden. Diese Ergebnisse, von denen manche schon die Gestalt eines persönlichen Leitbilds annahmen, wurden dann zur Quelle, aus der sich die Entwicklung unseres Unternehmensleitbilds speiste. Kurzum, unser Unternehmensleitbild und unser Wertebaum sind nicht Ausdruck fixer Ideen eines Chefs, sondern eines gemeinsamen, sehr tief gehenden Verständnisses von dem, was uns als Menschen wichtig ist. So waren im Nachhinein betrachtet auch die Antworten vieler Upstalsboomer nicht verwunderlich, die wir 2015 auf die Frage: »Was bedeutet für dich Upstalsboom?« erhielten. Die Aussagen waren: Familie, Freiheit, Liebe und das Leben zu leben. Es waren Aussagen, die wenig mit Work-Life-Balance zu tun hatten, sondern einem sich immer weiter verbreitenden und gemeinsamen Verständnis entstammten.

Das gemeinsame Verständnis verschafft uns dann neben den schon aufgezeigten Initiativen den Freiraum für weitere kulturelle und organisatorische Innovationen, wie zum Beispiel den Verzicht auf Budgets, Benchmarking, Stellen- oder Aufgabenbeschreibungen. Es ermöglicht aber auch die Gestaltung neuer Aufgaben, so die der Herzlichkeitsbeauftragten. Daniela ist bei uns im Kühlungsborner Hotel als eine solche im Einsatz. Die Siebenundvierzigjährige hat Psychologie, Sport und Pädagogik studiert und in der Erwachsenenbildung sowie als Yogalehrerin gearbeitet, bis sie sich als Mitarbeiterin im Wellness-Bereich der Hotelresidenz qualifizierte. Nun setzt sie sich in Vollzeit für eine verbesserte Kommunikations- und Meetingkultur im Haus ein; sie zeigt Mitarbeitern in Konfliktsituationen Lösungen auf oder sorgt für Erfreuliches – etwa für individuelle Geburtstagsgrüße. Sie gibt Empfehlungen in Personalgesprächen oder für das tägliche Umsetzen der zwölf Upstalsboom-Werte. Kurz: Sie sorgt für gelingende Beziehungen.

Jede Führungskraft, aber auch jeder Mitarbeiter kann sich bei unserem gemeinsam entwickelten Verständnis fragen: Welchen Beitrag wollen wir zur Entwicklung unseres Unternehmens oder auch der Gesellschaft beitragen? Diese Frage ist weniger abstrakt als die Überlegung, was haben andere davon, dass es uns gibt. Jedes Team wird darauf eine Antwort finden – und kommt dann auch vom Sollen ins Wollen. Es ist ein wesentlicher Erfolgsfaktor, wenn Menschen im Unternehmen nicht das machen, was sie sollen, sondern das, was sie wollen. Immer mehr sind sich bei uns dessen bewusst, dass ihr Handeln einen Einfluss auf andere Menschen, ihr Tun eine größere Bedeutung hat, als einfach nur arbeiten zu gehen und um Geld zu verdienen. Gerade diejenigen, die im Rahmen von Vorträgen auch außerhalb der Upstalsboom-Familie tätig sind, erfahren aus den unzähligen Rückmeldungen, dass das, wofür sie sich einsetzen, mittlerweile auch eine gesellschaftliche Bedeutung hat.

Was unseren Fokus angeht, hat sich ebenfalls einiges geändert. Bis vor ein paar Jahren noch war er verstärkt darauf gerichtet, weshalb etwas nicht funktioniert hat, wieso etwas schiefgelaufen ist. Mittlerweile haben wir uns verstärkt in Richtung ziel- und lösungsorientierte Fragen, die sogenannten Fragen der Kraft, bewegt: Was können wir tun, damit wir in Zukunft innovativer sind? Wie die Qualität und Intensität der Zusammenarbeit erhöhen? Es läuft stets auf dieses Fragespiel hinaus. Und die Frage, die wir uns immer öfter stellen, lautet: Wie können wir innerhalb eines Teams das Bewusstsein dafür entwickeln, dass eine permanente Erneuerung notwendig ist, sodass niemand sich damit zufriedengibt, was aktuell vorhanden ist? Dabei geht es nicht um Maßlosigkeit, sondern um das, was Pater Anselm angesprochen hat: um ein Erneuern, das nicht aus der Unruhe heraus geschieht. Die Lust muss uns führen, Dinge neu zu entdecken. Wir brauchen eine präsente Neugier, wie bei einem Kind. Und so geschieht Führung letztlich auch durch das Entwickeln und Vermitteln von Ideen.

In einigen anderen Firmen, allerdings auch mancherorts noch bei uns, sehen die Fragen ein bisschen anders aus: Warum ist unsere Zusammenarbeit nicht gut, warum sind die Zahlen so schlecht? Was daraus folgt, hat weniger etwas mit Ermutigung, Entwicklung oder Innovation als vielmehr etwas mit Frust zu tun. Und in diesem Korsett gegenseitiger Vorwürfe und hoher negativer Emotionen kann nichts Gescheites entstehen. Auch hier sind wir dann wieder nur damit beschäftigt, was alles nicht klappt. Da werden dann Berichte über drei Seiten geschrieben, weil die Zahlen nicht so sind, wie sie geplant waren. Mehr passiert aber nicht. Allein durch die Art der gestellten Fragen habe ich es als Führungskraft also in der Hand, ob Frust oder ob Entwicklung entsteht. Und dieses sich ständige Weiterentwickeln ist grundlegend für die zukünftige Existenz.

1966 gewann England die Fußballweltmeisterschaft (gegen Deutschland). Sir Alf Ramsey, der die britische Nationalmannschaft als Trainer zum Sieg führte, prägte den Ausspruch: »*Never change a winning team.*« Seitdem hat England jedoch nie wieder in einem WM-Finale gewonnen. Mochte der berühmt gewordene Gedanke, an dem festzuhalten, was zum Erfolg geführt hat, in der Vergangenheit noch gestimmt haben, ist er in einer Zeit, in der Rahmenbedingungen und Umstände sich permanent ändern, wertlos. Die Halbwertszeit von sogenannten Konzepten und äußerlichen Erfolgsfaktoren minimiert sich. Das, was uns gestern zum Erfolg geführt hat, wird uns heute oder morgen nicht mehr zum Erfolg führen. Also: Entscheidend ist nicht, nur auf bekannte Erfahrungen zurückzugreifen, vielmehr geht es um die Bereitschaft, neue Erfahrungen machen zu wollen.

Lieber Tod als Sklave –
Friesische Freiheit hat jeder verdient

Ich erinnere mich noch gut daran, wie ich als kleiner Junge mit meinen damaligen Freund Thomas Ritter gespielt habe. Aus alten Bettlaken schnitten wir uns weiße Umhänge und bemalten sie mit einem roten Kreuz. Beim Kürschner erwarben wir von unserem Taschengeld Fellreste, aus denen wir uns Köcher für unsere Pfeile nähten. Unsere Bögen spannten wir mit einem Band aus alten Weidezaunstangen, und die dazugehörigen Pfeile bastelten wir aus dünnen Holzstangen, die ursprünglich zum Stützen von jungen Tomatenpflanzen gedacht waren. Schild und Schwert sägten wir uns aus herumliegendem Holz zusammen, und so zogen wir los in für uns unbekannte Abenteuer. Für Thomas und mich ging es, schon wie damals im Kindergarten, aus dem ich immer ausgebüxt bin, um Freiheit. So verging auch in unserem Dasein als kindliche Ritter kein Tag, an dem wir uns nicht aus irgendeiner Gefangenschaft kämpften, einfach um frei zu sein.

Wenn ich an meine Kindheit denke und das mit dem vergleiche, wofür ich mich heute einsetze, finde ich mich, gemeinsam mit ganz vielen Upstalsboomern, sehr in diesen Abenteuern wieder. Aber das war nicht immer so. Erst durch die Reflexion meiner Geschichte, meiner Kindheit, ganz besonders auch meiner Entführung, durch die einzigartigen Erlebnisse bei der Entwicklung von Menschen und durch die Begegnungen mit den Kindern in Ruanda ist mir bewusst geworden, dass ich als Mensch für den Wert Freiheit lebe. Und so setzte ich meinen Weg weiter fort, wie ich ihn als Kind begonnen habe. Der Sinn meines täglichen Handelns besteht heute darin, Menschen dabei zu unterstützen, für sich die Freiheit zu erschließen, das leben zu können, was ihnen als Mensch wirklich wichtig ist. Begegne ich Menschen, spüre ich diese Sehnsucht in mir, für sie auf ihrem Weg zu sich selbst da zu sein und ihnen dabei zu helfen, dass sie für sich das finden, was ich für mich gefunden habe. Nämlich die Erkenntnis, wofür ich jeden Tag aufstehe.

Das Gute ist, das ich mit dieser Erkenntnis nicht allein dastehe, sondern dieses Bewusstsein mit meiner Familie und immer mehr Upstalsboomern teilen darf. Es ist das Bewusstsein, dass die Verrichtung einer sinnvollen Aufgabe wesentlich zufriedener macht als das dauerhafte Streben nach Geld, Vergnügen oder Macht. Aus dieser Erkenntnis heraus ist in unserer Familie etwas gereift, das uns den 1976 begonnenen Weg als Unternehmerfamilie eine neue Richtung geben und den vor sieben Jahren begonnenen Upstalsboom-Weg noch konsequenter weitergehen lässt. Daraus heraus ist in unserer Familie der Gedanke entstanden, der Welt und den Menschen etwas von dem zurückzugeben, was wir von ihr und ihnen empfangen haben.

Wir befinden uns inmitten eines weiteren Wandlungsprozesses, in dem wir unser ehemals, wenn auch schon seit Jahren nicht mehr so geführtes, aber formal dennoch profitorientiertes Familienunternehmen zu einem sehr wesentlichen Teil in eine gemeinnützige Stiftung wandeln. Wir haben die Erfahrung gemacht, dass uns unser Handeln viel sinnvoller erscheint, wenn wir uns für andere einsetzen. Nicht zu fragen, was haben wir davon, dass es andere gibt, sondern: Was haben andere Menschen davon, dass es uns gibt? Ich für meinen Teil würde mir wünschen, dass deine Antwort Freiheit lautet.

Die Botschaft des Finken

Ein letztes Mal trafen wir, der Pater und der Unternehmer, uns im Kloster Münsterschwarzach, um über unser gemeinsames Buch zu sprechen. Zusammen wollten wir noch einige Fragen formulieren, um sie denjenigen mit auf den Weg zu geben, die den Gedanken in sich tragen, womöglich etwas bei sich und in ihrem Unternehmen ändern zu wollen.

Es war ein schöner Sommertag im Juli 2017, vor dem Treffen hatte ich mich noch in den Klostergarten gesetzt, um die wohltuende Stille und Atmosphäre dort zu genießen. Plötzlich merkte ich, dass mein »Freund« wieder da war. In den alten Platanen war er zu hören, kräftig, laut und vertraut, immer in derselben Abfolge. Diese sich immer wiederholenden Rufe, gefolgt von einer Fanfare, hatten mich nun schon seit geraumer Zeit begleitet. Wenn ich schreibe, pflege ich dies in den frühen Morgenstunden zu tun. Bei offenem Fenster lasse ich mich dann von dem Gezwitscher der frühen Vögel wecken, welche mit ihrem Gesang im Sommer gegen kurz vor vier beginnen. Und irgendwann im Juni, während ich kurz davor war, wieder aufzustehen, um an diesem Buch zu schreiben, drang ein ganz besonders prägnantes Gezwitscher in meine Ohren. Plötzlich war es da. Dieses immer wiederkehrende Tirilieren mit der sich anschließenden Fanfare erweckte so sehr meine Aufmerksamkeit, dass ich eines Morgens das Schreiben unterbrach und in den Garten ging, um herauszufinden, welcher Vogel nun schon seit geraumer Zeit so auf sich aufmerksam machte. Er saß auf dem Dachfirst, doch in der Dämmerung konnte ich nicht erkennen, um was für einen Vogel es sich handelte. Und so zückte ich mein Handy, lud mir eine App herunter, mit der ich das Pfeifen identifizieren konnte, und staunte nicht schlecht, als sich das Ergebnis in meinem Display zeigte. Es war ein Buchfink, der mich zum morgendlichen Schreiben rief. Ich musste schmunzeln im Angesicht dieses Zufalls, und seitdem habe ich das Gefühl, dass mich diese Vogelart überallhin begleitet. Wo ich auch bin, ich höre Buchfinken, und nun auch im Kloster bei Pater Anselm.

Für das abschließende Gespräch zu diesem Buch trafen wir uns in einem der klösterlichen Besprechungszimmer, setzten uns an den Tisch und zündeten eine Kerze an. Pater Anselm begann zu erzählen, darüber, dass er zwar noch nie in einem Upstalsboom-Hotel übernachtet hätte, aber die Mitarbeiter dieses Unternehmens, wenn sie zu ihm kämen, es ausstrahlen würden, bei sich zu sein. Sie scheinen Gastfreundschaft zu leben, im ureigensten Sinn, also nicht nur die Menschen im Hotel zu versorgen, sondern sich auch darum zu bemühen, zu hören, welche Gäste da anreisten, was diese als Menschen mitbrachten. Statt nur um Versorgung und Dienstleistung würde es ihnen um Begegnungen gehen. Alle würden das Potenzial, das in ihnen steckt, entfalten können. Außerdem würden sie gegenüber ihrem Chef nicht versuchen, eine Rolle zu spielen. Nach der Sichtweise von Pater Anselm ist das das Wesentliche eines Unternehmens. Dass Mitarbeiter und Führungskräfte nicht versuchen, eine Rolle zu spielen, sondern ganz einfach nur sind.

Dabei waren wir bei den Fragen angelangt: Welche drei Fragen sollte sich ein Unternehmer stellen und beantworten, wenn er das Wesentliche seiner Firma erkennen möchte?

1. Was möchtest du mit deinem Unternehmen den Menschen geben?
2. Gibst du Hoffnung auf ein gutes Leben?
3. Fühlen sich die Menschen in deinem Unternehmen verstanden?

Ist das Wesentliche offengelegt, kann all das passieren, was so wichtig ist: Keiner der Mitarbeiter fühlt sich an die Firma angebunden, insbesondere, wenn es nicht gut für ihn ist. Es entwickeln sich kreative Ideen, die nicht allein von der Führungskraft kommen, alles wird gemeinsam geschultert. Die Führungskraft selbst hat nicht nur das Wirtschaftliche im Blick, sondern schaut über den Tellerrand hinaus, macht das, was Pater Anselm das Aufrichten von Menschen nennt. Wahrheit kehrt ein, was bedeutet, dass die Stärken und Schattenseiten eines Unternehmens klar ausgemacht werden. Viele Unternehmen, auch Klöster, sind davon betroffen, wollen etwas ganz Besonderes sein. Klöster etwa besonders asketisch oder besonders gläubig. Eine Oberin, so Pater Anselm, hatte ihr Kloster zum Haus der Liebe erklärt. Einer der Mitarbeiter meinte daraufhin:»Seitdem wir ein Haus der Liebe sind, wird es hier immer kälter.« Unternehmen und Einrichtungen, die einen hohen Anspruch haben, neigen dazu, Überbilder zu konstruieren. So heißt es doch: Wo viel Licht ist, ist auch viel Schatten. Wer sich nur von der besten Seite zeigen will, verkrampft sich auf Dauer. Und das ist ja auch viel zu anstrengend. Menschen haben ihre Schwächen, und die dürfen bei jeder Änderung nicht außer Acht gelassen werden.

Pater Anselm sagte etwa über mich als Unternehmer:»Bei unserer ersten Begegnung warst du noch sehr kopflastig. Du hast unter einem großen Leistungsdruck gestanden, warst sehr ehrgeizig, wolltest unbedingt dein Leitbild durchsetzen. Inzwischen hast du Lust zum Gestalten, stehst mit deinen Leuten in Beziehung.«

Diese Umkehr war möglich durch drei weitere Fragen, um zur eigenen Wahrheit zu gelangen:

1. Kann ich Stille aushalten? Nur in der Stille kommt die eigene Wahrheit zum Vorschein. Jesus sagt, dass nur die Wahrheit frei macht. Was nichts anderes heißt, als alles von allen Seiten zu betrachten.

2. Ist mir klar, was ich will?
3. Darf ich mich auch in meiner Wahrheit zeigen, oder darf ich nur die guten Seiten von mir präsentieren? Muss ich Rollen spielen und mich ansonsten verstecken?

Wer sich diesen Fragen stellt, wird nicht mehr nach dem Sündenbock suchen, dem er den ganzen Dreck aufladen kann und der letztlich von einem selbst ablenkt. Diese Fragen helfen einem, den Menschen gleichsam »Hausverbot« zu erteilen, die einen ärgern wollen; sie helfen, wenn man gerade mal wieder dabei ist, sich selbst beweisen zu wollen. Niemand ist frei vom Ego – es ist notwendig, um Kraft zu haben, um einen Antrieb zu spüren. Aber ich kann mein Ego wahrnehmen und es auch lassen. Es muss durchlässig sein, man darf nicht in seine Falle geraten. Ist man angespannt, ist immer das Ego mit im Spiel, der oberflächliche und infantile Wille, etwas zu erreichen. Ein tieferer Wille, etwa ein gemeinsames Wollen, ist davon ausgeschlossen. Ist das Ego durchlässig, ist es auch möglich, diejenigen, die – bildlich gesprochen – auf der Zuschauerbank sitzen, auf die Bühne oder aufs Feld zum Mitspielen zu holen. Die Distanz von Zuschauerraum und Bühne/Feld kann dann überbrückt werden.

Zum Schluss waren uns noch drei weitere Fragen wichtig, um sich selbst klug führen zu können:

1. Kennst du dich selbst? Hast du den Mut, dich selbst kennenzulernen?
2. Wie reagierst du auf die Mitarbeiter? Was für Emotionen steigen da bei dir auf? Was sagt das über dich aus?
3. Bist du bereit, dich beim Führen selbst immer wieder zu reflektieren und dich dabei begleiten zu lassen?

Der Buchfink war verstummt, als wir uns verabschiedeten, die Kerze ausgeblasen.

Literarische Begleiter

Bergmann, Frithjof: Die Freiheit leben. Freiburg 2005

Brohm, Michaela: Werte, Sinn und Tugenden als Steuerungsgrößen in Organisationen. Wiesbaden 2017

Grün, Anselm: Menschen führen – Leben wecken. Münsterschwarzach, 7. Aufl. 2004

Grün, Anselm: Leben und Beruf. Eine spirituelle Herausforderung. Münsterschwarzach 2009

Grün, Anselm: Wertschätzung. Die inspirierende Kraft der gegenseitigen Achtung. Münsterschwarzach 2014

Grün, Anselm: Versäume nicht dein Leben! München 2017

Grün, Anselm: Bendedikt von Nursia: Meister des Maßes – geerdete Spiritualität. Freiburg 2017

Grün, Anselm, und Assländer, Friedrich: Spirituell führen. Mit Benedikt und der Bibel. Münsterschwarzach 2006

Janssen, Bodo: Die stille Revolution. Führen mit Sinn und Menschlichkeit. München 2016

Laloux, Frederic: Reinventing Organizations. Leitfaden zur Gestaltung sinnstiftender Formen der Zusammenarbeit. München 2015

Lauren, Mark: Fit ohne Geräte. Trainieren mit dem eigenen Körpergewicht. München 2011

Scheurl-Defersdorf, Mechthild R. von: In der Sprache liegt die Kraft! Freiburg 2011

Zohar, Donar, und Marshall, Jan: IQ? SQ? SQ! Spirituelle Intelligenz. Das unentdeckte Potenzial. Bielefeld 2010

Film-Link

Die Stille Revolution: www.der-upstalsboom-weg.de